中国石油重大科技成果

（2011—2015）

中国石油天然气集团公司科技管理部　编

石油工业出版社

图书在版编目（CIP）数据

中国石油重大科技成果：2011—2015/ 中国石油天然气集团公司科技管理部编. —北京：石油工业出版社，2018.1

ISBN 978-7-5183-2421-7

Ⅰ. ①中… Ⅱ. ①中… Ⅲ. ①石油工业 - 科技成果 - 汇编 - 中国 -2011—2015 Ⅳ. ①TE-12

中国版本图书馆 CIP 数据核字（2017）第 320451 号

出版发行：石油工业出版社

（北京安定门外安华里 2 区 1 号 100011）

网　址：www.petropub.com

编辑部：（010）64523543　　图书营销中心：（010）64523633

经　　销：全国新华书店

印　　刷：北京中石油彩色印刷有限责任公司

2018 年 1 月第 1 版　2018 年 1 月第 1 次印刷

889 × 1194 毫米　开本：1/16　印张：14.5

字数：418 千字

定价：150.00 元

（如出现印装质量问题，我社图书营销中心负责调换）

前言

围绕建设世界水平综合性国际能源公司和国际知名创新型企业目标，中国石油天然气集团公司（以下简称中国石油）把创新作为稳健发展第一驱动力，坚持国家“自主创新、重点跨越、支撑发展、引领未来”的科技指导方针和公司“主营业务战略驱动、发展目标导向、顶层设计”科技发展理念，全力实施“优势领域持续保持领先、赶超领域跨越式提升、储备领域占领技术制高点”的科技创新三大工程。“十二五”期间，以国家科技重大专项为龙头、公司重大科技专项为抓手，取得一大批标志性成果，一批新技术实现规模化应用，一批超前储备技术获重要进展，创新能力大幅提升。

“十二五”以来，中国石油突破了一批制约主营业务发展的关键技术，多项重要技术与产品填补空白，多项重大装备与软件满足国内外生产急需。截至 2015 年底，共获得国家科技奖励 30 项、申请专利 21766 件，新技术创效超过 1000 亿元以上。

为了积极宣传科技突出成就，做好技术示范和应用推广，激励科技工作者创新热情，中国石油科技管理部按照技术优势突出、实效显著、前景良好，聚焦“十一五”“十二五”期间形成的 100 余项重大科技成果，组织编写了《中国石油重大科技成果（2011—2015）》一书。在编写过程中，注重把握顶层设计、模板方法的可操作性，基础资料、梳理集成的详实准确性，专家审查、编辑加工的科学严谨性，历时半年，约 80 家勘探开发、工程技术、炼油化工单位参加，50 余名专家严格把关，反复修改，形成最终汇编成果。

本书内容体现中国石油核心竞争力的 36 项重大核心配套技术，代表特色技术载体的 51 项重大装备、系列软件及产品，引领未来发展方向和经济增长点的 20 项重大攻关及超前储备技术。本书力图以精简、精准、精美的方式对各项技术成果高度提炼浓缩，阐述优势与特色，反映应用成效，描述发展趋势前景。本成果汇编反映并强化了重大技术的有形化和价值化特征，多角度展示科技整体实力与创新能力，对今后中国石油科技创新和技术推广有重要的借鉴和指导意义。

本书在编写过程中得到了中国石油各相关部门、专业分公司的大力支持，在此一并致以衷心的感谢！

目 录 CONTENTS

第一部分　重大核心配套技术

勘探开发

炼油化工

工程技术

第二部分　重大装备、系列软件及产品

勘探开发

炼油化工

工程技术

第三部分　重大攻关及超前储备技术

勘探开发

炼油化工

工程技术

ZHONGDA HEXIN PEITAO JISHU

第一部分 重大核心配套技术

1.1　天然气地质理论与检测技术

一、技术简介

天然气地质理论与检测技术提出了煤成气、原油裂解气和生物气的生成下限，煤系源岩过成熟阶段生气潜力、不同演化阶段烃源岩排烃效率、复杂气藏天然气成因鉴别与气源示踪、深层碎屑岩优质储层成因、古老复杂气藏的超压封闭机制等天然气地质基础理论新认识，以及大面积低渗砂岩天然气近源高效聚集、古老碳酸盐岩古油藏原位裂解成藏、断陷盆地火山岩生烃主断槽控藏等天然气地质勘探理论新进展，形成了以天然气生成模拟、复杂气藏气源对比、天然气成藏物理模拟、天然气封闭能力评价、储层预测与气层检测、有利区带与目标评价等为核心的天然气特色地质实验和地质综合评价技术系列。

天然气地质理论与检测技术可广泛应用于天然气地质勘探与天然气地质实验分析，其核心组成见技术框图（图 1）。

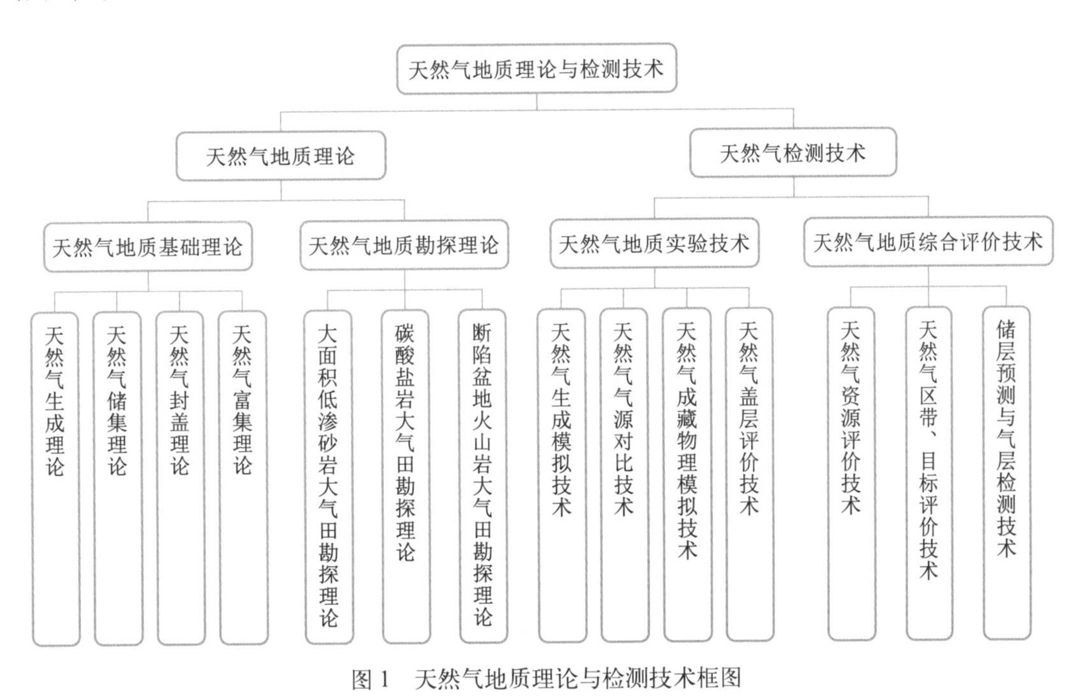

图 1　天然气地质理论与检测技术框图

二、关键技术

(1) 天然气地质基础理论：重新确定了煤成气、原油裂解气和生物气的生成下限，提出煤系源岩过成熟阶段仍能生成 20% 以上的天然气；明确烃源岩在生油高峰期的排烃效率为 40%～60%；新建干酪根与原油裂解气、聚集型与分散型原油裂解气鉴别图版及分类指标体系；提出深层碎屑岩高温高压条件下溶蚀速率增大，可以形成有效储集空间，拓展了天然气勘探深度。

(2) 天然气地质勘探理论：形成和发展了大面积低渗砂岩、古老碳酸盐岩、断陷盆地火山岩等大气田勘探理论；提出在生气强度大于 $10\times10^8m^3/km^2$ 的区域可以形成大气田，突破了以往大于 $20\times10^8m^3/km^2$ 的观点；提出了古克拉通内裂陷、古老继承性隆起、古岩溶礁滩储层、古老烃源灶（原油裂解）、古今持续封闭“五古”要素有效配置实现天然气高丰度聚集的古老碳酸盐岩成藏认识，引领了我国单体储量规模最大的安岳特大型气田发现（图 2）。

(3) 天然气地质实验与地质综合评价技术：最大限度模拟地层条件，模拟温度可达 R_o=5.0% 的成熟度；天然气成因判识与气源对比拥有全系列（烃类、非烃、稀有气体）分析技术；天然气成藏物理模拟实现

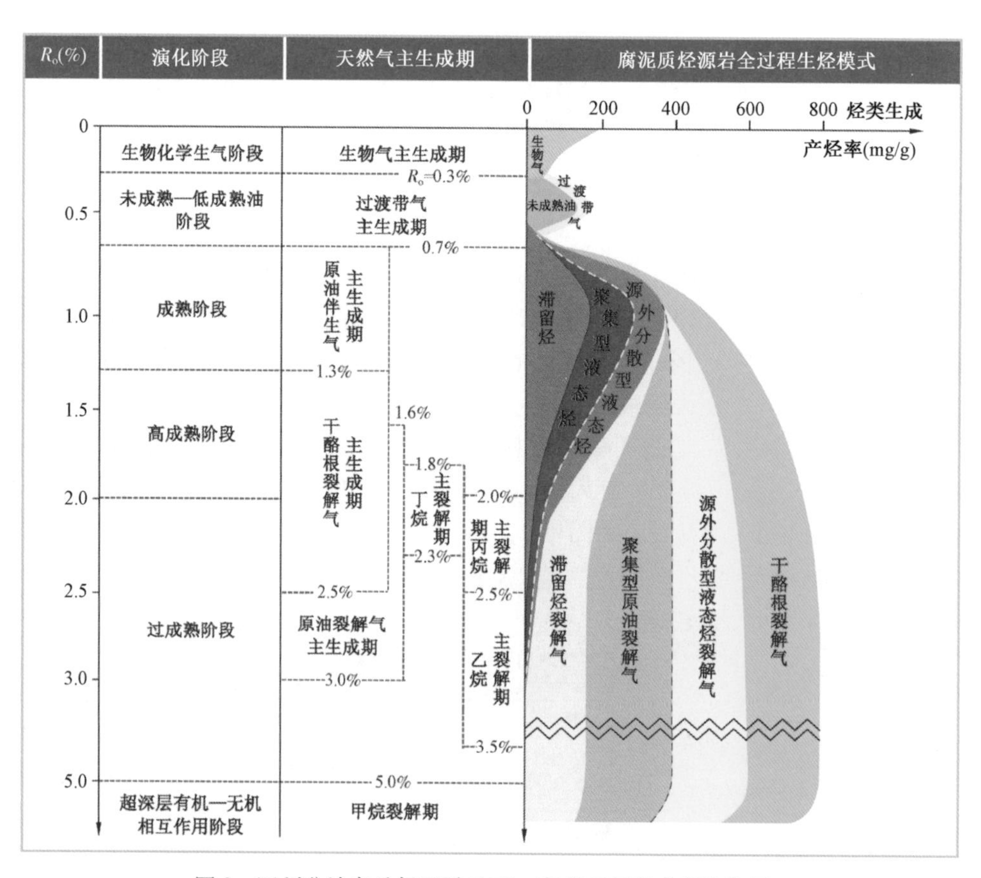

图 2　四川盆地安岳气田震旦系—寒武系气藏成藏演化图

了从一维到三维、静态到动态的突破，拥有全直径、多长度、高温、高压在线检测、三维图像多方位切片等功能；盖层评价实现了从定性到半定量的飞跃。

技术总体达到国际先进水平，授权发明专利 15 件，实用新型专利 5 件，6 项标准（表 1）；获国家自然科学二等奖 1 项，省部级科技进步特等奖 1 项，一、二等奖 8 项；获中国地质学会年度十大科技进展 2 项。

表 1　主要技术专利列表

专利名称	专利类型	国家（地区）	专利号
天然气中生物标志物的分析方法	发明专利	中国	ZL 201210100118.2
连续无损耗全岩天然气生成模拟方法	发明专利	中国	ZL 201210222927.0
天然气中硫化氢气体硫同位素在线分析方法	发明专利	中国	ZL 201210250711.5
…	…	…	…

三、应用效果与前景

大面积低渗砂岩大气田勘探理论拓展了寻找大气田的勘探领域，有效指导了鄂尔多斯盆地苏里格气田勘探向西、向北扩展，四川盆地须家河组勘探由广安向川中拓展；古老碳酸盐岩大气田勘探理论有效指导了高石 1 井的部署决策及重大突破，引领了安岳特大型气田的发现；断陷盆地火山岩气田勘探理论实现了由过去寻找“大湖盆、大断陷”到寻找“生烃主断槽”勘探思路上的转变，指导了中小型断陷勘探。截至“十二五”末已形成了鄂尔多斯盆地苏里格、四川盆地震旦系—下古生界、四川盆地须家河组、塔里木盆地库车等 4 个万亿立方米规模以及塔里木盆地塔中、鄂尔多斯盆地东部、四川盆地龙岗等 3 个 $5000\times10^8m^3$ 规模的大气区。

天然气地质理论与检测技术能进一步推动这些气区扩展，并对未来新区、新领域勘探，对高效勘探、快速增储上产具有重要的指导作用。

1.2　岩性地层油气藏地质理论和勘探配套技术

一、技术简介

岩性地层油气藏地质理论和勘探配套技术是以岩性地层油气藏为研究对象，立足于陆相断陷、坳陷、前陆和海相克拉通四类盆地，针对砂砾岩、碳酸盐岩、火山岩三类油气储集体，研究沉积体系时空展布、有利储层发育机制及油气成藏主控因素，明确大型岩性地层油气藏形成机理与分布规律，建立有利区评价标准，配套评价方法及软件系统，为岩性地层油气藏区带预测、圈闭评价与大油气区勘探部署提供理论指导和方法技术支撑。

岩性地层油气藏地质理论和勘探配套技术主要由地质理论、评价方法、核心技术、软件系统四大部分构成（图 1）。

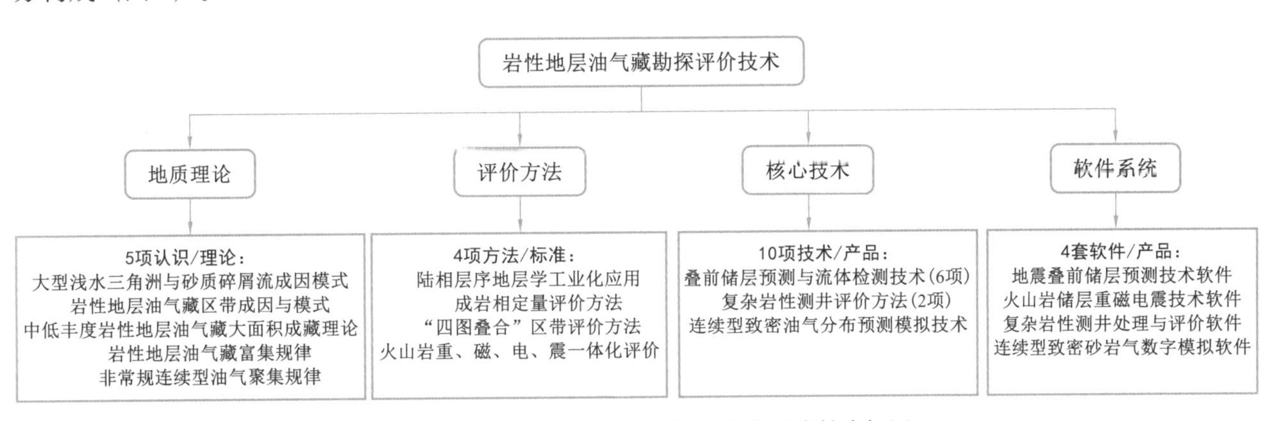

图 1　岩性地层油气藏地质理论和勘探配套技术框图

二、关键技术

（1）形成岩性地层油气藏圈闭—区带与成藏地质理论、中低丰度岩性地层油气藏大面积成藏地质理论，创新发展“非常规连续型油气聚集”理论，建立大型浅水三角洲与砂质碎屑流沉积模式，低渗—致密砂岩、碳酸盐岩、火山岩三类储层形成机理与分布模式，提出岩性地层与连续型非常规油气藏形成机理与大油气区分布规律等新认识（图 2、图 3）。

（2）陆相高精度层序地层划分与工业化应用技术、成岩相定量评价方法、“四图叠合”区带评价方法、火山岩重磁电震一体化评价方法等。

（3）叠前储层预测与流体检测技术、复杂岩性测井评价方技术、非常规连续型油气分布预测与资源评价技术等；集成叠前储层预测 RIT2.0 软件平台，自主开发致密油评价方法与软件系统。

岩性地层油气藏地质理论和勘探配套技术整体处于国际先进水平。获得国家科技进步一等奖 1 项，省部级科技进步一等奖 3 项，授权国家发明专利 16 件（表 1），登记软件著作权 7 项，编制能源行业标准 5 项，在国内外发表论文 300 余篇，出版专著 15 部。

表 1　主要技术专利列表

专利名称	专利类型	国家（地区）	专利号
一种油气吸附脱附驱替实验装置	发明专利	中国	ZL201310306081.3
一种利用角度阻抗梯度进行储层烃类检测的方法及装置	发明专利	中国	ZL201200675811.0
一种确定油气储层岩石裂隙发育度和流体性质的方法	发明专利	中国	ZL201310175000.0
储层流体检测方法和储层流体检测装置	发明专利	中国	ZL201210315777.8
…	…	…	…

盆地类型	构造背景	构造—层序成藏组合	典型实例
断陷型	陡坡	1. 陡坡断阶—湖侵和高位扇三角洲、水下扇组合	辽河西部凹陷陡坡带(E_2s_4-E_2s_3)
	缓坡	2. 多断裂系缓坡—湖侵和高位辫状河三角洲、水下扇组合	辽河西部凹陷缓坡带(E_2s_4-E_2s_3)
	中央构造带	3. 多中央构造带—湖侵和高位扇三角洲、水下扇组合	黄骅坳陷中央构造带(E_2s_3-E_2s_4)
	深断裂带	4. 深断裂带—火山爆发相和溢流相组合	松辽盆地断陷阶段(K_1yc)
坳陷型	长轴	5. 长轴缓坡—湖侵和高位/低位河流三角洲组合	松辽盆地北部轴向缓坡带(K_1q-K_2n)
	短轴 陡坡	6. 短轴陡坡—湖侵和高位/低位辫状河(扇)三角洲组合	鄂尔多斯盆地西南陡坡带(T_3y)
	短轴 缓坡	7. 短轴缓坡—湖侵和高位/低位河流三角洲组合	鄂尔多斯盆地东部缓坡带(T_3y)
前陆型	陡坡	8. 前陆陡坡—湖侵和高位/低位冲积扇、扇三角洲组合	准噶尔西北缘陡坡带(C-T)
	缓坡	9. 前陆陡坡—湖侵和高位/低位河流三角洲、滩坝组合	四川盆地东部缓坡带(T_3x)
克拉通型	台缘	10. 台缘—海侵礁滩组合	塔里木盆地塔中1号台缘带(O_3)
	台内	11. 台内—海侵滩坝组合	四川盆地川东北飞仙关鲕滩(T_1)
	台内	12. 台内—滨岸海侵滩坝组合	塔里木盆地哈得逊东河砂岩(C)
	台内	13. 台内—海陆过渡相高位三角洲组合	鄂尔多斯盆地北部海陆过渡相三角洲
	古隆起	14. 古隆起—岩溶组合	塔里木盆地轮南奥陶系潜山(O_{2+3})

图 2 岩性地层油气藏区带类型及分布

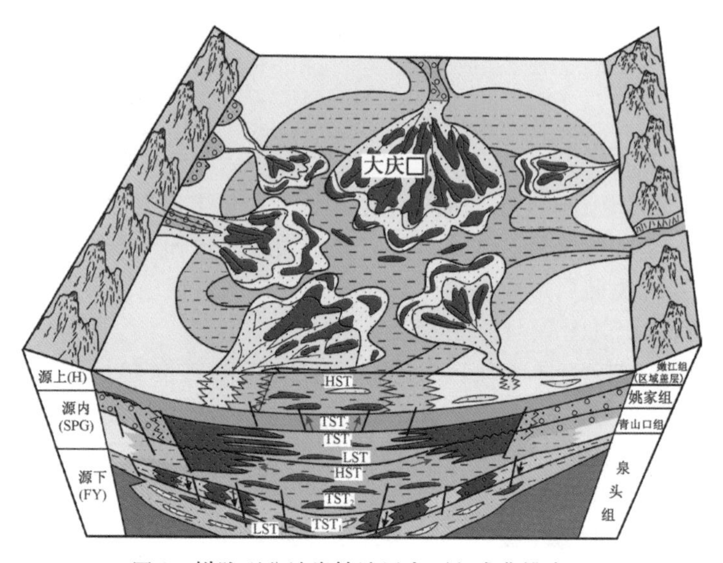

图 3 坳陷型盆地岩性地层大面积成藏模式图

三、应用效果与前景

“十一五”期间推进10个5亿吨至10亿吨级大油气区快速发展、提交油气探明储量当量25×10^8t；“十二五”期间推进姬塬、玛湖西斜坡等4个岩性大油区的形成与快速发展，在鄂尔多斯、松辽、准噶尔等盆地已初步形成3个10亿吨级、6个亿吨级致密油勘探潜力区，支撑了岩性地层油气藏领域的勘探部署和油气发现。

我国油气勘探对象趋于“更深、更广、更复杂”，勘探难度加大，成本不断提高，岩性地层油气藏仍是目前增储上产的重要领域，未来岩性地层油气藏地质理论和勘探配套技术将具有重要的指导作用和推广价值。

1.3　富油气凹陷精细勘探理论和技术

一、技术简介

富油凹陷二次勘探方法以覆盖全凹陷的三维地震数据体为基础，以富油凹陷“满凹含油”“洼槽聚油”等理论新认识为指导，以凹陷整体为单元，以岩性地层油藏为主的所有油藏类型为目标，以先进适用的钻井和储层改造等工程技术为重要支撑，开展新一轮次的重新“整体认识、整体评价、整体部署”的全面整体勘探思路。目的是进一步实现高勘探程度富油凹陷的持续规模增储。

陆相断陷“洼槽聚油”理论提出了以往认为是“禁区”的断陷洼槽区油气成藏机理、油气分布与富集规律认识，突破了“环洼聚油”理论认识，是对传统陆相成油地质理论的创新与发展。

二次勘探方法流程即：构建全凹陷整体三维地震数据平台—重建凹陷地质模型—量化表征油气资源空间分布—创建多领域油气成藏新模式—精细落实优选有利目标—多领域整体预探—上产增储一体化实施（图 1）。

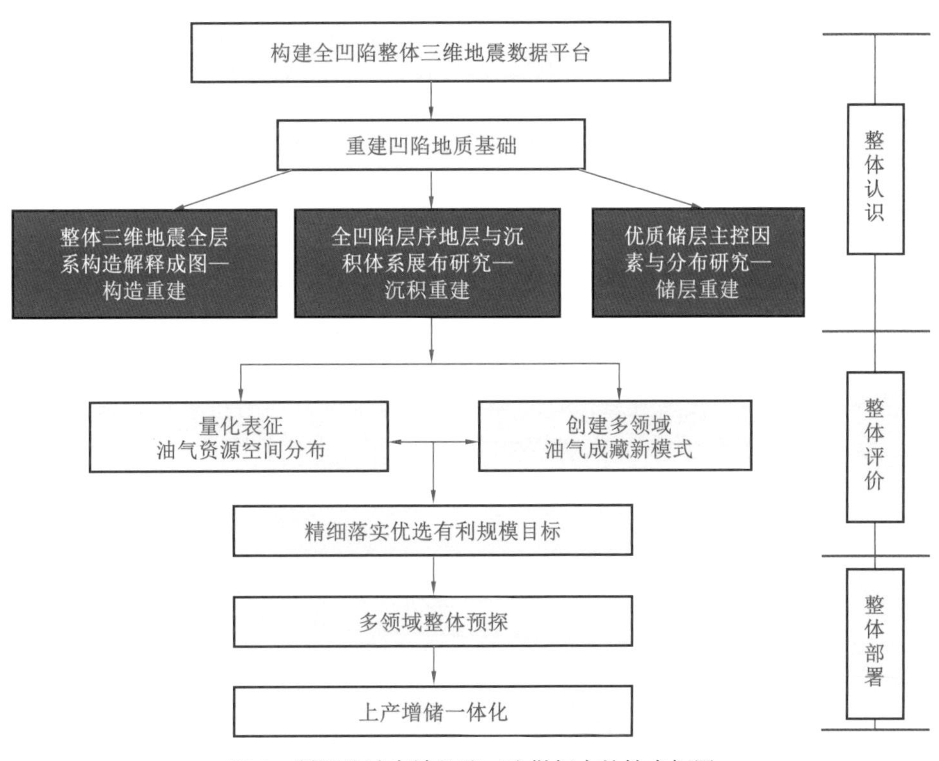

图 1　断陷盆地富油凹陷二次勘探方法技术框图

二、关键技术

（1）富油凹陷二次勘探方法是国内首次提出“整体认识、整体评价和整体部署”为核心的高勘探程度富油凹陷勘探方法，配套创新了全凹陷整体连片三维地震勘探、复杂隐蔽勘探目标精细发现落实等五项关键技术，有力支撑了富油凹陷的持续规模增储。

（2）陆相断陷“洼槽聚油”理论在国内首次系统地提出了洼槽区“多元控砂、优势成藏、主元富集、共生互补和模式多样”为核心的断陷洼槽聚油理论，填补了洼槽区成藏理论空白，为整体评价、满凹勘探奠定了理论基础（图 2）。

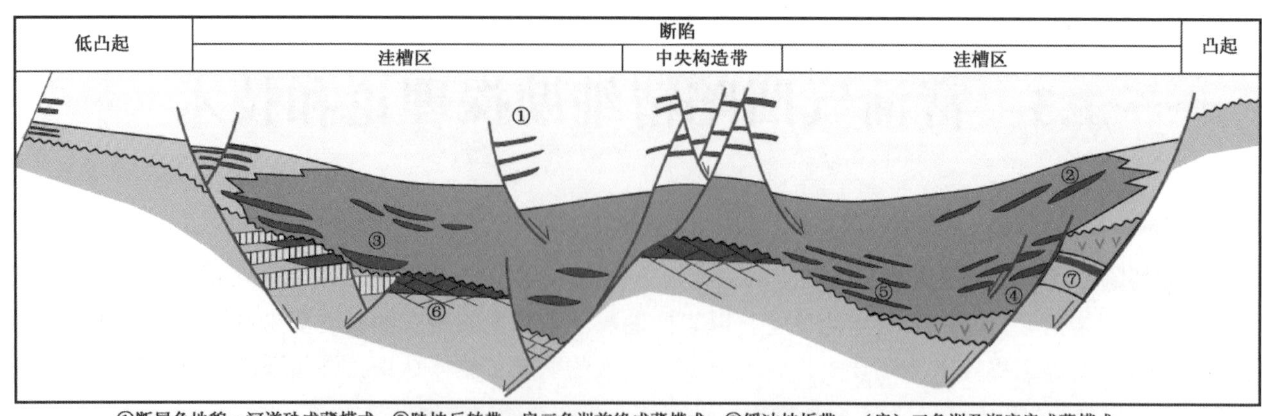

①断层负地貌—河道砂成藏模式；②陡坡反转带—扇三角洲前缘成藏模式；③缓冲坡折带—（扇）三角洲及湖底扇成藏模式；
④断阶—侧积三角洲前缘成藏模式；⑤潜山围斜超剥带成藏模式；⑥古储古堵潜山成藏模式；⑦阶状基底腹内潜山成藏模式

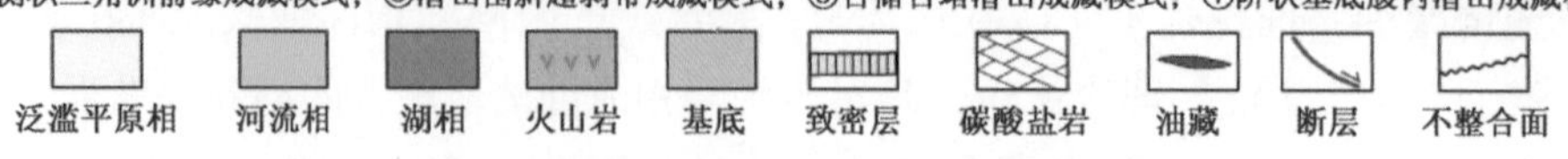

图 2　断陷盆地富油凹陷洼槽聚油模式

理论技术方法整体达到国际先进水平，共获国家科技进步奖二等奖 1 项，省部级一等奖 7 项，获行业年度十大科技进展 2 项。

三、应用效果与前景

“十一五”以来，应用洼槽聚油理论与富油凹陷二次勘探方法，先后在冀中坳陷老探区富油凹陷发现了饶阳凹陷蠡县斜坡和马西－河间洼槽区、霸县凹陷文安斜坡，以及隐蔽型潜山油气藏等四个亿吨级规模储量区。陆相断陷“洼槽聚油”理论与富油凹陷二次勘探方法实现了富油凹陷成藏理论、勘探技术、勘探方法创新，有效解决了精细勘探主攻方向与领域优选、有利勘探目标精细评价和精细勘探的高效发现等三大技术难题，有力推动了华北油田高成熟老探区的精细勘探，实现了持续规模增储，是国内老油区深化勘探的典范。

富油气凹陷精细勘探理论与技术具有很好的先进性、适用性，今后将对我国东部老探区的精细化勘探以及国内外类似富油凹陷的深化勘探，具有重要的指导作用和推广价值。

1.4 前陆盆地复杂冲断带构造建模和成像技术

一、技术简介

前陆冲断带构造建模和成像技术通过区域构造地质剖面建模和构造地质平衡剖面恢复、物理模拟实验、二维层应变构造变形恢复和三维体应变构造变形恢复的研究，揭示前陆冲断带的构造地质结构特征、变形过程与主控因素。前陆冲断带构造建模和成像技术能定量、直观地刻画一维、二维、三维构造特征及其对应构造恢复和运动学过程；应用地表地质结构、地震反射剖面和钻井分层等资料，建立复杂构造地震剖面的合理地质解释模型；并通过物理模拟实验验证二维和三维构造地质解析的合理性，再现构造变形过程和空间结构。

前陆冲断带构造建模和成像技术基于板块构造理论和断层相关褶皱理论，形成了剖面地质建模、物理模拟实验以及三维构造成像等三大技术系列八项特色技术（图 1）。

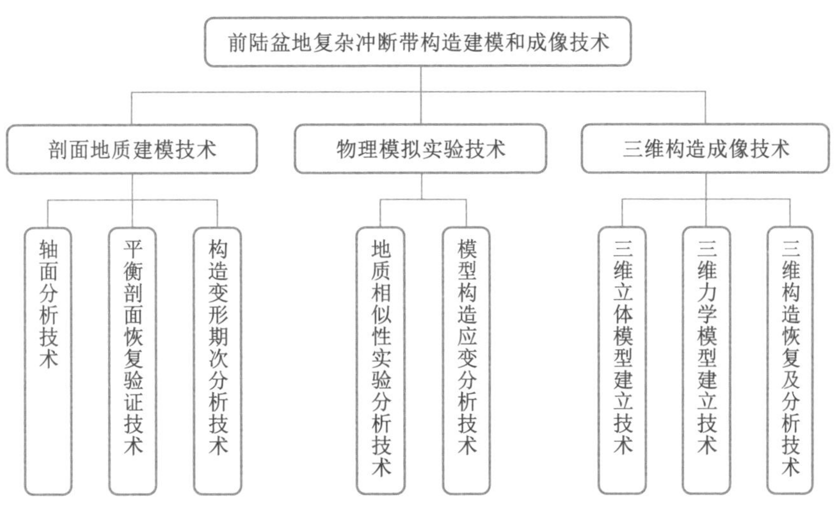

图 1　前陆冲断带构造建模和成像技术框图

二、关键技术

（1）剖面地质建模技术针对二维剖面开展构造分析，建立合理的地质解释模型。通过地表地质、钻井等资料确定部分构造要素，结合分析技术推算未知的构造要素，从而实现断层及地层褶曲完整几何学形态识别和刻画。借助构造活动—沉积充填相关性分析，厘定构造变形时间、叠加改造期次、断层位移量、变形机制与生长方式等运动学参数，直观地展示复杂构造形成过程。

（2）物理模拟实验技术遵循实验相似性基本原理，将地质原型按比例放大或缩小，模拟自然界地质构造变形，分析构造形成与发展的地质过程，确定控制构造几何学形态和变形运动学力学参数，辅助地震资料构造地质解释。

（3）三维构造成像技术应用研究区地表与地下成果数据，确定地层和断层在三维空间内的展布形态，构建断层、地层的接触关系，综合建立地质体三维空间结构模型，实现三维空间的平衡恢复和应变分析（图 2、图 3）。

前陆冲断带构造建模和成像技术整体达到国际先进水平，获国家科技进步二等奖 1 项，实用新型发明专利 2 件，出版了专著 4 部（表 1）。

图 2　三维构造成像技术流程图

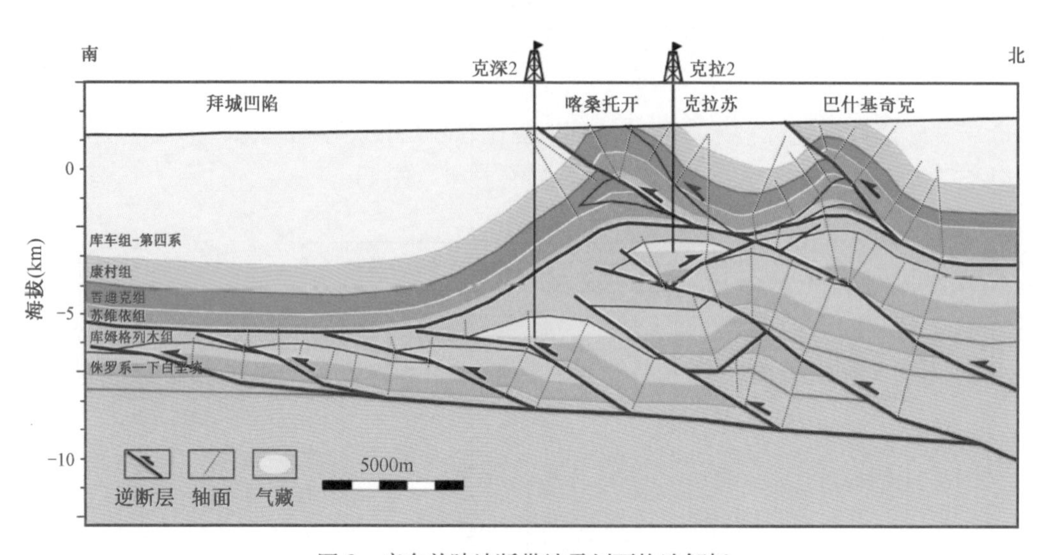

图 3　库车前陆冲断带地震剖面构造解析

表 1　主要技术专利列表

专利名称	专利类型	国家（地区）	专利号
数字化盆地构造物理模拟实验仪	发明专利	中国	ZL 201010249016.8
一种数字化盆地构造物理模拟实验沙箱搬运装置	发明专利	中国	ZL 201110051194.4
地质构造物理模拟底摩擦的实验装置	发明专利	中国	ZL 201210044725.1
…	…	…	…

三、应用效果与前景

技术已广泛应用于国内外市场，完成自主研发的盆地构造物理模拟平台，推动盆地构造研究从二维向三维过渡、从形态特征向动态特征发展、从宏观样式向微观应变延伸，融合国际前沿理论，在中国中西部前陆盆地研究和油气勘探中取得了突破性进展。前陆冲断带构造建模和成像技术推动了克拉 2、克深、迪那和大北等多个千亿立方米大气田发现。已在库车地区初步形成了万亿立方米大气区，进一步夯实了“西气东输”国内资源基础。

近年来，中国石油致力于复杂冲断带构造建模引进了 Epos 勘探开发一体化软件，GOCAD 综合地质建模和构造应变恢复软件以及 Traptester 断层封堵、裂缝预测与断层建模分析软件等成熟工业软件，研制了盆地构造物理模拟设备，能综合开展 2D/ 3D 地震资料解析、平衡地质剖面验证、构造地质建模及断层封堵性分析等工作。丰富了构造建模的研究手段，为解决油公司需求的复杂构造解释、油气藏评价、富油气区预测等重大科学问题打下了良好的基础。

1.5 被动裂谷盆地石油地质理论及勘探技术

一、技术简介

被动裂谷盆地复杂断块勘探技术可对断层精确识别和编制精细构造图，技术包括地震部署优化、重磁震资料联合解释、高角度断层控制的复杂断块变速成图和复杂断块构造精细解释及目标评价技术。利用钻井资料开展生油岩、储层和盖层评价，快速确定主力成藏组合，及时高效地提供决策依据，技术包括测井烃源岩评价、测井盖层评价和低阻油层识别。从区域地质条件入手，逐步缩小勘探靶区，选准规模目标，技术包括成藏组合快速评价和基于 EMV 值的圈闭综合评价（图 1）。

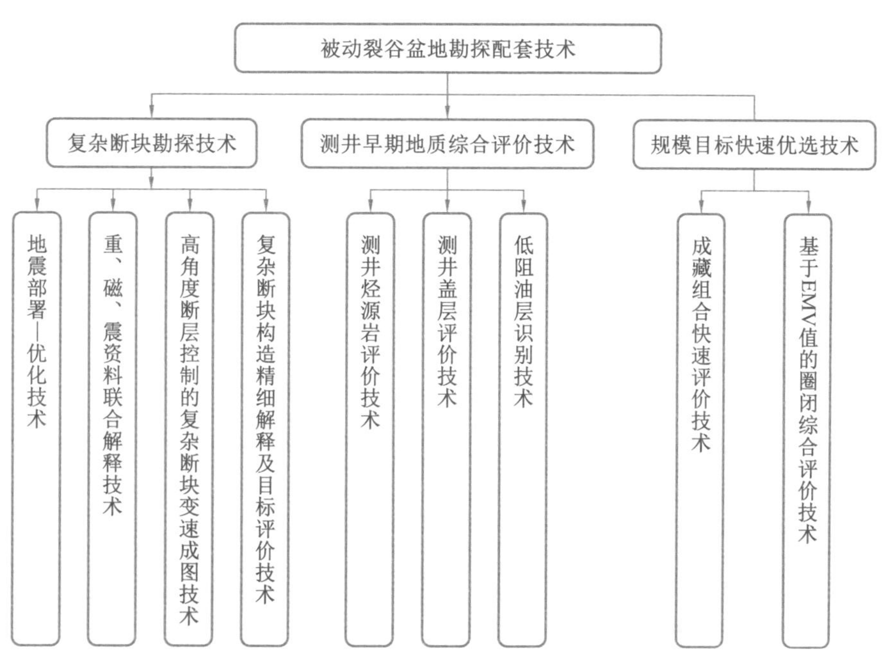

图 1　被动裂谷盆地复杂断块勘探技术框图

二、关键技术

（1）复杂断块勘探技术：①利用先进适用的变速成图技术，准确刻画目标的各项地质要素，为裂谷盆地勘探提供准确、可靠的钻探目标。②可以提高微小断层的识别能力、增强断层的平剖面追踪，实现断层的综合识别和断块的精细刻画，大幅提高复杂断块圈闭成图的精度。

（2）测井早期地质综合评价技术：①弥补了因取心不足造成烃源岩识别与评价的困难，及时为资源量估算及油气勘探决策提供技术依据。②实现了连续计算和判断，克服了正演模拟计算的非连续性；消除围岩的影响，评价低阻薄油层。

（3）规模目标快速优选技术：快速、高效、准确评价和优选盆地主力成藏组合，为勘探部署提供依据（图 2）。

被动裂谷盆地石油地质理论及勘探技术处于国际先进水平，获国家科技进步一等奖 1 项、二等奖 2 项、三等奖 1 项，获中国技术创新一等奖 3 项。

图 2　规模目标快速优选技术流程图

三、应用效果与前景

被动裂谷盆地勘探配套技术在苏丹三大项目、乍得和尼日尔项目取得了很好的应用效果。苏丹穆格莱德盆地 1/2/4 区自 CNPC 进入以来累计探明石油地质储量 7×10^8t，建成最高年产 1500×10^4t 的大油田。在南苏丹迈卢特盆地两年内快速发现法卢杰（Palogue）巨型油田，累计探明地质储量 9×10^8t，建成最高年产原油 1500×10^4t 的大油田。2008—2010 年乍得和尼日尔发现 2 个亿吨级油田、10 个千万吨级油田和一系列中小型油气田。

以技术应用于苏丹、南苏丹、乍得、尼日尔等海外重点勘探项目所取得的显著成效为基础，加上形成完善的石油地质理论和勘探配套技术可为全球范围内相似盆地勘探提供借鉴（图 3）。

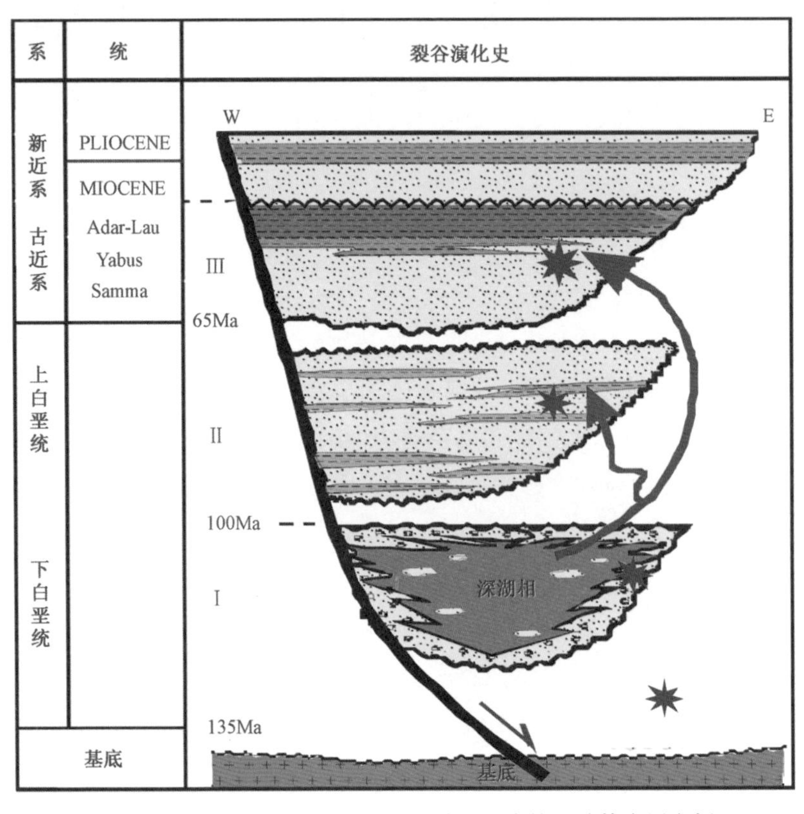

图 3　成藏组合快速评价技术在南苏丹迈卢特盆地的应用实例

1.6 碳酸盐岩油气藏勘探开发技术

一、技术简介

碳酸盐岩油气藏勘探开发技术是针对中国海相碳酸盐岩位于叠合盆地下部，时代老、埋藏深、演化复杂等问题，创新发展碳酸盐岩油气藏勘探开发理论，形成适合于中国小克拉通海相碳酸盐岩的油气勘探开发关键技术，主要包括勘探开发理论、地质评价技术、油气藏开发和工程配套技术四个方面（图 1）。

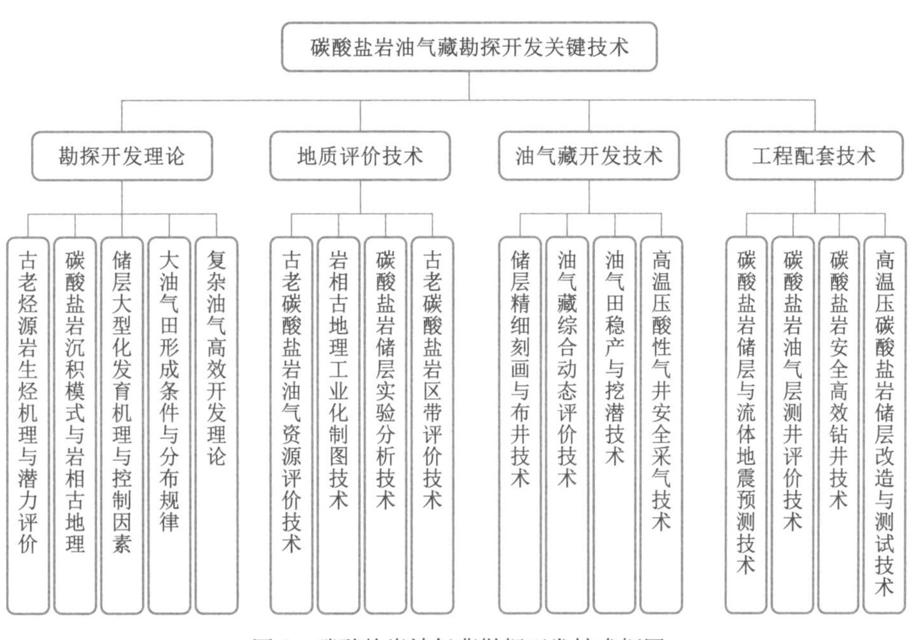

图 1　碳酸盐岩油气藏勘探开发技术框图

二、关键技术

（1）构建了小克拉通海相碳酸盐岩油气成藏理论认识，包括：①提出了古老海相烃源岩晚期生烃与成藏机理（图 2），揭示古生界海相碳酸盐岩富油更富气，资源潜力超出预期；②提出两类岩溶、两类白云石化作用控制深层碳酸盐岩储层大型化发育，揭示深层碳酸盐岩可以形成大油气田；③确认我国海相碳酸盐岩大油气田以岩性—地层油气藏为主，呈集群式分布，总体中低丰度，储量规模大。

（2）形成了复杂碳酸盐岩油气藏开发技术，包括：①以储集单元非均质性描述为目标，根据储层分布特征建立不同类型储层空间分布模型；②以储集单元精细描述为基础，结合流体分布特征和控制因素，进行高效井部署；③以储集单元划分为核心，结合生产动态数据，精细刻画开发单元形态特征；④以多孔介质模拟为手段，根据不同类型储集空间特征研究孔缝洞流体耦合流动特征。

（3）创新发展了评价技术。包括地质评价技术：古老碳酸盐岩油气资源评价技术、古老碳酸盐岩岩相古地理重建技术、碳酸盐岩储层实验分析技术和古老碳酸盐岩区带评价技术；关键开发技术：储层精细刻画与布井技术、油气藏综合动态评价技术、油气田稳产挖潜技术、高温高压酸性气井安全采气技术；工程配套技术：碳酸盐岩储层与流体地震预测技术、碳酸盐岩油气层测井评价技术、碳酸盐岩安全高效钻井技术和高温高压碳酸盐岩储层改造与测试技术。

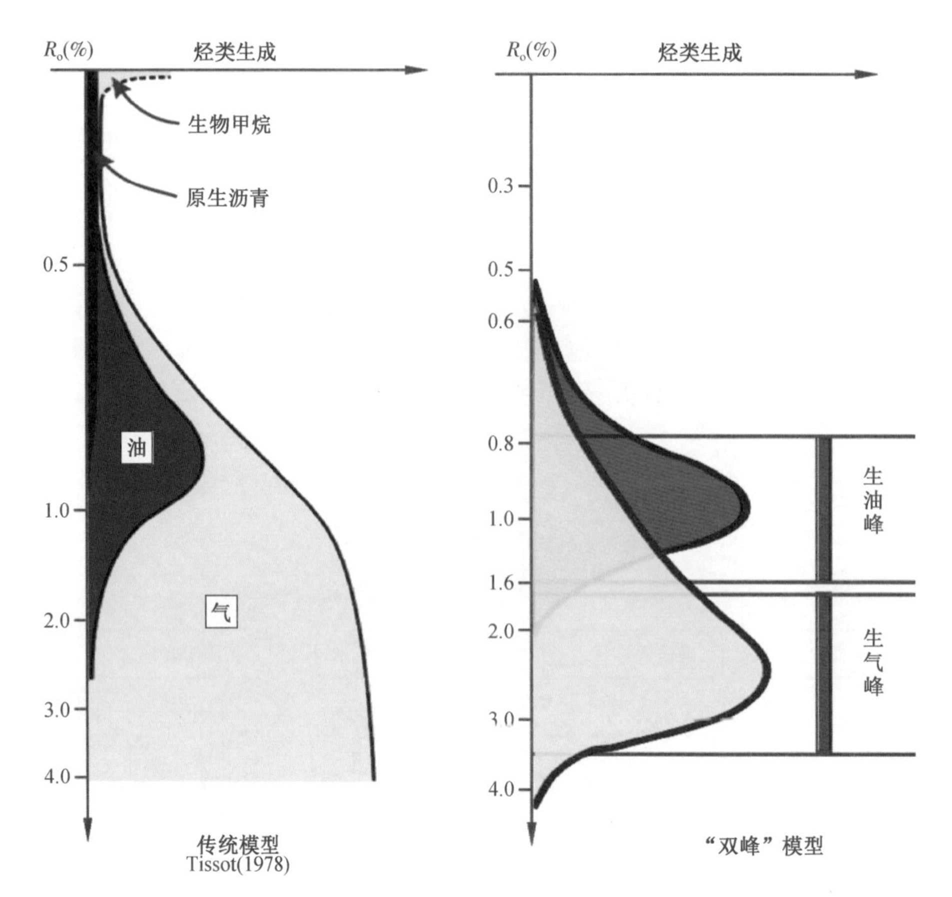

图 2　古老烃源岩生烃机理模式图

碳酸盐岩油气勘探开发配套技术已经达到国际先进水平，获集团公司科技进步一等奖等多项奖项，获行业年度十大科技进展；授权专利 16 件（表 1），制定 / 修订行业标准 3 项、企业标准 7 项以及技术规范 4 项。

表 1　主要技术专利列表

专利名称	专利类型	国家（地区）	专利号
一种岩溶洞穴储层埋藏保存深度的预测方法	发明专利	中国	ZL 2010 2 0259405.4
高温耐蚀气举阀	发明专利	中国	ZL 2010 2 0685820.6
酸岩反应的平行板裂缝模拟装置	发明专利	中国	ZL 2008 2 0108724.8
可回收式油管堵塞阀	发明专利	中国	ZL 2009 2 0109682.4
一种岩溶风化壳白云岩有效储层的识别方法与装置	发明专利	中国	ZL 2011 1 0277410.7
…	…	…	…

三、应用效果与前景

碳酸盐岩油气藏勘探开发技术在塔里木、四川和鄂尔多斯盆地规模应用，推动塔里木盆地塔北哈拉哈塘、塔中鹰山组、四川盆地川中震旦—寒武系、鄂尔多斯盆地第二岩溶带等取得战略性突破，为储量高峰增长提供了重要支撑，并有效支撑靖边、龙岗、塔中、塔北等 5 个重点地区产能建设，为塔里木 3000×10^4t 上产、鄂尔多斯 5000×10^4t 上产、四川 $300\times10^8m^3$ 上产提供技术保障。

碳酸盐岩油气藏勘探开发技术对中国古老海相碳酸盐岩油气勘探具有重要的指导意义，在领域评价、区带优选、深层油气资源经济性评价、产能建设等方面将日益发挥重要作用。

1.7　盐下复杂构造勘探开发系列配套技术

一、技术简介

盐下复杂构造勘探开发系列配套技术是解决因盐膏层易形成大型盐丘，造成地下构造复杂、速度变异及储层特性改变而导致油气勘探开发困难的技术。盐下复杂构造勘探开发系列配套技术包括：地震采集、地震数据处理、盐下构造识别、碳酸盐岩储层预测与评价、盐下碳酸盐岩油气藏开发、含盐地区钻井六个技术组合（图 1）。技术的应用基本解决了盐下复杂构造碳酸盐岩勘探开发中的盐、假、薄、塌、异常高压等主要难题，实现了勘探的突破，发现了亿吨级油气田，并快速投入开发。

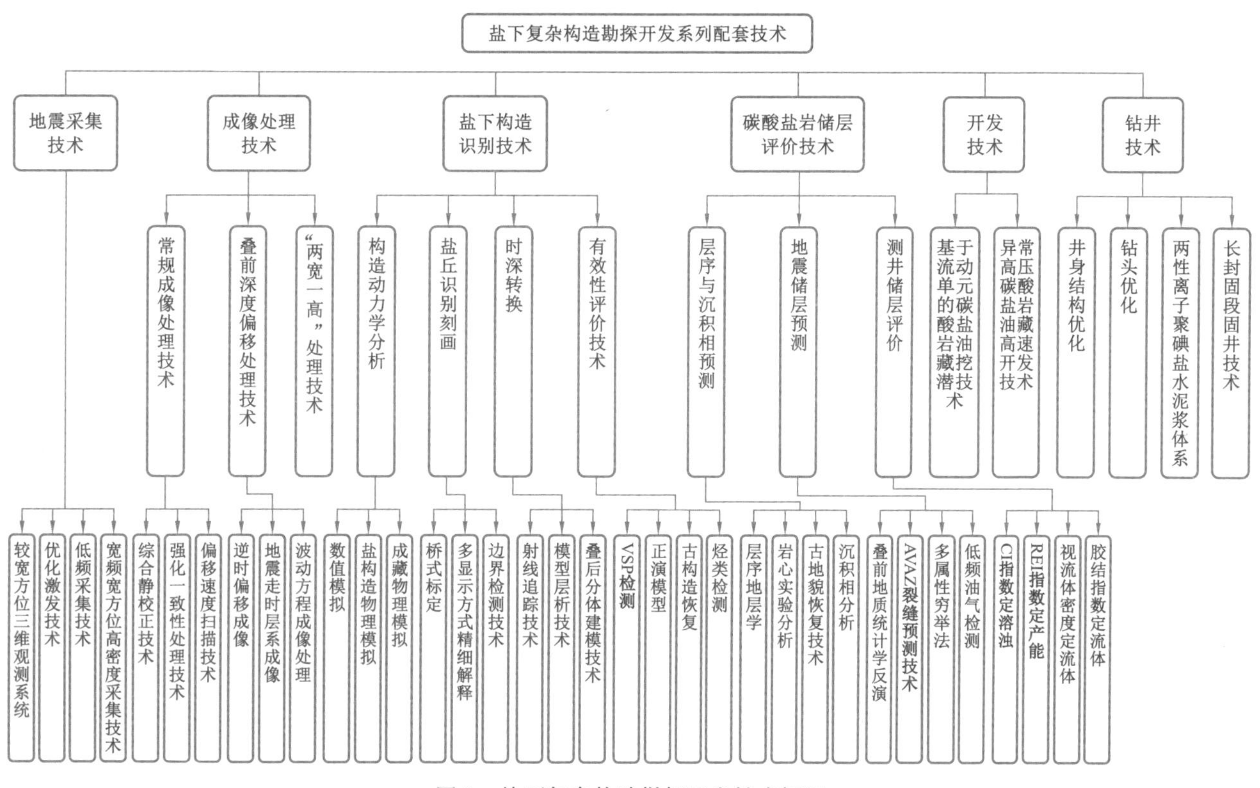

图 1　盐下复杂构造勘探开发技术框图

二、关键技术

（1）提高盐下目的层成像精度，准确刻画盐丘顶底、礁滩体分布边界，为有效开展斜坡区岩性体组的储层预测流体识别提供高品质的基础资料。

（2）适合复杂介质的精确成像，解决盐下构造成像和构造恢复的问题，能分析识别多种构造环境下盐构造的变形特征、变形机制及主控因素（图 2）。

（3）确定已知油气藏的成藏机制，预测未钻领域的有利储层的可能分布空间，解决了横向非均质性很强的岩性油气藏描述问题。

（4）适合孔渗关系复杂、储层非均质性强、异常高压的碳酸盐岩油藏开发；钻井工艺的优化，减少了井下事故，缩短了钻井投资，降低了钻井成本。

盐下复杂构造勘探开发系列配套技术整体处于国际先进水平。获得实用新型专利 2 件，出版专著 1 部，文章 52 篇。

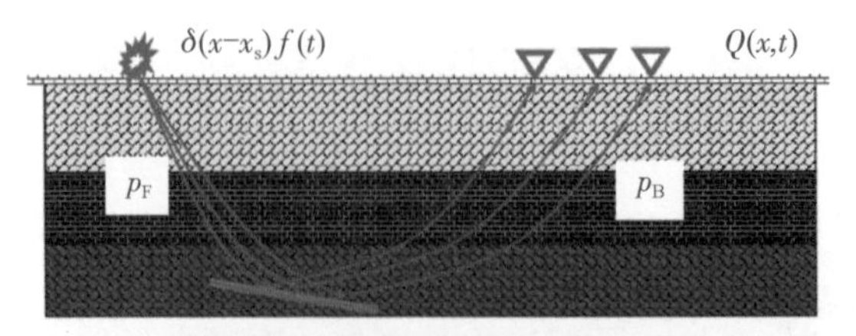

逆时偏移考虑激发和接收双程波路径

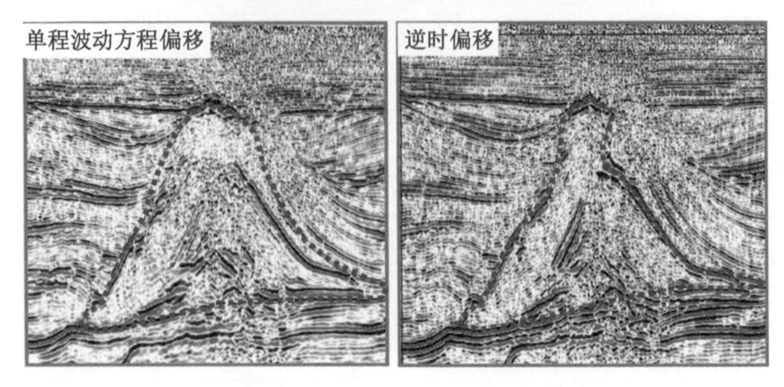

图 2　含盐地区逆时偏移叠前深度偏移处理效果

三、应用效果与前景

含盐地区复杂构造勘探开发系列配套技术经过“十一五”攻关与实践，在滨里海发现北特鲁瓦亿吨级大油田，探明原油地质储量 2.4×10^{8}t，这是哈萨克斯坦独立以来陆上最大的油气发现（图 3）。在阿姆河发现了多个有利储集区，结合圈闭综合评价，提供大量钻探目标，从而发现多个气田。在滨里海、阿姆河等盆地获得重要发现，提升了公司价值和竞争力，扩大了国家影响力。

全球有 150 多个含盐盆地，是未来油气储量增长的重要领域。含盐盆地在中国石油海外油气勘探中占有重要地位，是重要储量增长点和跨国油气管线的供应基地，应用前景广阔。

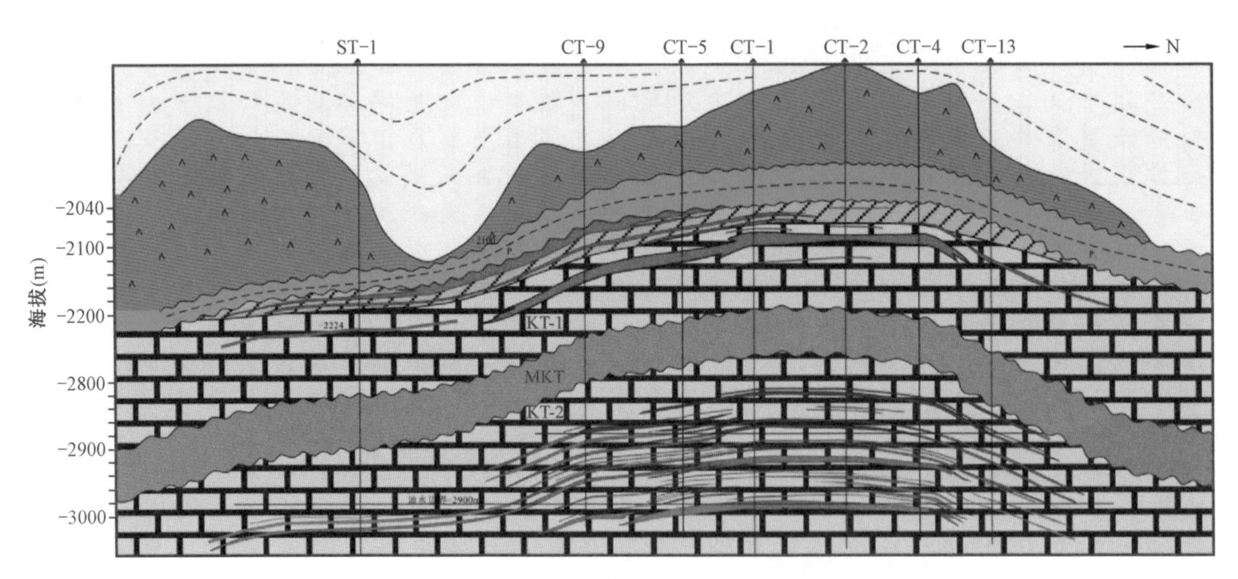

图 3　滨里海盆地东缘中区块油气藏剖面图

1.8 致密气勘探开发技术

一、技术简介

致密气勘探技术主要针对致密砂岩储层岩性复杂、非均质性强、气层有效厚度薄、预测难度大的问题，采用层序地层、物源分析、砂体结构分析等方法，系统评价有效砂体的空间展布特征，再现大面积砂体的成因过程，构建天然气成藏模式，深化天然气成藏富集规律，同时结合生烃潜力、资源分布等重要地质要素，评价运聚系数、资源丰度、资源经济系数等天然气评价的关键参数，形成了砂体精细刻画、盆地模拟、储层综合评价等关键技术系列（图 1）。

致密气开发技术是在地震、地质、气藏工程结合的基础上，根据致密砂岩储层地质特点与砂体纵横向展布规律以及水平井开发技术特点，筛选水平井开发的有利区，刻画目标储层的空间分布，依据地质认识和井网控制程度的不同，逐步形成致密砂岩气藏水平井开发技术，在以苏里格气田为主导的致密砂岩气藏开发中发挥了重要作用，有力支撑了气田规模上产。

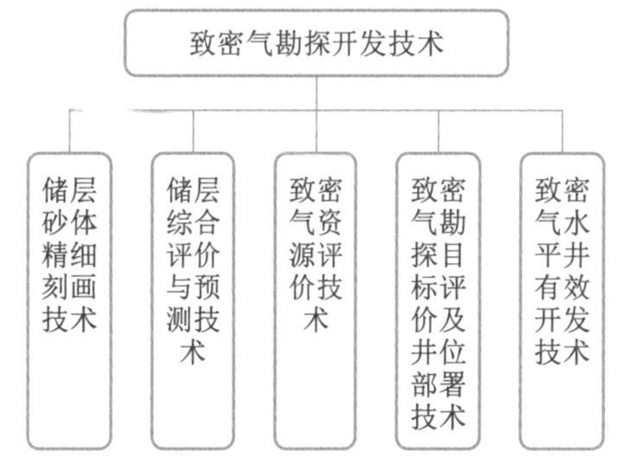

图 1　致密气勘探开发技术框图

二、关键技术

致密气勘探技术：

（1）多井综合解剖砂体结构，精细刻画砂体空间展布；

（2）定量化快速综合评价，实现优质储层预测；

（3）合理有针对性地选取评价参数，科学评价盆地经济可采资源量；

（4）明确有利目标区带，科学井位部署。

致密气开发技术：

（1）根据致密砂岩储层砂体分布模式，优选水平井整体开发区，结合经济评价、气藏工程、数值模拟等技术，优化井网井距，整体部署水平井（图 2）；

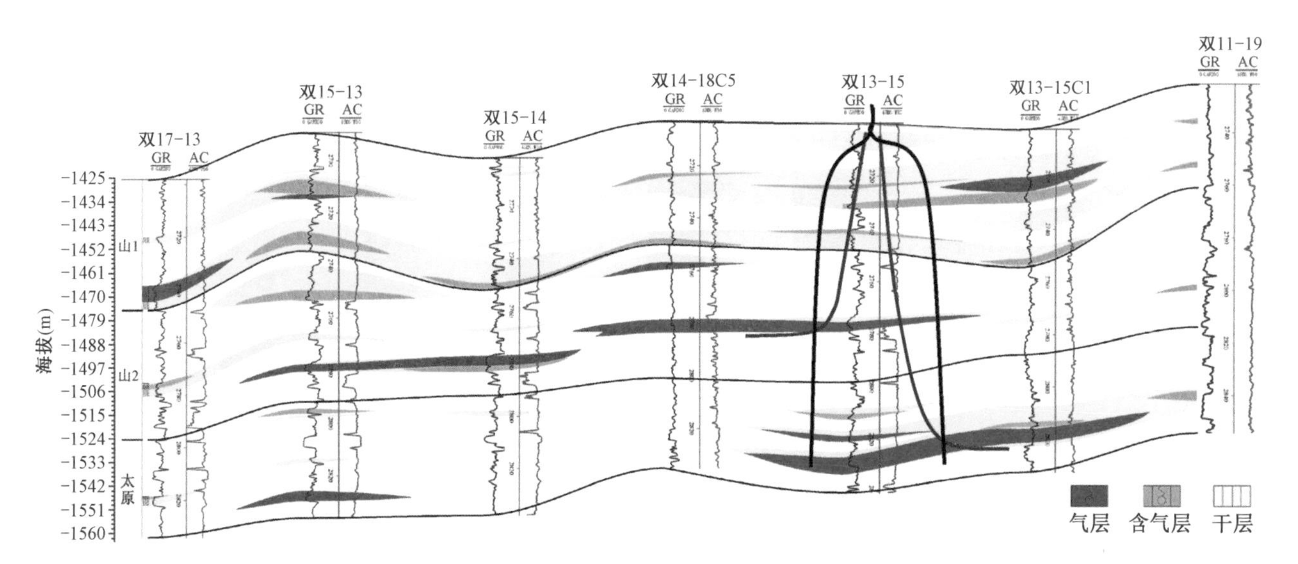

图 2　大丛式井组直定向井 + 水平井混合开发示意图

（2）以有效储层为核心，采用“六图一表”技术思路，提高水平井有效储层钻遇率和开发效果；

（3）根据储层的位置，以砂体及有效砂体对比分析、储层构造分析为手段，进行标志层深度预测与实钻对比分析，结合地层厚度、地层倾角评价，调整靶点。

致密气勘探开发技术整体处于国际先进水平。获得国家发明专利 6 件（表 1），获得软件著作权 13 项，获得省部级一等奖 1 项，三等奖 2 项，发表论文 44 篇。

表 1 主要技术专利列表

专利名称	国家（地区）	专利类型	专利号
一种岩溶型碳酸盐岩储层布井方法	中国	发明专利	ZL 200910088514.6
气井动态产能预测方法	中国	发明专利	ZL 201110440973.3
薄层碳酸盐岩储层水平井的调整方法	中国	发明专利	ZL 201110460116.x
一种获取气藏地层压力系统及其方法	中国	发明专利	ZL 201210226393.9
…	…	…	…

三、应用效果与前景

中国石油在致密气勘探开发方面积累了丰富的经验，形成的砂体精细刻画技术、致密砂岩储层综合评价与预测技术、致密砂岩气资源评价技术、致密砂岩气藏勘探目标评价及井位部署技术等技术已在乌审旗、榆林、米脂、苏里格等气田的勘探开发中应用，致密气产量已占长庆油田天然气储量的 70% 以上（图 3）。

进入 21 世纪以来，我国油气对外依存度迅速增加，2014 年天然气对外依存度上升至 32.2%。同时，我国剩余油气资源中 50% 以上为低渗、特低渗透油气田，勘探开发此类资源成为必然选择。致密砂岩气藏的有效开发是我国新型能源结构的重要组成部分，也是现阶段各大油田公司最现实的储量增长点。致密气勘探开发技术的形成，经过了连续多年的不懈努力，技术的可行性和先进性，已在长庆油田公司多年的致密砂岩气藏勘探开发中得到了很好的诠释和应用，取得了良好的经济效益和社会效益，有力的助推了长庆油田公司“西部大庆”建设的如期建成，目前已成为长庆油田公司天然气勘探开发、上产稳产的主要抓手，也必将为 5000×10^4t 稳产目标的顺利实现发挥重要的作用，成为我国自主技术成功解决致密砂岩气藏有效开发难题的典范。

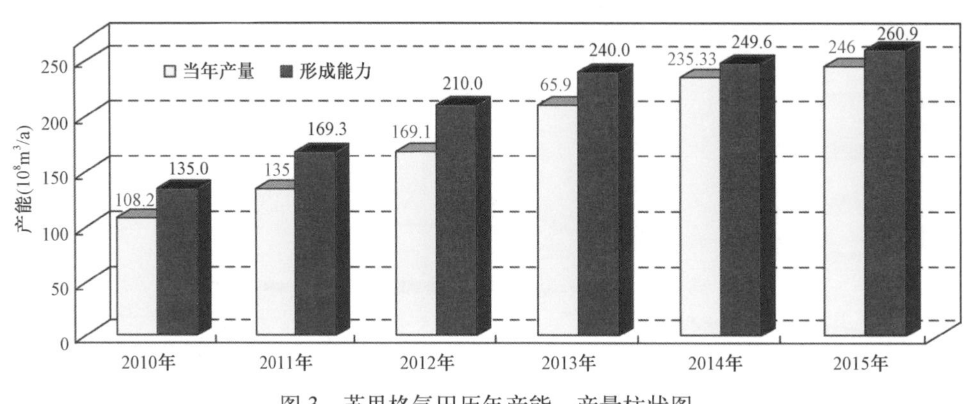

图 3 苏里格气田历年产能、产量柱状图

1.9 煤层气勘探开发技术

1.9.1 高煤阶煤层气勘探开发技术

一、技术简介

煤层气勘探开发技术是针对我国高煤阶煤层气“一高两低”（煤阶高、低压、低渗）的地质特点，基于成藏理论认识和控产机理，形成了区域宏观战略选区、勘探评价选区、高效建产选区、可采性评价、适用性技术评价、开发优化设计、配套工程技术和地面集输工艺等煤层气勘探开发技术体系（图 1），是支撑我国煤层气规模化和产业化发展的技术基础，填补了国内外高煤阶煤层气勘探开发技术空白。

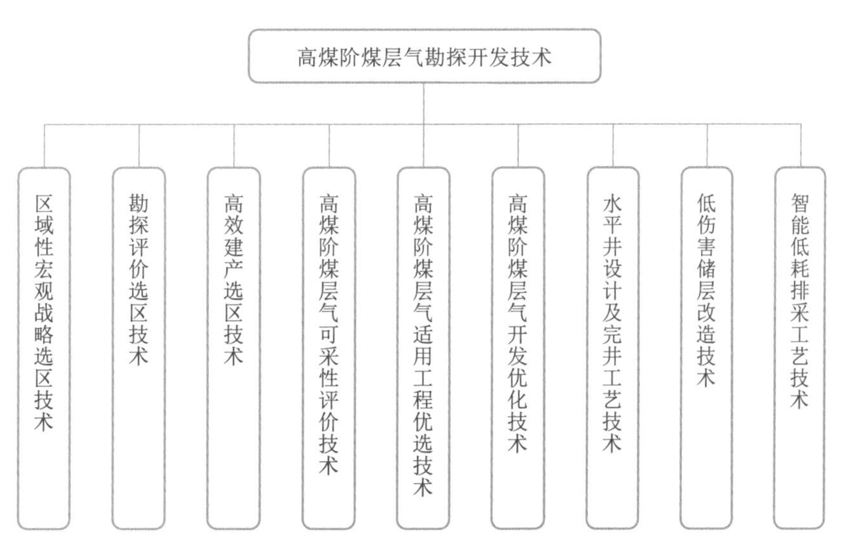

图 1　煤层气勘探开发技术框图

二、关键技术

（1）基于成藏理论认识形成了配套的选区评价技术体系。

（2）基于高阶煤储层固流耦合控产作用机理，建立了高效建产选区技术。

（3）建立了高煤阶煤层气可采性评价及适用工程技术优选体系。

（4）形成了富集区水平井地质优化设计技术。

（5）创新煤层气水平井完井工艺技术及高效增产改造工艺技术（图 2）。

（6）建立了“五段三压四点法”高煤阶煤层气排采控制技术。

煤层气勘探开发技术整体处于国际先进水平。创新形成了高煤阶煤层气协同、互补、共存成藏的理论认识（图 3），揭示了高阶煤储层固流耦合控产作用机理，奠定了中国高煤阶煤层气勘探开发技术的理论基础。

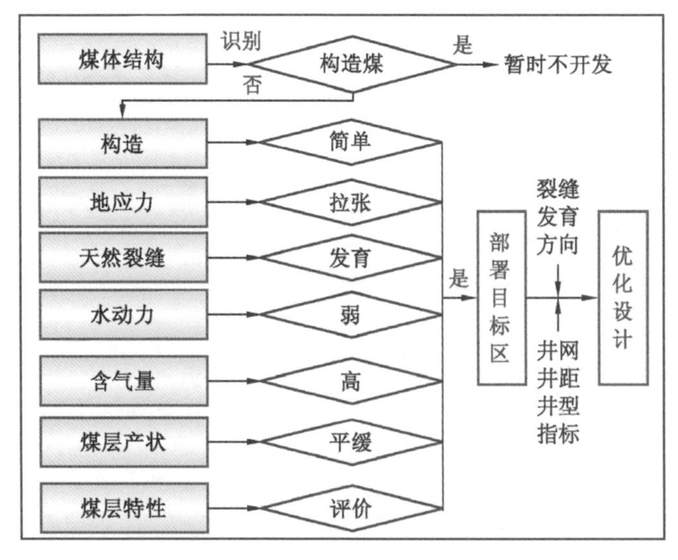

图 2　水平井优化设计技术流程图

(1)沉积作用控制煤层纵横向分布和煤层气保存，是成藏的前提条件

✓ 三角洲平原分流间湾潮湿多雨环境利于成煤

✓ 直接顶板泥岩发育控制煤层气保存

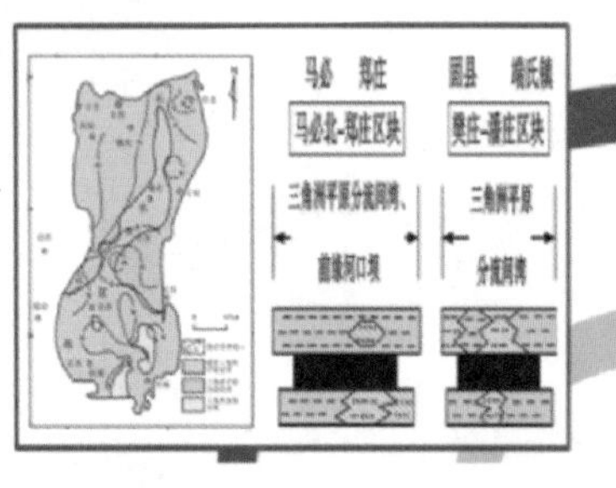

(2)深成和热变质作用影响生烃总量和煤层物性，是成藏的重要基础

✓ 两次热演化累生烃量 97.86~359.1m³/t

✓ 煤储层物性改善，储集能力提高

(3)构造作用改变成藏的平面分布

✓ 构造变形相对较弱，利用气富集

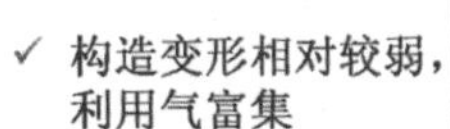

✓ 构造应力拉张，储层渗透性改善

✓ 煤层抬升回返晚且短，利于气保存

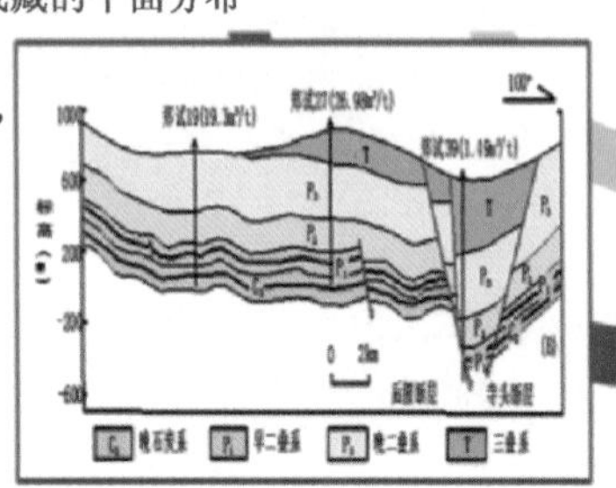

(4)水文作用持续调整煤层气的平面富集

✓ 水力封闭作用，盆地中部和东南部地下水滞留区煤层气富集，含气量15m³/t以上

图 3　高煤阶煤层气协同、互补、共存成藏理论认识图示

三、应用效果与前景

截至 2014 年底，在中国石油所属的沁水煤层气田和鄂尔多斯东缘得到应用，探明煤层气地质储量超过 $4000\times10^8m^3$，高煤阶煤层气探明地质储量占 73%，生产井近 4000 余口，建成煤层气生产能力约 $45\times10^8m^3$，年生产商品气量将近 $20\times10^8m^3$，大约占全国煤层气商品气量的 50%。

我国高煤阶煤层气资源量占煤层气资源量的 21%，实现勘探开发的还不到十分之一，且我国高煤阶煤层气是目前最现实的可以实现商业化开发的煤层气资源，技术需求强劲，市场需求空间非常大。

1.9.2 中低煤阶煤层气勘探开发技术

一、技术简介

中低煤阶煤层气勘探开发技术基于中低煤阶煤层气富集理论和产出机理，包括地质选区评价技术、地球物理技术、钻完井技术、增产改造技术、排采技术、集输工艺技术和经济评价与销售技术等勘探开发技术（图 4）。该技术作为我国中低煤阶煤层气规模化和产业化发展的技术基础，满足我国中低煤阶煤层气含气量低、单层厚度小、煤层层数多、煤层含水量高及资源丰度偏低等条件下的勘探开发技术需求，应用效果显著。

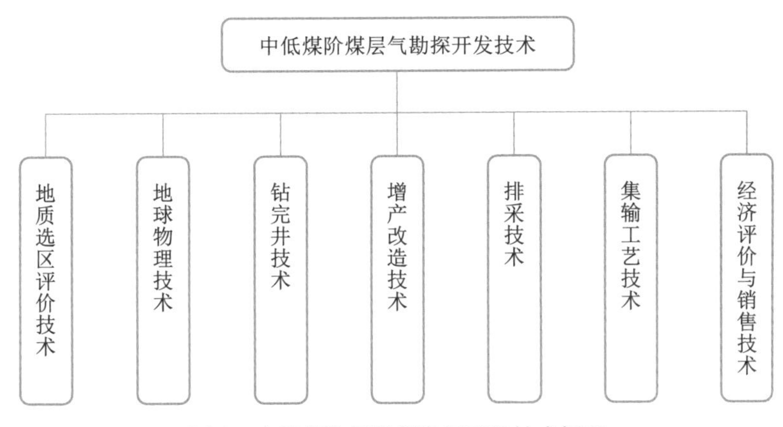

图 4　中低煤阶煤层气勘探开发技术框图

二、关键技术

（1）综合煤层气含气性、技术可采性、经济性三类要素的有利目标评价指标体系及评价。

（2）煤层气三维分方位地震处理及裂缝预测，形成一体化的裂缝预测流程。

（3）基于测井的煤层气动态渗透率计算及产能预测。

（4）针对中低煤阶煤层渗透率低、煤岩机械强度低、压敏突出的特点，建立“适度液量、变排量、适度砂比”煤层压裂理念，增产改造效果显著。

（5）建立了以“双控制逐级排采区域降压法”为核心的多煤层排采方法和技术，实现对压力和煤粉的双控制，以求保护储层、最大程度释放产能（图 5）。

（6）开发了煤层气藏数值模拟和开发数据分析软件（图 6），建立煤层气气藏分析方法及开发指标优化技术，配套开发处自调式浅井抽油机、防煤粉自洁式管式泵、高效修井车、排采工况诊断仪等多套设备。

（7）首次提出煤层气“气水分输，同沟敷设，集中处理”集输模式，形成了较完整的中低煤阶开发地面配套体系。

中低煤阶煤层气勘探开发技术整体达到国际先进水平。获得 7 项省部级以上科技奖励。授权专利授权 64 件，涵盖煤层气含量测试方法、水力压裂工艺、煤层气井举升工艺、地面橇装工艺、煤层气井远程智能测控等煤层气勘探开发关键环节。

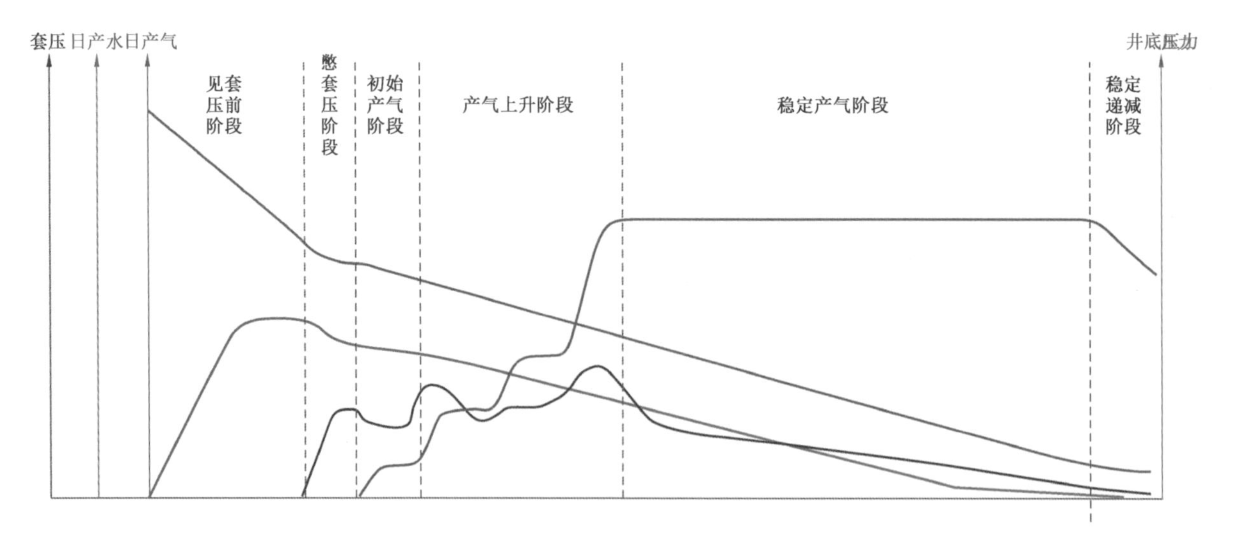

图 5　排采阶段划分示意图

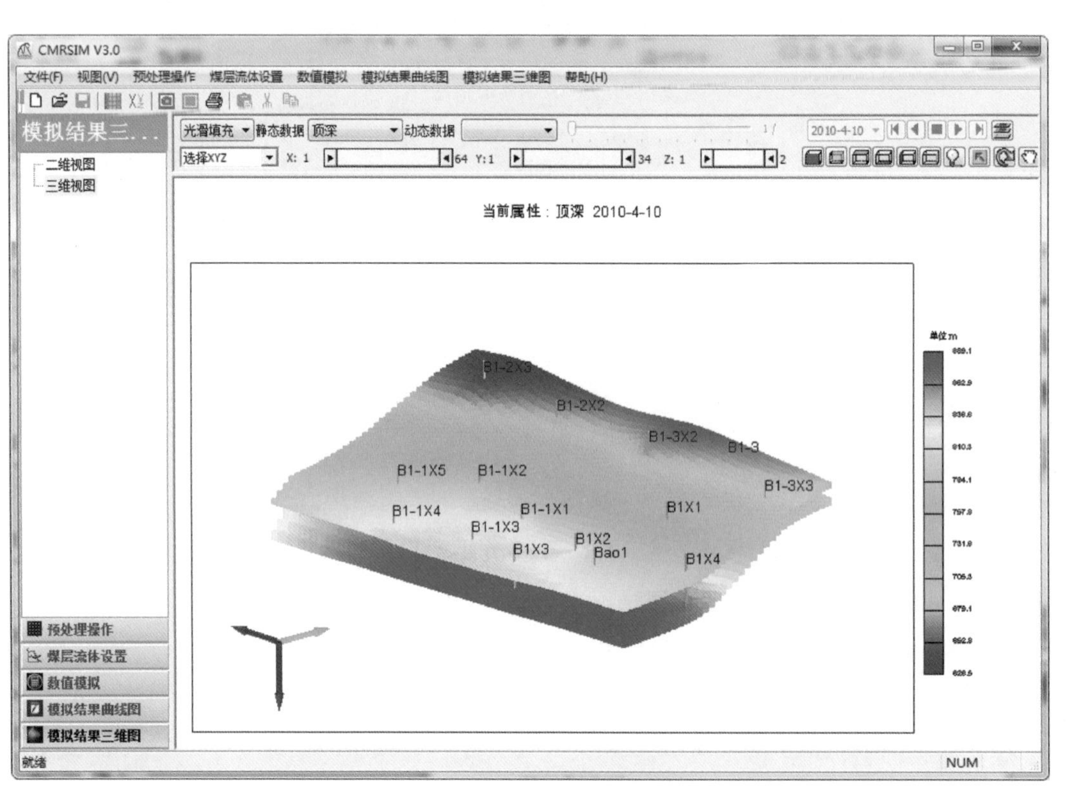

图 6　CMRSim V3.0 三维可视化煤层气藏数值模拟软件

三、应用效果与前景

在鄂尔多斯盆地东缘得到应用，保德区块建成我国第一个中低煤阶煤层气田，探明煤层气地质储量 $1812\times10^8m^3$，部署生产井 2400 口，年商品气量 $6.6\times10^8m^3$。

中低煤阶煤层气勘探开发技术将推动占我国煤层气资源总量 79% 的中低煤阶煤层气资源规模开发，应用前景十分广阔。

1.10 精细油藏描述及高含水油田改善水驱技术

一、技术简介

精细油藏描述及高含水油田改善水驱技术是适用于多层非均质砂岩油田高含水期的有效开发手段。通过精细油藏描述，从二维平剖面单砂体与断层精细识别、三维空间地质建模以及四维数值模拟，实现了对低级序断层和微构造、单砂体及构型、剩余油量化表征，通过精细注采系统调整、精细注采结构调整实现高含水期高度零散剩余油的有效挖潜，通过精细生产管理提高工作效率和经济效益，达到高含水期水驱控含水、控递减、提效率、提效益的目的。精细油藏描述及高含水油田改善水驱技术主要包括精细油藏描述、精细注采系统调整、精细注采结构调整和精细生产管理等特色、关键技术（图 1）。

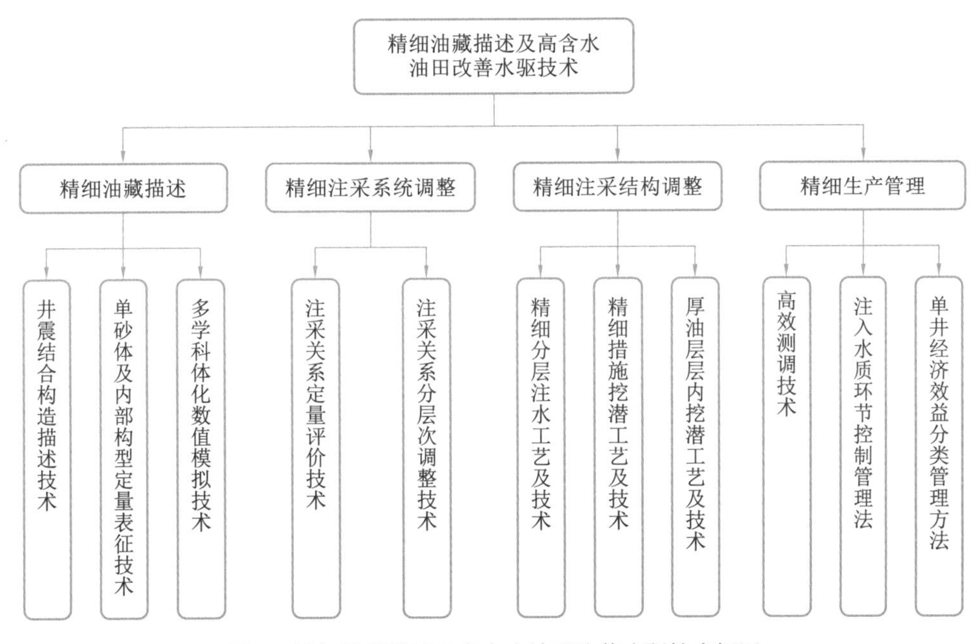

图 1　精细油藏描述及高含水油田改善水驱技术框图

二、关键技术

（1）通过井震结合构造描述、单砂体及内部构型定量表征、多学科一体化数值模拟研究，实现高含水油田更小尺度的构造、储层及剩余油的定量表征，为断层边部、窄小河道、薄差储层、厚层顶部等部位深度挖潜奠定基础（图 2）。

（2）通过注采关系定量评价及注采关系分层次调整，实现由注采井网调整向完善单砂体注采关系转变，进一步提高水驱控制程度和多向连通比例。

（3）量化调整措施技术经济界限，创新细分注水、措施挖潜、厚油层层内挖潜配套工艺及技术，实现平面、层间、层内的注采结构调整。

（4）形成以高效测调技术、注入水质环节控制管理、单井经济效益分类管理等为主的复杂大系统下地面、地下一体化管理模式，把开发调整与经营管理、劳动组织优化等环节有机结合，提升开发管理水平，提高工作效率和经济效益。

精细油藏描述及高含水油田改善水驱技术处于国际领先水平。获得专利发明 10 件（表 1）。

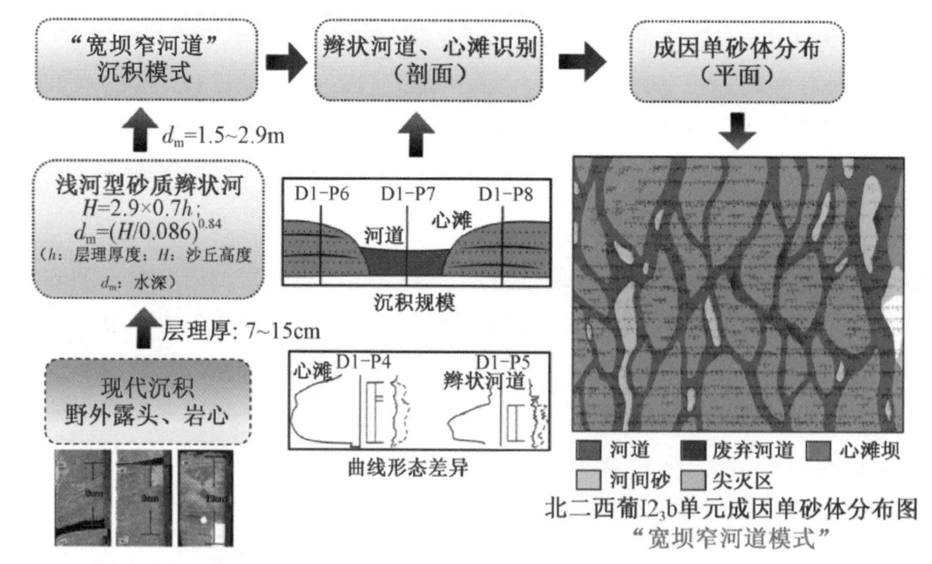

图 2　辫状河单砂体及内部构型定量表征技术流程

表 1　主要技术专利列表

专利名称	专利类型	国家（地区）	专利号
平衡式逐级解封可洗井封隔器	发明专利	中国	ZL 200910009436.6
注水井智能配注工艺	发明专利	中国	ZL 201010131263.8
注水井智能配注仪器	发明专利	中国	ZL 201010137188.6
…	…	…	…

三、应用效果与前景

精细挖潜技术在长垣油田推广应用后（图 3、图 4），截至 2014 年底水驱多产油 439.57×10^4t，少钻井 8682 口，新增利润 123.86 亿元，节约投资 247.87 亿元，创“十五”以来油田开发的最好水平。细分注水工艺技术在吉林、辽河、大港、华北、长庆、新疆、塔里木、青海等油田推广应用 13293 口井，占中国石油股份有限公司总分注井数的 36.1%；精细挖潜工艺技术在吉林、玉门、长庆、青海、新疆和胜利等油田应用 2051 口井。该技术已成为中国石油改善水驱效果的有效手段。

精细挖潜技术已成为支撑大庆油田水驱“控含水、控递减”的主导技术，对改善国内外同类陆相砂岩油田高含水期开发效果具有重要的指导作用，应用前景广阔。

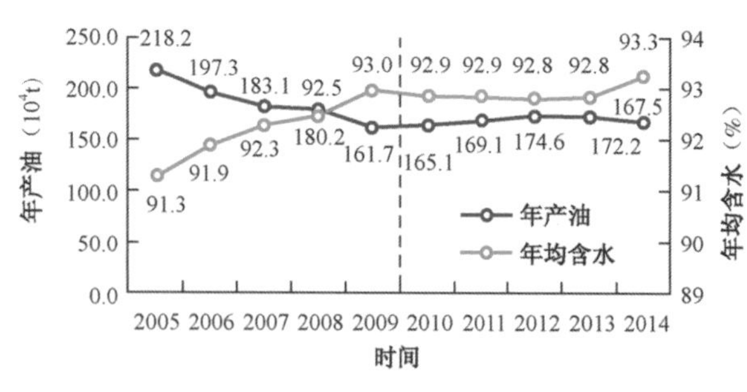

图 3　长垣示范区年产油、含水变化曲线

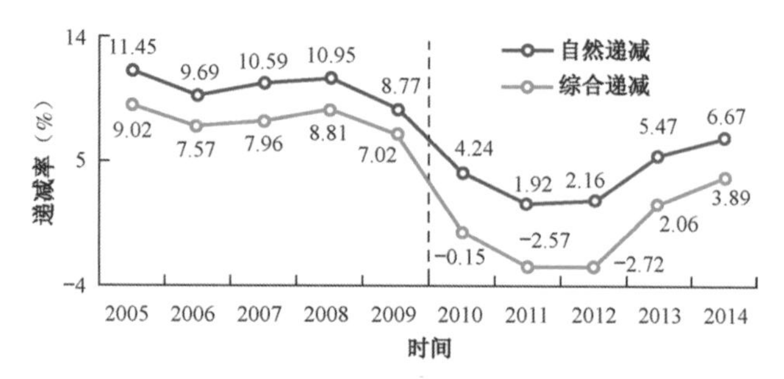

图 4　长垣示范区递减率变化曲线

1.11 聚合物驱配套技术

一、技术简介

聚合物驱油是通过在注入水中加入一定量的高分子量聚丙烯酰胺，增加注入水的黏度，改善油水流度比，扩大驱替液在油层中的波及体积，提高原油采收率的一种三次采油方法。聚合物驱油技术可以增加油田可采储量，增加原油产量，提高原油采收率，是弥补油田产量递减、提高原油采收率最有效、可靠的方法之一。聚合物驱技术的发展先后经历了室内实验、先导性试验、扩大性实验、工业性试验、工业化推广应用四个阶段。形成了较为完善的油藏工程、采油工程、地面工程、测试工程等四大配套技术系列（图 1）。

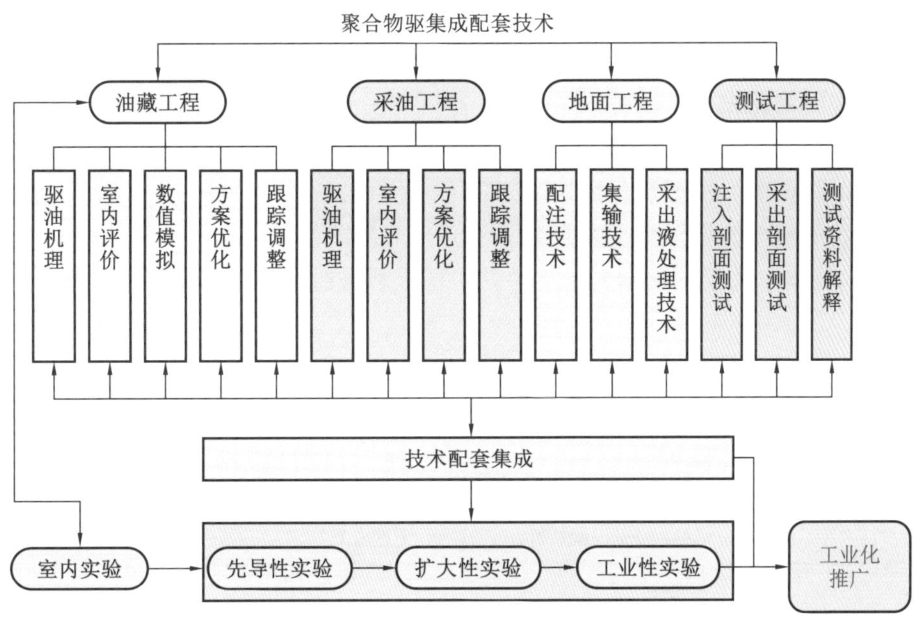

图 1　聚合物驱技术框图

二、关键技术

（1）聚合物室内评价。为聚合物驱方案优化设计提供理论依据和基础参数。

（2）聚合物驱数值模拟。室内岩心物理模拟实验可通过模拟油层驱油条件，评价验证聚合物驱油效果，研究驱油规律，为数值模拟提供参数，为方案设计提供依据（图 2）。

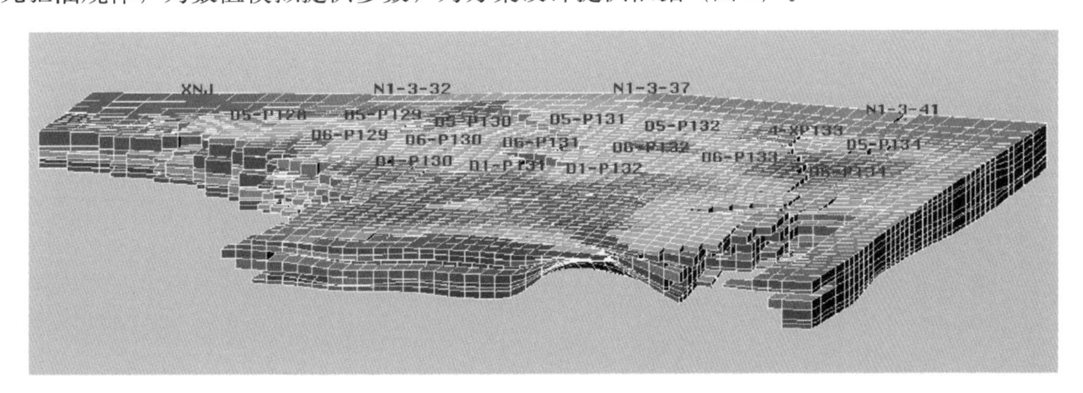

图 2　数值模拟预测剩余油饱和度分布

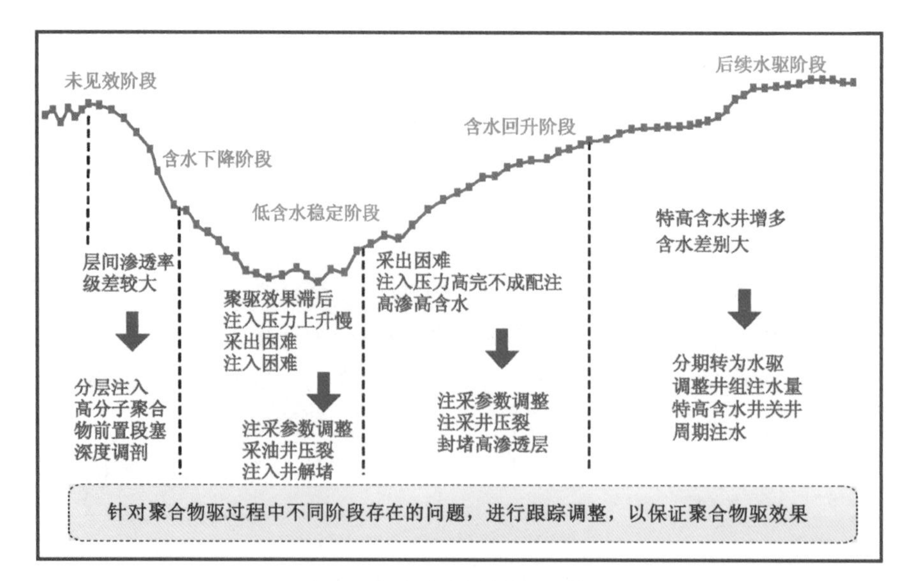

图 3　聚合物驱调整阶段划分

（3）聚合物驱方案优化设计。针对不同类型、不同开发阶段油藏应用方案优化技术编制个性化的聚合物驱油藏开发方案。

（4）聚合物驱跟踪调整。根据聚合物驱动态变化特点可以将聚合物驱全过程划分为五个阶段实施调整，见效前期，含水下降阶段，低含水稳定阶段，含水回升阶段及后续水驱阶段（图 3）。

聚合物驱油技术整体上处于国际领先水平，获得国家科技进步特等奖和二等奖各 1 项，获得发明专利 2 件（表 1）。

表 1　主要技术专利列表

专利名称	专利类型	国家（地区）	专利号
低摩阻柱塞泵	发明专利	中国	ZL 03111015.0
聚合物驱多层分注井井下聚合物分子量、流量控制装置	发明专利	中国	ZL 200410043755.6

三、应用效果与前景

聚合物驱油技术作为提高高含水油田采收率的主要手段之一，可以为客户提供经济高效的油藏工程、地面工程、采油工程以及测试工程解决方案，应用前景广阔。已在国内大庆、胜利、大港等油田推广应用，对国外印度尼西亚、哈萨克斯坦等国家开展聚合物驱技术服务，其中仅大庆油田聚合物驱油累计产油量就超过 1.9×10^{8}t。

1.12 三元复合驱油提高采收率技术

一、技术简介

三元复合驱是比聚合物驱更大幅度提高采收率的方法（图 1）。三元复合驱油提高采收率技术就是向水中加入碱、表面活性剂和聚合物，以三种驱替剂的协同效应为基础，综合发挥各种化学剂作用，充分提高化学剂效率，主要驱油机理是降低油水界面张力、转变岩石的润湿性、增加体系黏度，不仅扩大波及体积，还可提高驱油效率，达到更大幅度提高原油采收率。三元复合驱油提高采收率技术成功突破了三元复合驱不适宜低酸值原油的理论束缚，比水驱提高 20%，比聚合物驱提高 8%，可使主体油田采收率突破 60%，比国内外高 20% 以上，突破了高采出程度阶段常规技术的禁区。

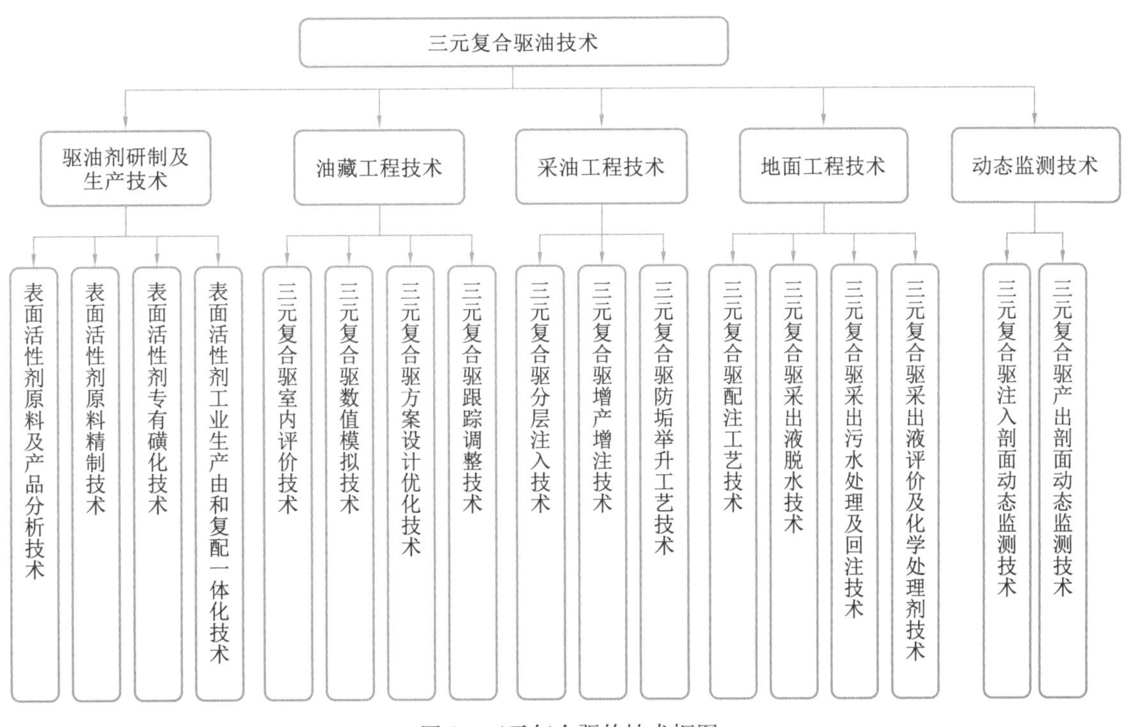

图 1　三元复合驱的技术框图

二、关键技术

（1）发明了高碳数烷基苯磺酸盐核心生产工艺。研发了高碳链宽沸程烷基苯原料和产品定量分析技术，独创了防结焦高转化率双降膜磺化工艺及防局部飞温爆炸的中和复配一体化技术，建成了世界规模最大的生产线，年产 6.5×10^4t。产品性能优于国外同类产品，成本降低 35%，累计节约 17 亿元。

（2）建立了油藏工程方案优化设计技术。揭示了三元复合驱渗流机理，自主研发了数值模拟软件，建立了井网井距、注入参数与驱油效果的定量关系，创建了全过程跟踪调整技术，形成了多参数量化、多因素控制的油藏工程方案优化设计技术，应用油水井 7231 口，方案符合率由 70% 提高到 95%。

（3）独创了大容量多组分低成本配注技术。确定了三元复合体系配制方法，开发了低黏损专用混合设备，建立了集中配制、分散注入在线连续混配工艺，注入体系合格率达 95% 以上。与传统储罐间歇配注工艺相比，占地面积减少 50%，投资降低 30%。

（4）创新形成了多垢质清防垢举升工艺。揭示了碳酸盐和硅酸盐复合垢的演变机理，开发了结垢预测专家系统，研制了系列耐垢泵，发明了硅酸盐垢清防垢剂，检泵周期由不足 90 天延长至 383 天以上。

（5）创建了复杂组分和多相态油水乳状液高效分离技术。首次揭示了空间位阻及水相溶液过饱和是采出液稳定且难以处理的主要机制，发明了水质稳定剂和破乳剂，研发了原油脱水、污水处理专用系列设备和工艺，满足了每年近 $3\times10^8m^3$ 三元复合驱采出液的高效处理，实现绿色生产。

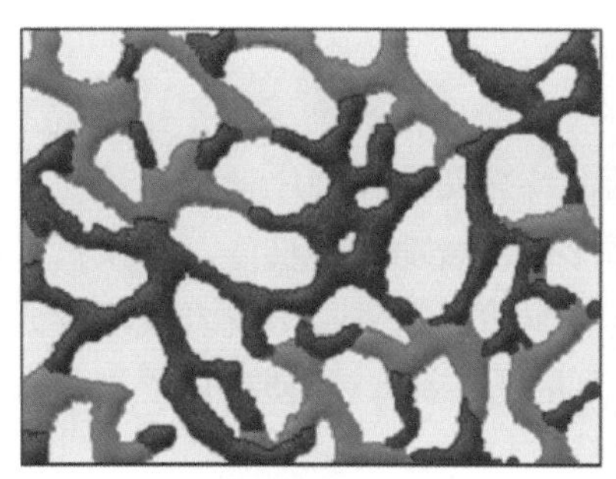
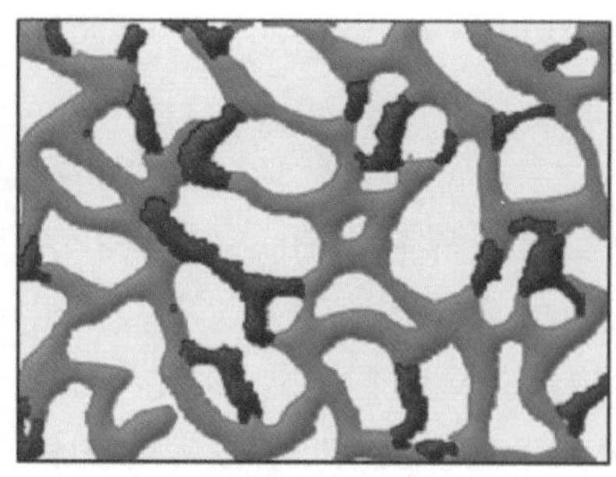
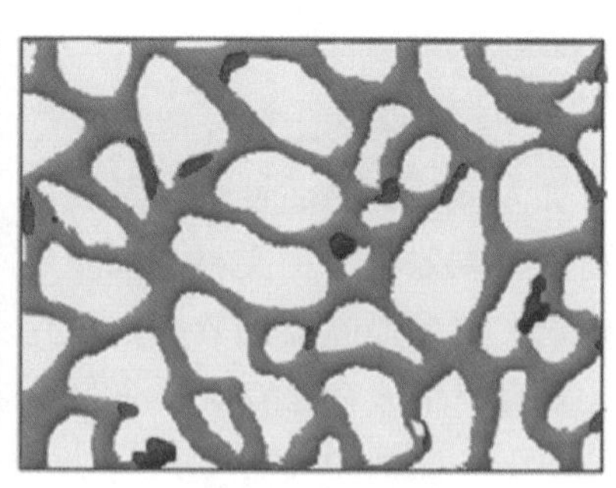
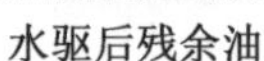

水驱后残余油　　聚合物驱后残余油　　三元复合驱后残余油

图 2　不同方式采油后残余油状况示意图

三元复合驱油提高采收率技术整体处于国际领先水平，使我国成为世界上唯一将该技术实现工业化应用的国家。“大庆油田三元复合驱技术取得重大进展”、“三元复合驱大幅度提高采收率技术配套及工业化应用取得重大进展”分别入选 2009 年、2014 年中国石油科技十大进展，获得发明专利 14 项（表 1），实用新型专利 17 件，软件著作权 1 项，获得 10 项省部级科技进步奖。

表 1　主要技术专利列表

专利名称	专利类型	国家（地区）	专利号
三元复合驱陶瓷防垢螺杆泵转子的加工方法	发明专利	中国	ZL 200810094286.9
一种利用掺水压保持恒定加药压差井口点滴加药的方法	发明专利	中国	ZL 200510096744.9
三元复合驱沉垢式防垢抽油泵	发明专利	中国	ZL 201210266289.2
高速碟片式三相离心机在处理三元复合驱采出水中的应用	发明专利	中国	ZL 200810209592.2
…	…	…	…

三、应用效果与前景

大庆油田三元复合驱有工业区 22 个，试验区 18 个，注采井 7231 口，动用地质储量 1.92×10^8t。自 2009 年以来，三元复合驱产油量连续 7 年超过 100×10^4t，其中 2014 年跃上 200×10^4t 台阶，2015 年跃上 350×10^4t 台阶，累计产油 1597×10^4t。

三元复合驱油技术已在大庆油田全面推广，正在为印度尼西亚、科威特的油田编制开发方案。根据计划安排，2016 年三元复合驱产油量将突破 400×10^4t，规划“十三五”期间，累计产油在 2500×10^4t 左右，三元复合驱对油田产量的支撑作用进一步加大，已成为大庆油田实现持续发展的主导支撑技术之一。我国适合三元复合驱的地质储量就有 47×10^8t，全面应用该技术，将增加可采储量近 10×10^8t，推广应用前景广阔。

1.13　特低渗透油藏开发技术

一、技术简介

特低渗透油藏开发技术通过室内试验和数值模拟分析，可揭示特低渗透储层微观特征，以及储层中流体从基质—天然裂缝—人工缝网的渗流耦合规律，实现特低渗透油田的有效开发。低渗透油藏开发技术成功解决了复杂地貌、致密储层和低品位油气藏三大世界级难题，培育出三大系列10项工程技术体系（图1），具备了特低渗透油气田的经济有效开发能力。

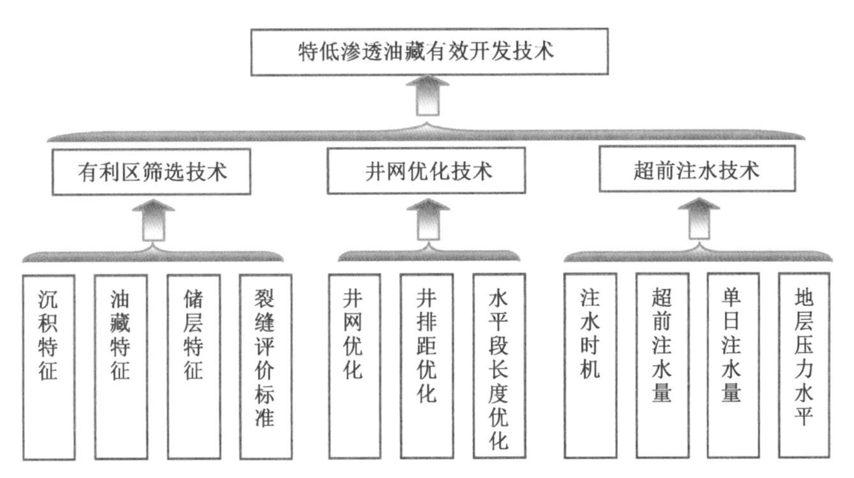

图1　特低渗透油藏开发技术框图

二、关键技术

（1）以重点开发区块和层段为主要对象，详细研究储层的成因类型、成岩作用和微观结构及其影响因素，应用多井测井解释与评价结果，结合储层渗流特征以及含油性等因素，来预测有利于油气聚集的储集体，为油田开发提供建产目标区（图2、图3、图4）。

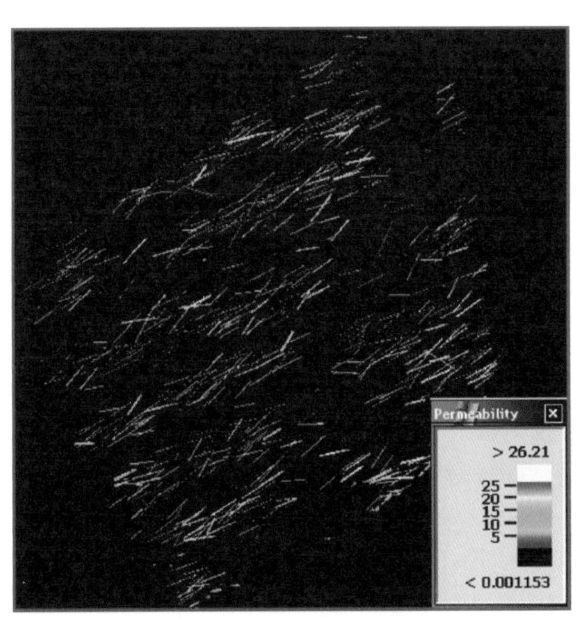

图2　裂缝三维地质建模

图3　水平井井网电模拟试验

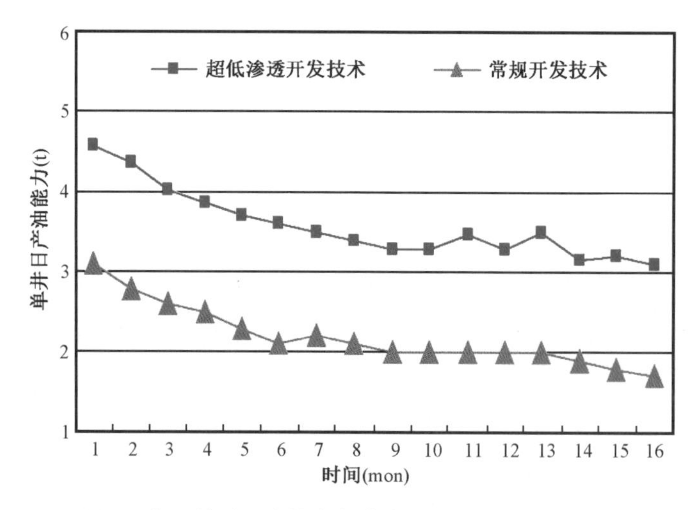

图 4　超低渗透开发技术与常规技术单井产量对比图

（2）井网优化，分定向井井网优化技术和水平井井网优化技术。分析不同渗透率储层、不同排距下，注采井间的驱替压力分布特征，结合启动压力梯度大小，优化特低渗透油藏井排距，使低渗透油藏得以合理、高效开发。

（3）根据物质平衡原理，在采油井投产前，优化注水量和注水强度等，采用只注不采的方式，即注水井在一定的时间内以适合的日注水量向地层中补充适当能量，使油藏建立起较高的有效驱替压力，以达到提高单井产量、避免压敏效应和提高最终采收率。

特低渗透油藏开发技术获得国家科技进步一等奖 1 项、中国石油科技进步特等奖 1 项、科技进步一等奖 2 项、陕西省科学技术奖 1 项，软件著作权 4 项（表 1）。

表 1　主要技术专利列表

软件著作权名称	知识产权类别	国家（地区）	编号
丛式井井网设计软件	软件著作权	中国	2015SR014271
油田开发生产曲线绘制软件	软件著作权	中国	2015SR005495
油田开发水平井井网设计软件	软件著作权	中国	2015SR003088
油田开发地层综合数据获取软件	软件著作权	中国	2015SR026198

三、应用效果与前景

特低渗透油藏开发技术已在鄂尔多斯盆地的安塞、靖安、姬塬、西峰、华庆、合水、镇北、马岭、吴起等油田全面推广应用，使得长庆油田成为国内产量增长最快的油气田企业。十年间油气产量增长 5 倍以上，2009 年油气当量突破 3000×10^4t，2011 年跨越了 4000×10^4t，2013 年实现油气当量达到 5000×10^4t，建成了“西部大庆”，高效建成了 1 个年产 500×10^4t、3 个年产 100×10^4t 整装油田。特别是 2008 年以来，长庆油田油气当量年均增长 500×10^4t 以上，已成为我国重要的油气生产基地和天然气枢纽中心。

长庆油田创新形成的特低渗透油藏开发关键技术对我国剩余石油资源中 50% 以上的低渗、特低渗透油藏的开发具有指导和借鉴作用，拥有广阔的市场前景，同时对世界页岩油开发的技术进步具有重大的推动作用。

1.14 异常高压气藏和凝析气藏开发配套技术

一、技术简介

异常高压气藏和凝析气藏开发配套技术是针对埋藏深（3500 ~ 7000m）、地层温度高（100℃ ~ 193℃）、地层压力高（74.35 ~ 129MPa）、压力系数高（1.65 ~ 2.22）、构造高陡（11° ~ 30°）、储层巨厚（300 ~ 500m）、储层基质物性差（孔隙度 5.3% ~ 13%、渗透率 0.01 ~ 49mD）、裂缝发育但非均质性强的异常高压气藏，以及地层压力高（42 ~ 55MPa）、凝析油含量差异大、流体高含蜡且部分带底油环的复杂凝析气藏研发的多专业一体的综合开发配套技术（图 1）。

该配套技术适用于各类高压气藏和凝析气藏的开发，而对于埋深超过 5000m、地层压力超过 100MPa、储层特低孔低渗、流体分布多样的复杂气藏及凝析气藏的开发更具有针对性和先进性。

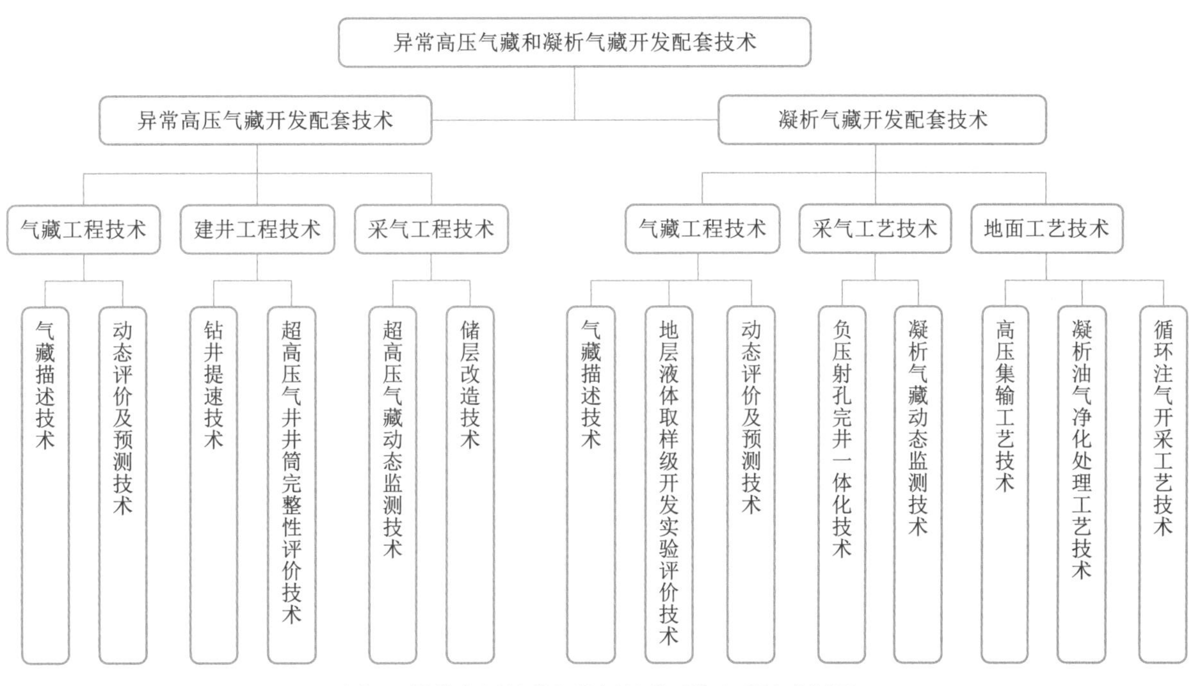

图 1　异常高压气藏和凝析气藏开发配套技术框图

二、关键技术

（1）创新“盐层相关构造”理论，形成盐下构造建模、深度域构造成像技术，提高了异常高压气藏构造描述精度；深层超深井井身结构优化，高陡构造地层防斜打快、高温高密度油基钻井液、高速涡轮与孕镶钻头等钻井提速配套技术，超深井射孔—测试及完井—改造一体化提产技术，以及低孔裂缝性致密气藏高效布井设计技术，大大缩短钻完井周期，提高单井产能，提高钻井成功率、产能到位率和高效井比例。

（2）发展了凝析气藏高含蜡流体相态评价理论、渗流理论、循环注气开发注干气重力分异及超覆理论，是提高凝析油采收率的理论基础；高压循环注气及油气混输等高压循环注气配套工艺技术及相关技术标准，为循环注气开发提供了工艺保障。

（3）针对高压气藏压力高、温度高、Cl^- 含量高、CO_2 分压高和凝析气藏开发过程中流体性质变化复杂等形成的适用于高压、超高压气藏及凝析气藏的动态监测和动态评价技术，完善了气藏认识、优化了实施调整方案（图 2）。

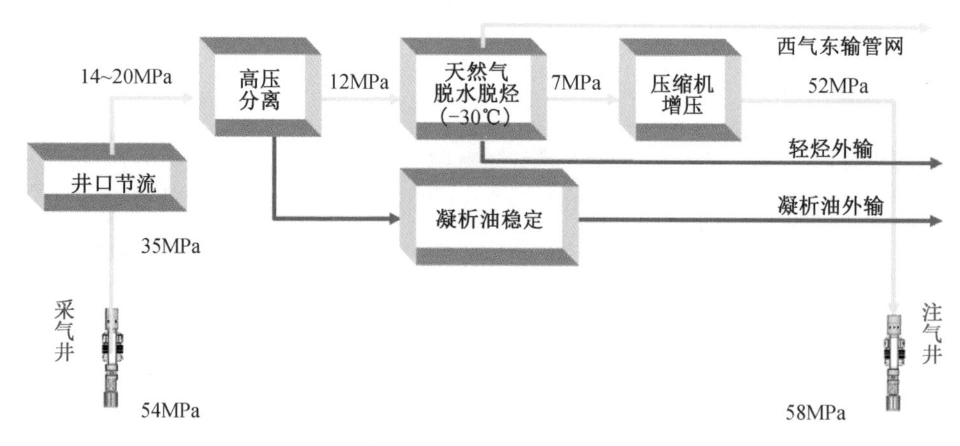

图 2　牙哈凝析气田地面集输系统主要流程

异常高压气藏和凝析气藏开发配套技术整体达国际先进水平，部分达到国际领先水平，形成发明专利 21 件（表 1）、行业标准 3 项、软件著作权 13 件，出版专著 6 部，获得国家科技进步一等奖 1 项、省部级奖 8 项。

表 1　主要技术专利列表

专利名称	专利类型	国家（地区）	专利号
一种季铵盐型表面活性剂压裂液	发明专利	中国	ZL 2011 10057543.3
用于酸压裂增产改造的固体酸	发明专利	中国	ZL 2012 10169270.6
用于控制裂缝延伸高度的压裂液和压裂方法	发明专利	中国	ZL 2012 10392429.0
…	…	…	…

三、应用效果与前景

异常高压气藏和凝析气藏开发配套技术有效解决了山前复杂异常超高压气藏快速建产和安全生产、不同类型凝析气藏提高油气采收率的难题，指导了塔里木盆地 15 个气田及凝析气田的规模、高效开发，建产天然气产能 $245\times10^8m^3/a$、凝析油产能 $220\times10^4t/a$，成为中国石油天然气开发的主战场；截至 2015 年底累计产天然气 $1850\times10^8m^3$、凝析油 2490×10^4t，为西气东输工程做出了重大贡献，经济和社会效益巨大。

异常高压气藏和凝析气藏是天然气领域的一个重要分支，在全世界均有分布，中国石油研发形成的相关配套技术不仅在塔里木油田具有良好的推广应用前景，对于国内外同类型的深层、超深层气藏和凝析气藏的开发也具有重要指导和借鉴意义。

1.15 中深层稠油热采大幅度提高采收率技术

一、技术简介

中深层稠油热采大幅度提高采收率技术以蒸汽驱和蒸汽辅助重力泄油两大技术为核心，配套八项关键特色技术（图1）。蒸汽驱技术是按照一定的注采井网，通过注入井将蒸汽注入油藏，加热并驱替原油到生产井的方法。蒸汽辅助重力泄油技术是在水平生产井的上部连续注入蒸汽，被加热降黏的原油在重力作用下流入下面的水平井而被采出的方法。经过多年的联合攻关和不断创新，解决了中深层稠油热采蒸汽驱和蒸汽辅助重力泄油技术的开发机理、高干度注汽、高温大排量举升、高温地面密闭集输、油水处理及热能综合利用等重大技术难题。

图1 中深层稠油热采大幅度提高采收率技术框图

二、关键技术

（1）形成了较系统的中深层稠油热采大幅度提高采收率开采理论；创新了中深层稠油热采大幅度提高采收率油藏工程优化设计方法；创新了油藏跟踪及动态调控技术。

（2）发明了独有的井下高效注汽隔热管柱；创新了以高压汽水分离技术、蒸汽分配计量技术为主的高干度地面注汽工艺系统。

（3）有针对性的研制了耐高温陶瓷泵、耐高温大排量深井泵、新型塔架22t载荷大型抽油机，形成了井口、机、杆、泵系列化新型产品，创造了有杆泵最高单井产液、最高耐温、最大泵径、最大载荷等多项纪录。

（4）创新了高温高压在线称重式计量器、井口高效换热器、原油连续脱水流程和污水处理回用锅炉工艺（图 2）。

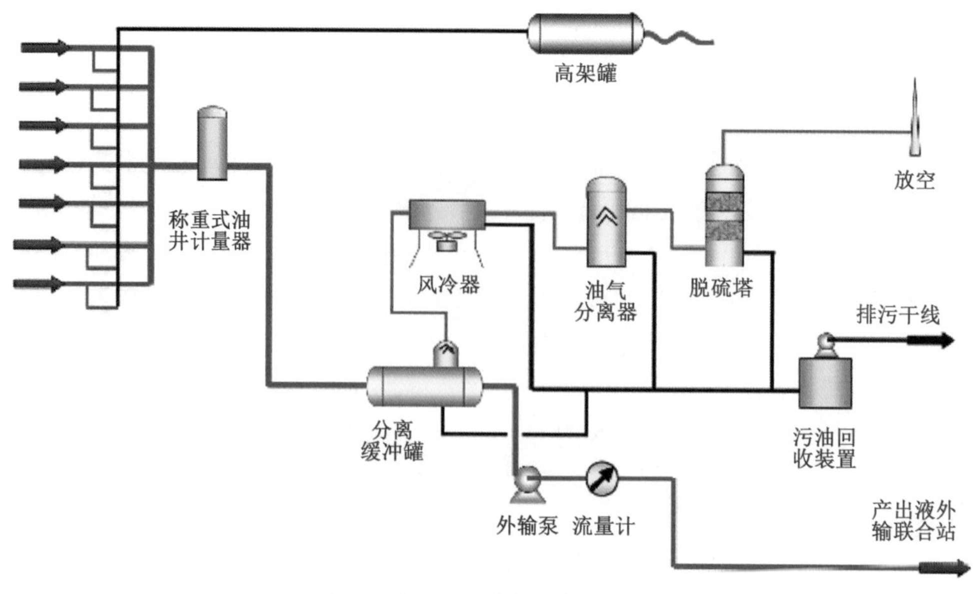

图 2 高温密闭集输工艺流程图

中深层稠油热采大幅度提高采收率技术已经达到国际先进水平。获得国家科技进步二等奖 1 项，发明专利 7 件 (表 1)，实用新型专利 56 件，标准 13 项。

表 1 主要技术专利列表

专利名称	专利类型	国家（地区）	专利号
一种超稠油油藏 SAGD 开采后期注空气开采方法	发明专利	中国	ZL 201210238598.9
一种厚层普通稠油油藏的重力辅助蒸汽驱开采方法	发明专利	中国	ZL 200610089238.1
SAGD 超稠油高温闪蒸脱水方法	发明专利	中国	ZL 200910220691.5
…	…	…	…

三、应用效果与前景

中深层稠油热采大幅度提高采收率技术已在辽河油田应用，规模达 257 个井组，年产油达 170×10^4t，成为世界上中深层稠油油藏应用蒸汽驱和 SAGD 技术规模最大的油田，支撑辽河油田增加可采储量 1.1×10^8t，延长油田生产期 30 年。

中国石油在深层稠油热采大幅度提高采收率技术方面，具备提供核心技术支持、现场实施指导及相关配套工具输出等能力，具备在世界稠油开发领域占领市场的竞争力，应用前景广阔。

1.16 海外超重油和高凝油油藏经济高效开发技术

一、技术简介

海外超重油和高凝油油藏经济高效开发技术是针对委内瑞拉高密度、高黏度、地层条件下具备一定流动能力的泡沫油型超重油和苏丹 3/7 区凝固点高、油品非均质性强、具有一定边底水能量的高凝油，以实现超重油、高凝油的经济有效开发而形成的技术。技术以泡沫油型超重油驱油机理和高凝油水驱机理为指导，以超重油冷采特征和高凝油天然水驱与剩余油分布特征认识为基础，基于多信息综合的辫状河储层与隔夹层定量表征和泡沫油数值模拟等手段，解决超重油油藏水平井冷采和高凝油天然能量与人工注水协同开发优化核心问题；同时以表面能特性指导动态造粒降黏剂分子设计的方法设计出超重油动态造粒降黏剂、采用 EVA 接枝烷基酰胺和乙烯基硅氧烷分子设计方法制备了高凝原油流变改性剂，从而实现了超重油和高凝油天然能量的充分利用和开采效益提升（图 1）。

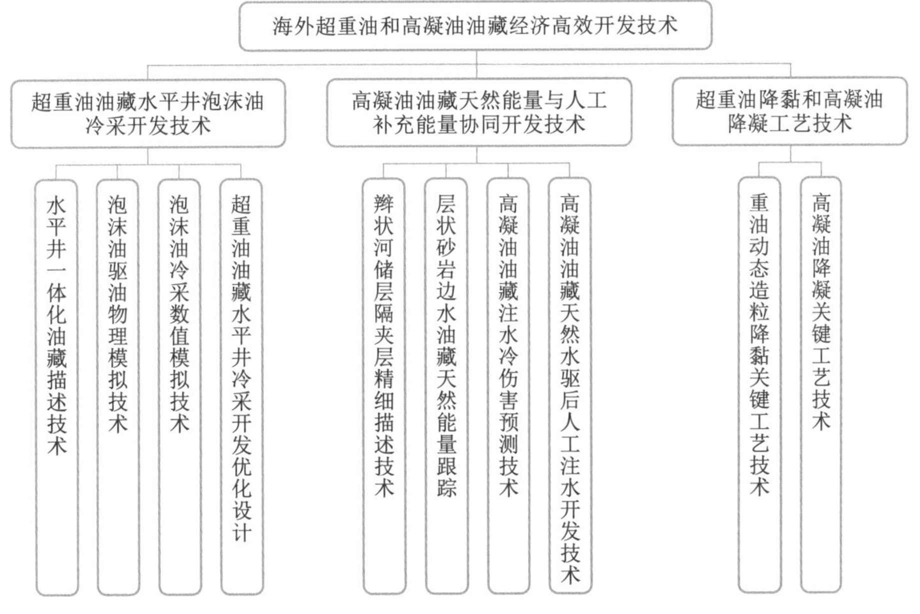

图 1　海外超重油和高凝油油藏经济高效开发技术框图

二、关键技术

（1）海外作业背景下，充分利用天然能量实现高速高效开发，保障经济效益。

（2）超重油油藏采用水平井冷采开发，水平井油藏接触面积大。同时，地面采用丛式水平井平台部署，有利于地面建设、油气集输管理以及环境保护。

（3）高凝油油藏科学确定不同开发阶段开发技术政策、定量表征油藏天然能量大小及其变化、适时调整油藏驱动方式。

（4）采用水平井一体化油藏描述技术。利用不同尺度储层构型要素表征方法，水平井信息与地震信息融合，多点地质统计学地震约束和训练图像结合，提高了砂体内部非均质性预测精度，提高地质模型精度，指导水平井开发部署和水平井轨迹优化设计（图 2）。

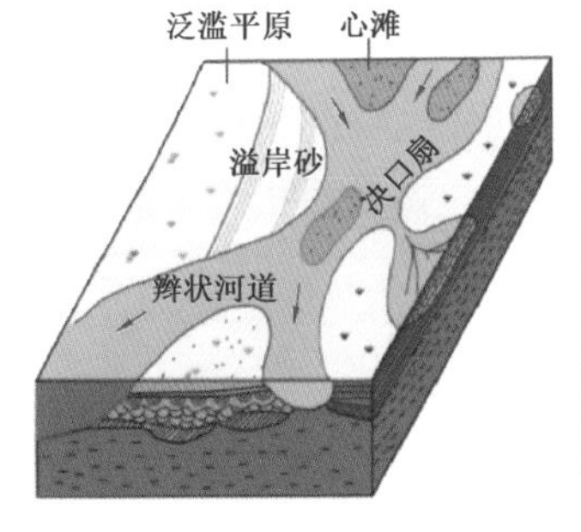

图 2　辫状河沉积储层点对点增长建模算法模拟

（5）超重油降黏与高凝油降凝工艺技术通过添加化学剂的方式可大幅度降低超重油表观黏度与高凝油凝点，降黏、降凝后体系稳定性好，可实现超重油与高凝油的在线降黏、降凝集输（图 3），整体运行成本低，大幅度降低环境污染，有效节约人力资源。

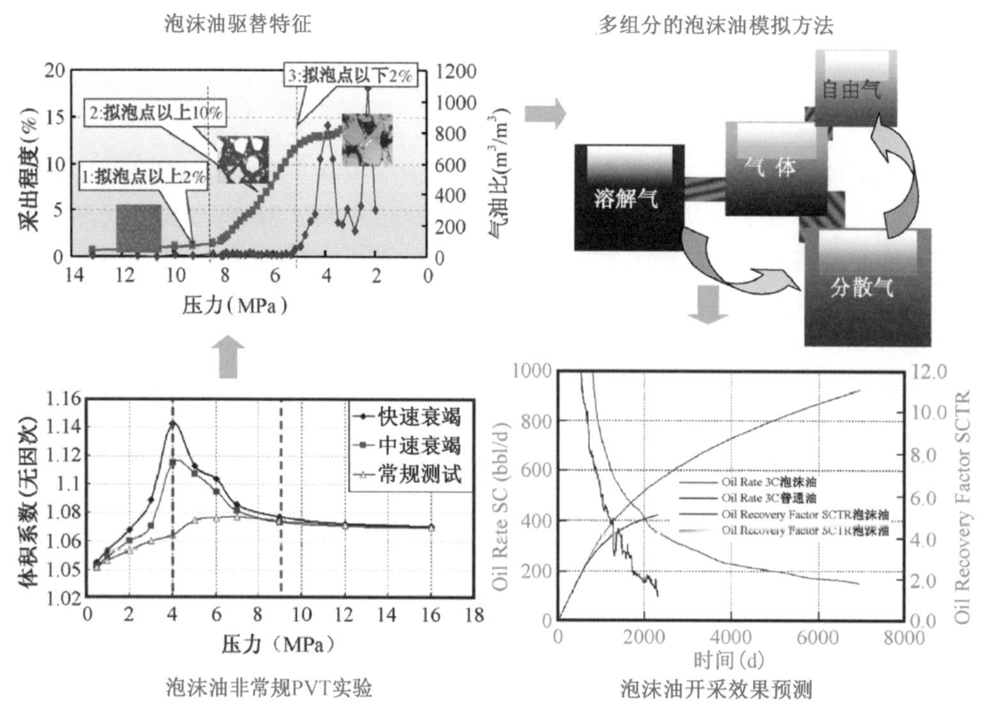

图 3　超重油泡沫油数值模拟技术

海外超重油和高凝油油藏经济高效开发技术整体处于国际先进水平，获国家科技进步一等奖 1 项，省部级奖励 5 项，获发明专利 5 件（表 1），实用新型专利 7 件。

表 1　主要技术专利列表

专利名称	专利类型	国家（地区）	专利号
一种测量泡沫油强度及稳定性的方法	发明专利	中国	ZL 201110035854.X
稠油溶解气驱加密开采物理模拟实验装置和方法	发明专利	中国	ZL 201210316572.1
超声加热装置	发明专利	中国	ZL201310661621.X
…	…	…	…

三、应用效果与前景

海外超重油和高凝油油藏经济高效开发技术已在委内瑞拉、苏丹、尼日尔、乍得等国家的油田和国内新疆风城超稠油油田、海南福山油田、西部管道应用。其中在委内瑞拉 MPE3 超重油油田应用规模已达到 380 口水平井，年产油 945×10⁴t；在苏丹 3/7 区高凝油油田建成千万吨级产能规模。

中国石油海外超重油和高凝油项目储量超过 100×10⁸t，开发潜力大，海外复杂的经营环境下，对效益可持续开发技术需求迫切。超重油和高凝油油藏经济高效开发技术具有广阔的市场。

1.17 CO_2 驱油及埋存技术（CCUS 技术）

一、技术简介

CO_2 驱油及埋存技术是一项新兴技术。把 CO_2 注入油层，与地层原油混合形成单一混相液体，从而有效地将地层原油驱替到生产井以提高原油采收率，原油采收率可在水驱的基础上提高 10% ~ 30%。同时，可以把温室气体有效埋存，达到改善油田开发效果的目的，实现效益减排。

经过 10 多年研究和试验，形成了陆相沉积低渗透油藏 CO_2 驱油及埋存油藏工程、注采工程、地面工程三大系列 12 项主体关键技术（油藏动态监测、方案设计、注采调控、开发效果评价、注气工艺、举升工艺、腐蚀防护、安全控制、CO_2 捕集、CO_2 集输、CO_2 注入、循环注气），实现了 CCUS 技术工业化应用（图 1）。试验表明，技术适用于满足混相条件的所有低渗透油藏。

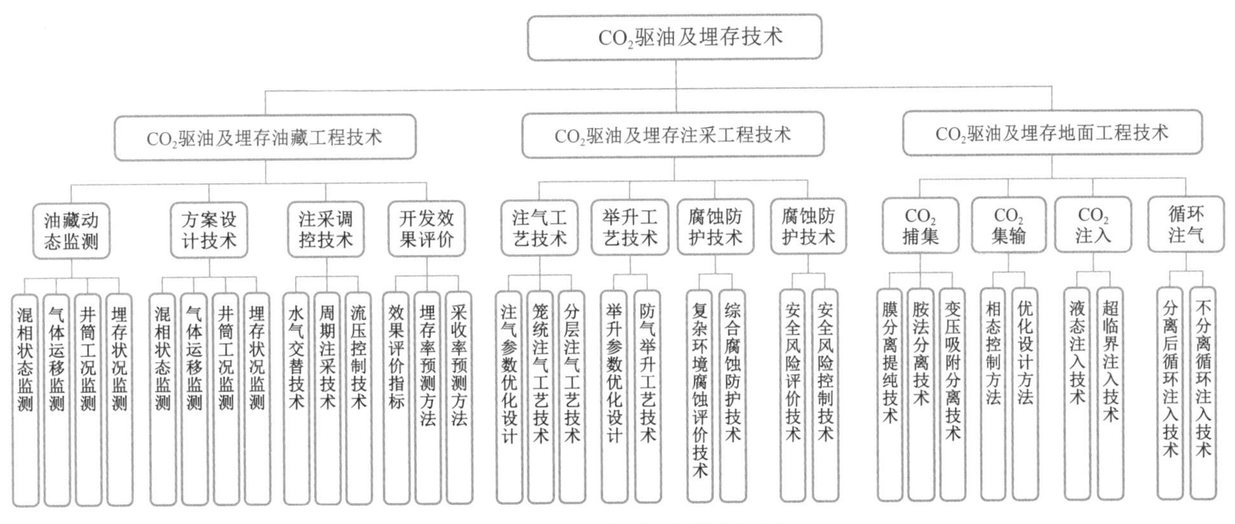

图 1　CO_2 驱油及埋存技术框图

二、关键技术

（1）建立集成了一体化的“油藏、数值模拟、动态分析”软件应用平台，形成了 CO_2 驱精细油藏描述及“井筒—二维—三维”数值模拟方法。建立了陆相沉积非均质油藏水气交替 + 周期注采 + 控流压 + 控套工艺组合调控技术方法，实现了“保混相、控气窜、提效果”的目的。

（2）建立了“室内 + 中试 + 矿场”一体化腐蚀评价方法，揭示了复杂环境下 CO_2 驱腐蚀规律，配套了防腐工艺技术系列，保障了 CO_2 驱油及埋存试验区安全平稳运行；针对 CO_2 驱油井生产特点，建立 CO_2 驱采油井参数优化设计模型，形成了举升参数优化设计方法，研发了适合高气油比的防气举升工具，形成了 CO_2 驱采油井气举—助抽—控套一体化举升工艺，实现 CO_2 驱低产、高气油比油井高效生产，保障了 CO_2 驱安全高效运行。

（3）集成了产出气分离提纯、回收、增压、干燥的技术方法，形成了 CO_2 气田气单井集气脱水技术、含 CO_2 天然气脱碳技术和 CO_2 增压干燥技术；设计了气液分离后的产出气增压、分离提纯和回注驱油的工艺措施，形成了 CO_2 驱产出气循环注入技术，保障了 CO_2 的零排放（图 2）。

图 2　CO_2 驱油及埋存技术模式

CO_2 驱油及埋存技术整体处于国际先进、国内领先水平，获得实用新型专利 12 件（表 1）。

表 1　主要技术专利列表

专利名称	专利类型	国家（地区）	专利号
一种油田井下作业井口法兰	实用新型专利	中国	ZL 201220542315.5
一种金属管材试压装置	实用新型专利	中国	ZL 201220421301.8
一种油井计量装置	实用新型专利	中国	ZL 201220366199.6
采油井动态监测装置	实用新型专利	中国	ZL 201220277716.12
…	…	…	…

三、应用效果与前景

自 2007 年在吉林油田开展了规模性的 CO_2 矿场试验，先后建成了黑 59 先导、黑 79 南扩大、黑 79 北小井距、伊 59 先导、黑 46 工业化应用等 CO_2 试验区，覆盖面积 23.02km^2，储量 1287.9×10^{4}t，年产油能力 12×10^{4}t，年埋存 CO_2 能力 35×10^{4}t。

CO_2 驱油及埋存技术效益减排模式受到国内外广泛关注，国内外知名研究机构和公司多次到现场参观，提升了我国在 CO_2 减排领域的国际影响力和话语权，应用前景广阔。

1.18 低碳关键技术

一、技术简介

为积极应对全球气候变化，抢占低碳发展制高点，“十二五”期间中国石油专门设立了低碳关键技术等系列重大科技专项。通过五年多攻关，初步形成节能提效、减排与资源化、战略与标准三大领域低碳技术系列（图 1），有力支撑了集团公司《绿色发展行动计划》和节能减排“双十”工程的顺利实施，以及温室气体排放管理、《绿色发展报告》和《环境保护公报》的发布，凭借在低碳绿色发展方面的优异表现，中国石油已经连续五年获得“中国低碳榜样”奖，在国际标准组织、“油气行业气候倡议”(OGCI) 组织和多哈气候大会上，为“低碳绿色”的中国石油增色添彩，赢得了国内外赞誉，大幅提升了企业形象。

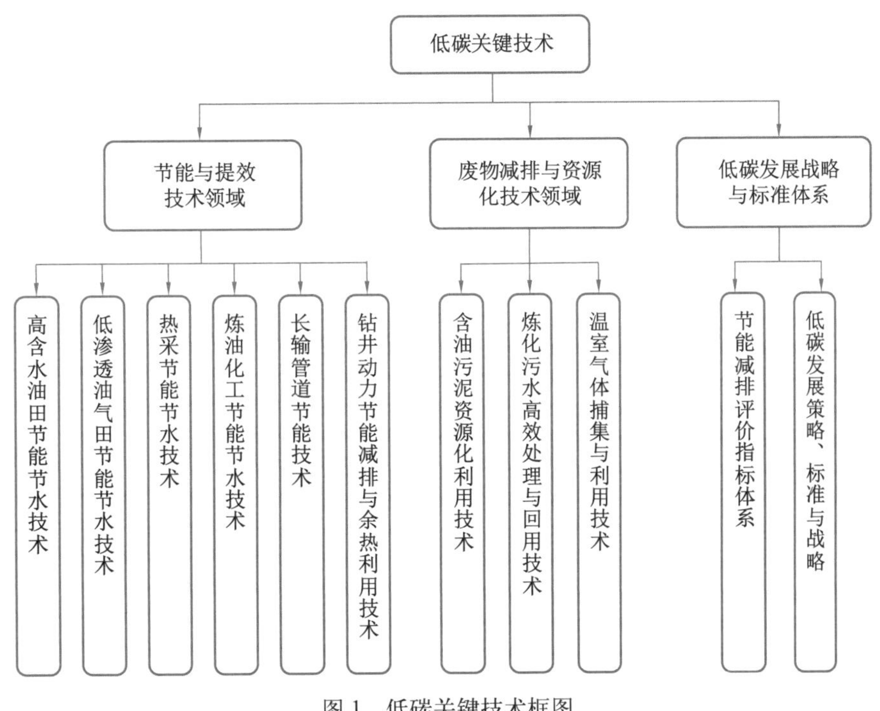

图 1　低碳关键技术框图

二、关键技术

（1）等壁厚定子螺杆泵等节能技术，使平均泵效提高 14.7%；

（2）新型数字化抽油机和游梁式抽油机数字化改造技术；

（3）应用过热蒸汽发生技术与稠油污水回用不除硅关键技术（图 2）；

（4）自主研制燃料气脱硫剂，集成加热炉提效配套技术和水系统优化技术；

（5）第二代纳米降凝剂及天然气减阻技术；

（6）以燃料化、调质收油为核心，集成创新了含油污泥分质处理集成技术系列（图 3）；

（7）新型生物载体填料高效脱碳脱氮炼油污水原位升级技术和高效除浊—臭氧氧化化工污水原位升级技术；

图 2　3×10^4t/a 稠油污泥脱水示范工程

图 3　6000t/a 落地油泥处理示范工程

（8）低碳评价系列指标体系、低碳标准体系、低碳数据管理平台，制定了公司低碳管理和技术发展路线图。

在节能提效、减排与资源化、战略与标准三大领域取得系列重大创新成果，突破了油气田节能、加热炉提效、含油污泥减排与资源化等 23 项关键技术，工程示范应用效果显著，建立了低碳评价系列指标体系、低碳标准体系、低碳数据管理平台，构建了公司低碳技术发展路线图，初步形成中国石油低碳技术体系，为公司“十二五”节能减排目标的实现提供了强有力的科技支撑，达到国际先进水平。

三、应用效果与前景

截至 2015 年底，新技术应用共节约 44×10^4t 标准煤，节水 1875×10^4m^3，节约工程投资 8689 万元，节约运行成本 14057 万元，累计污泥资源化 18×10^4t，减排 COD 256t、氨氮 110t，有力支持了公司绿色行动发展计划和节能减排“双十”工程的实施。

当前，中国将生态文明建设提升到国家发展战略，努力建设美丽中国，着力推进绿色发展、循环发展、低碳发展。面对国家对低碳发展的新要求，作为负责任的能源央企，中国石油放眼全球、立足长远，从战略高度进一步明确了建设绿色中国石油的发展目标，将一如既往地坚定绿色发展方向，践行低碳理念，持续技术攻关，在转型升级的路上绘就一幅生机勃勃的低碳绿色发展新蓝图。

1.19 千万吨级大型炼厂成套技术

一、技术简介

为了满足中国石油未来新建和改扩建千万吨级炼油基地需要，减少工艺包等技术引进，中国石油2010年正式启动了重大科技专项“千万吨级大型炼厂成套技术研究开发与工业应用”。由中国石油工程建设公司、东北炼化工程公司、寰球工程公司、昆仑工程公司、渤海装备制造有限公司、工程设计有限责任公司、兰州石化公司、四川石化公司、广西石化公司、大连石化公司、抚顺石化公司、辽河石化公司、广东石化公司、华北石化公司、大庆石化公司、大庆炼化公司、锦西石化公司、呼和浩特石化公司、吉林石化公司、独山子石化公司、乌鲁木齐石化公司、中国石油大学、经济技术研究院等40余家承担单位、800多名研究设计人员历时五年攻关形成了千万吨级大型炼厂成套技术。

千万吨级大型炼厂成套技术主要包括：1套达到国际先进水平的大型炼厂总体优化技术解决方案；常减压蒸馏、催化裂化、延迟焦化、加氢裂化、汽柴油加氢等6个成套技术工艺包；同于溶剂法生产润滑油、MTBE、干气制乙苯、污水处理及回用等4套配套装置具有自主知识产权的工艺包成套技术；渣油加氢脱硫、连续重整、润滑油加氢异构等3套装置形成工程化设计技术（图1）。

图1　千万吨级大型炼厂成套技术框图

二、关键技术

开发出1套千万吨级大型炼厂总体优化技术方案，包括《炼厂总加工流程优化体系和评价方法报告》、《全厂可燃性气体排放系统设计导则》、《炼厂氢气和燃料优化供应设计导则》、《炼厂设计用地导则以及炼厂信息化建设导则》，打破了利用国外工程公司进行大型炼厂总体优化的局面，全厂总体优化技术达到国际先进水平（图2）。该技术可以作为大型炼厂建设的指导，可实现年经济效益5亿元以上。

图 2　千万吨级大型炼厂总体优化技术框架

常减压蒸馏成套技术取得跨越式提升，实现了从常规原油到超重劣质非常规原油的技术全覆盖；大型催化裂化成套技术取得重大突破，达到国际先进水平；加氢裂化成套技术成功开发，具备工业应用条件；延迟焦化成套技术取得重大成果，具备了从常规渣油到超重劣质渣油、不同规模的延迟焦化装置设计能力；渣油加氢装置工程化设计能力，取得实质性突破；汽（柴）油加氢成套技术全面替代引进，为中国石油清洁油品质量升级提供了可靠技术支撑；连续重整工程化设计能力取得新突破，达到国内先进水平；成功集成润滑油基础油生产成套技术，达到国内领先水平；12×10^4t/a 干气制乙苯等关键配套装置成套技术得到成功应用；完成了中国石油首套大型炼厂项目建设管理手册，有力支持了千万吨级炼油基地建设管理。

千万吨级大型炼厂成套技术总体达到国际先进水平。获得专利 118 件（表 1），开发软件 6 件，其中完成著作权登记 2 件。

表 1　主要技术专利列表

专利名称	专利类型	国家（地区）	专利号
一种多段提升管反应器的防结焦旋风分离装置	发明专利	中国	ZL 201320346184.8
一种高效接触流化床反应器	发明专利	中国	ZL 201320602661.2
一种生产清洁产品的加氢工艺方法	发明专利	中国	ZL 201220217746.4
一种加氢裂化工艺方法	发明专利	中国	ZL 201210149707.X
…	…	…	…

三、应用效果与前景

柴油加氢成套技术已在中国石油柴油质量升级项目新建 6 套装置中得到应用，产品质量满足国 IV/V 标准。

大型炼厂总体优化技术已成功应用于云南石化、广东石化、英力士法国 LAVERA、英力士英国 GRANGEMOUTH、新加坡 SRC 炼厂等项目。正在中俄东方、大连长兴岛、伊拉克纳西里耶等项目中推广应用。

自主知识产权的 1000×10^4t/a 级常减压蒸馏装置工艺包，在四川石化得到成功应用（2014 年 1 月 14 日成功投产，标定结果表明，装置能耗 8.5kgEo/t 原油）。TMP 成套技术已在大庆宏伟、东营海科等两套装置上得到应用；烟气脱硫脱硝技术，在 20 套装置上得到应用；烧焦罐强化再生等关键技术，分别在 13 套装置上得到应用，其中大连石化三催改造后，轻油收率提高 1.4%，能耗降低 15kgEo/t 原料。

成功研制了 Φ1250mm、Φ1380mm 烟机轮盘和 DN1600 三偏心硬密封蝶阀，打破了国外垄断。自主建立了烟气轮机远程监测诊断中心，实现了对烟气轮机运行状态的远程监控。催化汽油加氢工艺技术：在中国石油国 IV 汽油质量升级项目新建 11 套装置中得到应用。

全厂总体优化、渣油加氢工程化设计等技术的成功开发与应用，使中国石油千万吨级大型炼厂自主设计能力实现跨越式提升。自主开发的千万吨级大型炼厂成套技术，可为中国石油新建及改扩建大型炼厂项目提供有力的技术支撑，与引进技术相比，可节约大量技术引进费，降低项目投资，缩短工程建设周期。自主技术还可以进行技术输出，创造经济效益。

1.20 国Ⅳ / Ⅴ标准清洁汽油生产成套技术

一、技术简介

汽油质量升级是关系国计民生的大事，其主要任务是降低汽油中的硫含量、烯烃含量并保持辛烷值。

我国车用汽油中 70% 以上组分是催化裂化（FCC）汽油，其具有硫含量高、烯烃含量高的特点，因此汽油质量升级的关键是降低 FCC 汽油中的硫含量和烯烃含量。但烯烃是汽油辛烷值的主要贡献者，采用常规的加氢脱硫降烯烃技术将大幅损失汽油的辛烷值，辛烷值是汽油重要质量指标。如何实现既脱硫、降烯烃，又能保持辛烷值，全面满足汽油质量升级的需求，成为迫切需要解决的重大技术难题。中国石油承担了全国三分之一的清洁汽油生产供应任务，其FCC汽油的高烯烃特点使得无法照搬他人技术路线，必须开发自主知识产权的清洁汽油生产技术。

中国石油国Ⅳ / Ⅴ清洁汽油生产成套技术，实现了占中国车用汽油 70% 以上催化汽油降硫、降烯烃和辛烷值保持的三重目标，完成了汽油质量从国Ⅲ标准到国Ⅳ、国Ⅴ标准的升级任务。其技术创新包括：创制了高选择性脱硫系列催化剂并构建了分段加氢脱硫新工艺，创制了将重汽油中大分子烯烃定向转化为高辛烷值芳香烃的辛烷值恢复催化剂，创新了轻汽油醚化工艺技术，有机耦合分段加氢脱硫和烯烃定向转化工艺技术，开发了“全馏分催化汽油预加氢—轻重汽油切割—轻汽油醚化—重汽油选择性加氢脱硫—接力脱硫 / 辛烷值恢复”成套技术（图 1）。

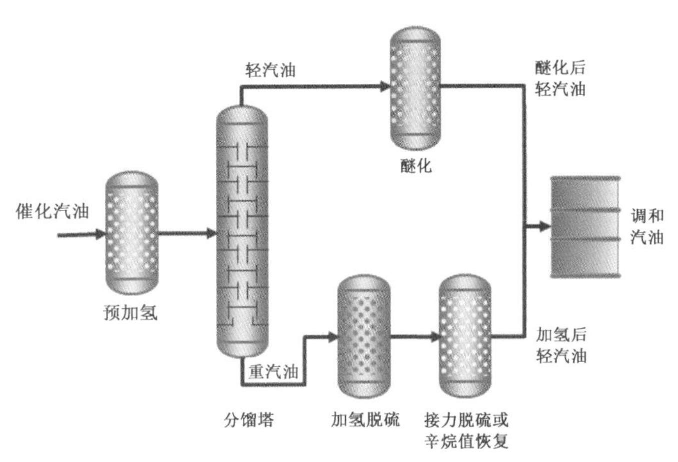

图 1　催化裂化汽油清洁化成套工艺技术

二、关键技术

（1）揭示了 FCC 汽油中含硫化合物和烯烃的分布规律及催化转化行为；创制了用于轻汽油中小分子硫醇重质化的预加氢催化剂、重汽油中大分子硫醚及噻吩类含硫化合物脱除的加氢脱硫催化剂和残余含硫化合物脱除的接力脱硫催化剂；基于这三种高选择性催化剂构建了 FCC 汽油分段加氢脱硫新工艺，实现了 FCC 汽油中不同类型含硫化合物的分段脱除（图 2、图 3）。

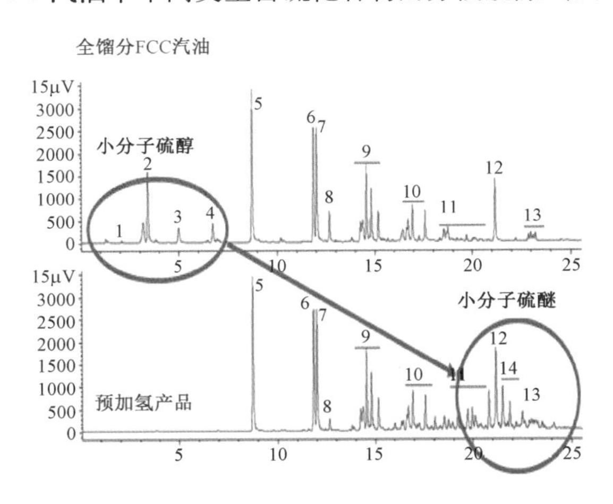

图 2　催化汽油预加氢前后的硫类型分布图

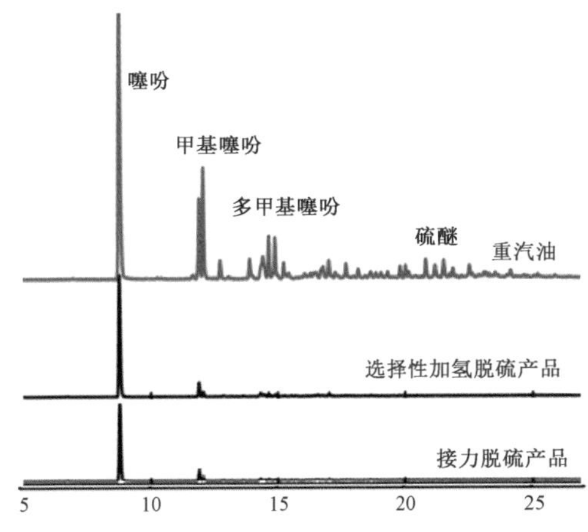

图 3　重汽油加氢脱硫前后的硫类型分布图

（2）揭示了 FCC 汽油中烯烃定向转化为高辛烷值组分的新途径；发明了 ZSM-5 分子筛孔道和酸性精细调控技术，创制了将重汽油中大分子烯烃定向转化为高辛烷值芳香烃的辛烷值恢复催化剂；创新了将轻汽油中叔碳烯烃与甲醇反应同步实现降低烯烃含量和提升产品辛烷值的轻汽油醚化工艺技术；开发出烯烃定向转化工艺技术。

（3）有机耦合分段加氢脱硫和烯烃定向转化工艺技术，开发了适合于不同硫含量、不同烯烃含量 FCC 汽油清洁化的“全馏分 FCC 汽油预加氢—轻重汽油切割—轻汽油醚化—重汽油选择性加氢脱硫—接力脱硫 / 辛烷值恢复”成套技术，并形成工艺包，解决了深度脱硫、降低烯烃含量和保持辛烷值这一制约 FCC 汽油清洁化的重大技术难题。

本技术经济指标处于国际领先水平，具有完全自主知识产权，获国家科技进步二等奖 1 项，省部级一等奖 2 项，获集团公司年度十大科技进展 2 项，获授权发明专利 33 件（表 1）。

表 1　主要技术专利列表

专利名称	专利类型	国家（地区）	专利号
一种降低汽油中硫和烯烃含量的生产方法	发明专利	中国	ZL 201010174767.8
一种劣质汽油改质的方法	发明专利	中国	ZL 201110035512.8
一种汽油深度脱硫的方法	发明专利	中国	ZL 201110273454.2
一种使不饱和化合物选择加氢的方法	发明专利	中国	ZL 201210366418.5
…	…	…	…

三、应用效果与前景

建成投运装置 18 套（总加工能力达到 1270×10^4t/a），已生产国Ⅳ、国Ⅴ标准车用汽油 3000 多万吨，新增利润 20 多亿元，经济效益显著。已许可建设工业装置 22 套，总加工能力达 1628×10^4t/a。采用本技术成果，自主设计和建设的工业装置与采用引进技术建成的装置相比，节省投资 15% 以上，降低能耗 20% 以上。本技术的成功开发有力支持了国家油品质量升级工程和“大气污染行动防治计划”的实施，推动了我国石油炼制技术的进步，促进了炼油结构调整，从源头减少了汽车尾气污染物排放，为保护环境做出了突出贡献。

“十三五”及未来一段时期亟须进一步改进催化剂综合性能，优化工艺集成，提高汽油产品收率、减少辛烷值损失、降低生产运行成本。国Ⅵ汽油标准的烯烃含量将进一步下调，届时各炼化企业降低 FCC 汽油烯烃含量并保持辛烷值的压力将更加突出，目前世界上主流的加氢脱硫和临氢吸附脱硫两大 FCC 汽油清洁化技术，其共同点是在最大限度地保证烯烃不被加氢饱和的前提下降低硫含量，无法满足降烯烃需求。因此具有 FCC 汽油脱硫、降烯烃、保持辛烷值三重功能的本技术应用前景广阔。

1.21 国Ⅳ / Ⅴ标准清洁柴油生产成套技术

一、技术简介

国Ⅳ / Ⅴ清洁柴油生产成套技术包括柴油加氢精制技术、加氢改质技术和柴油异构降凝技术。技术本质是在氢气条件下利用催化剂与柴油中的烯烃、芳香烃等不饱和烃类以及硫化物、氮化物、含氧化合物等发生加氢反应，对不饱和烃进行加氢饱和，并脱除柴油中的硫化物、氮化物等杂质，同时具有提高柴油十六烷值，以及改善柴油低温流动性的能力。国Ⅳ / Ⅴ清洁柴油生产成套技术具有反应条件温和，氢耗低，柴油收率高，操作运行费用低的特点。技术核心是高活性的柴油加氢催化剂（图 1）。

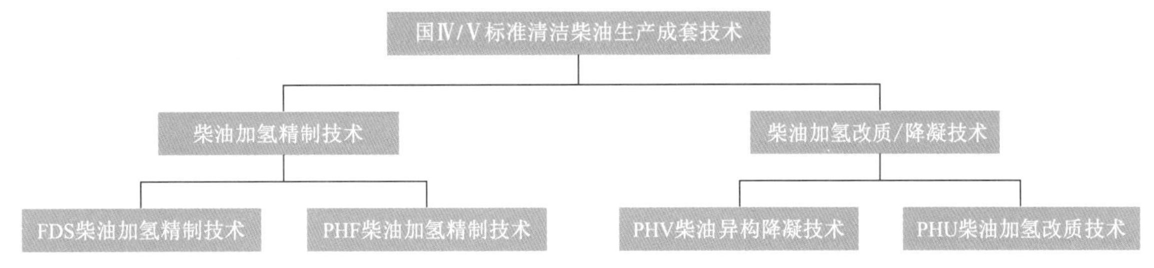

图 1　国Ⅳ / Ⅴ标准清洁柴油生产成套技术

PHF 柴油加氢精制技术采用“规整结构载体制备”技术，在催化剂载体制备过程中引入具有 TiO_6、SiO_4 结构的 ETS-10 材料和 $AlPO_4$ 结构的 $AlPO_4$-5 材料。在实现对氧化铝材料进行 Ti、Si、P 元素改性的同时，避免了常规改性过程中使用无定形材料对氧化铝材料孔道结构带来的不利影响。同时利用两种催化材料的协同催化功能，在对柴油进行超深度脱硫的同时，显现了对芳香烃和氮化物的有效脱除。

FDS 柴油加氢精制技术，突破了催化剂活性相堆积、酸性调控、介孔复合金属氧化物低成本化、催化剂成型等关键技术，开发出非负载型柴油加氢催化剂，同时采用金属硫化物原位合成开发出硫化型柴油加氢催化剂。催化剂具有低成本高活性，产品液收高的特点，技术水平国际先进。

PHU 柴油加氢改质技术，通过对加氢改质反应机理的深入认识，攻克了催化剂加氢功能与适宜酸性之间协同作用的技术难关，解决了芳香烃选择性开环而不断链的技术难点，使柴油中的芳香烃按照加氢饱和、选择性开环、尽量避免支链断裂的最佳改质反应途径进行转化，在生产国Ⅴ标准清洁柴油的同时，可兼产芳香烃潜含量较高的重石脑油。催化剂性能国际先进，填补了中国石油在该领域的技术空白。

PHV 柴油异构降凝技术是一种以新型分子筛的开发为基础的高效柴油异构降凝技术，与常规催化降凝技术相比，由于采用新型分子筛载体，具有较强的正构烷烃异构化性能，可以减缓柴油中蜡的裂化反应，实现降低凝点的同时保证高的柴油收率。

二、关键技术

国Ⅳ / Ⅴ清洁柴油生产成套技术以新型催化材料开发为基础，PHF 和 FDS 柴油加氢精制技术重点解决柴油深度脱硫以及芳香烃和氮化物的有效脱除问题，具有原料适应性强，反应活性高，活性稳定，柴油收率高的特点。柴油加氢精制技术在反应压力 4.0 ~ 8.0MPa、反应温度不大于 360℃、氢油比 (300 ~ 500) : 1、体积空速 1.0 ~ 2.0h^{-1} 的条件下，加工硫含量不大于 15000μg/g 的直馏柴油、二次加工柴油（催化裂化柴油、焦化柴油）或直馏柴油与二次加工柴油的混合油，生产硫含量小于 10μg/g 的国Ⅴ标准精制柴油。与国内外同类催化剂相比反应温度低 10 ~ 15℃，体积空速高 10% ~ 20%，技术水平国际先进。

PHU 柴油加氢改质技术开发出二次孔容大（> 50%）、晶粒小（200 ~ 400nm）、非骨架铝含量低（< 5%）的 USY 分子筛，解决了多环芳香烃大分子难与酸性中心接触、侧链容易断裂，如何提高多环芳香烃选择性开环性能差等技术难题。通过优化调整金属浸渍工艺，提高了金属分散度，使催化剂酸中心与中心良

好匹配，确保多环芳香烃按照最佳的改质途径反应，达到最大限度提高柴油十六烷值，并保持较高柴油收率的目的。可将催化柴油十六烷值提高15个单位以上，技术水平国际先进。

PHV柴油异构降凝技术所用分子筛材料采用水热法合成，通过优化合成条件，制备出具有一定酸性和孔结构的分子筛载体，然后通过改性处理，制备了柴油加氢异构催化剂（图2），有效提高了催化剂的加氢异构活性和选择性，降低了裂化反应的发生，从而在实现大幅降凝的同时，依然保持很高柴油收率。催化剂在制备过程中，采用独特的活性组分加入方式，提高了活性金属分散度、减少了活性金属用量，在获得高加氢反应活性的同时，降低了催化剂成本。

PHF催化剂　FDS催化剂　PHU催化剂　PHV催化剂

图2　催化剂类型

国Ⅳ / Ⅴ标准清洁柴油生产成套技术获中国石油科技进步一等奖2项，石油与化学工业联合会科技进步二等奖1项，累计申请中国发明专利20余件（表1）。

表1　主要技术专利列表

专利名称	专利类型	国家（地区）	专利号
一种含分子筛加氢脱硫催化剂	发明专利	中国	ZL 200410091490.7
一种含分子筛加氢脱芳催化剂	发明专利	中国	ZL 200410091492.6
一种石脑油加氢精制生产乙烯裂解原料的方法	发明专利	中国	ZL 200910237015.9
一种含分子筛的重质馏分油加氢精制催化剂	发明专利	中国	CN102019201A
…	…	…	…

三、应用效果与前景

国Ⅳ / Ⅴ标准清洁柴油生产成套技术具有原料适应性强、加氢活性高的特点。柴油加氢精制技术自2009年起，先后在大港石化公司、大庆石化公司、乌鲁木齐石化公司、辽阳石化公司等10家企业13套柴油加氢精制装置进行工业应用，装置总加工能力合计1820×10^4t/a。2014年中国石油柴油质量升级过程中，新建7套固定床柴油加氢精制装置全部采用PHF柴油加氢技术，PHF柴油加氢技术为中国石油国Ⅴ柴油质量升级提供有力支撑，为企业创造了良好的经济效益。PHU柴油加氢改质技术将于2016年在乌鲁木齐石化180×10^4t/a柴油加氢改质装置完成工业应用试验，PHV柴油异构降凝技术已完成催化剂中试放大研究具备工业试验条件。

随着我国柴油质量升级步伐的不断加快以及中国石油炼油业务的快速发展，预计到2020年中国石油柴油加氢装置年加工能力将达到8000×10^4t/a以上，催化剂年需求量约为2000t，为国Ⅳ / Ⅴ标准清洁柴油生产成套技术的推广提供了广阔的市场空间。

1.22 催化裂化新工艺及关键装备成套技术

一、技术简介

催化裂化新工艺及关键装备成套技术包含了反应技术、再生技术、节能降耗技术、特大功率烟气轮机轮盘及特殊阀门制造技术和再生烟气脱硫脱硝技术等（图 1），催化裂化装置可最大限度提高目的产品收率及质量，确保长周期安全运行，使炼厂获取有效盈利。

图 1　催化裂化装置工业化成套技术框图

二、关键技术

（1）两段提升管催化裂解增产丙烯工艺（TMP）技术具有丙烯收率高、干气产率低、汽油辛烷值高、柴油密度低、干气中乙烯含量高（45% ～ 50%）的特点。

（2）提升管后部直连技术（TSR）可以最大限度地缩短油气提升管后部系统的停留时间，减少二次反应，彻底解决沉降器结焦问题。

（3）提升管出口旋流式快分（即 VQS、SVQS 系统）技术可实现提升管后部系统油气平均停留时间小于 5 秒；气固分离效率 98% 以上；消除油气的向下返混。

（4）冷热催化剂混合器技术可很好地实现降低再生催化剂温度。

（5）单段逆流再生强化技术以及烧焦罐再生强化技术通过优化配置主风分布、催化剂分布、流化整流等一系列强化烧焦措施，大幅提高再生过程烧焦效率。

（6）减少催化剂细粉排放的环保技术——径流型多管三级旋风分离技术解决了常规三级旋风分离器单管综合效率低的问题，使单管综合效率大幅提高。

（7）节能降耗成套技术从提高焦炭燃烧热的回收利用率、提高低温余热的回收利用率、降低产品分离的能量消耗这三个重要方面着手，对装置进行优化后，装置能耗通常可降低 5 ～ 10kg 标准油 /t 催化原料。这项技术可全部或部分应用于新建或改造项目上，降低装置的运行成本。

（8）特大功率烟气轮机轮盘及特殊阀门制造技术实现了 30000kW 级烟气轮机轮盘、轴承国产化研制工作，建立了高水平的试验及远程监测故障诊断平台，成功研发制造了烟气轮机入口 DN1600 三偏硬密封蝶阀和大型单、双动滑阀（图 2）。

图 2　特大功率烟气轮机热态试验系统图

特大功率烟气轮机输出功率范围为 25000 ～ 37000kW，可满足国内催化裂化装置、硝酸装置、煤气化装置废气能量回收要求，并可用于冶金、电力、垃圾燃烧发电等领域。

（9）再生烟气脱硫脱硝技术是采用物理或化学的方法脱除烟气中硫氧化物（SO_2）、氮氧化物（NO_x）、实现烟气净化的技术，并已在集团公司炼厂数十套催化裂化装置上得到应用。

表 1　主要技术专利列表

专利名称	专利类型	国家（地区）	专利号
一种稀土超稳 Y 分子筛的制备方法	发明专利	中国	ZL 201002103909.7
一种分子筛的磷和稀土复合改性方法	发明专利	中国	ZL 201110102929.1
一种提高水热稳定性的双组元改性分子筛及制备方法	发明专利	日本	JP 2012—535574
一种高轻收重油催化裂化催化剂及其制备方法	发明专利	新加坡	SG 11201404087V
…	…	…	…

三、应用效果与前景

（1）TSR 技术已在中国十几套催化裂化装置上实现了长周期运行。与常规催化裂化技术相比，液体收率有所提高，可以灵活调节柴汽比，柴油收率可提高约 5%，柴油十六烷值可提高约 3 个单位，汽油烯烃含量可降低到 30% 以下。

（2）TMP 技术在中化弘润石化 80×10^4t/a 装置上进行了工业应用，以直馏蜡油为原料，同时回炼部分焦化装置的焦化石脑油，设计指标丙烯收率达到 19.82％，总液收 78％，干气＋焦炭的产率之和为 15.5％，汽油研究法辛烷值大于 90，该技术可在多产丙烯的同时对焦化石脑油进行改质，以提高焦化石脑油的辛烷值。

（3）烧焦罐再生强化技术已应用在玉门石化 80×10^4t/a 催化裂化改造项目中，改造后再生温度由 710℃降低到 690℃以下，大大减少了重金属钒对催化剂的破坏作用，同时较低的再生温度有利于提高反应的剂油比、降低干气产率、提高轻油收率。改造后，该装置催化剂消耗由 2.2kg/t 原料降低到 1kg/t 原料，干气产率降低 1 个单位，轻油收率提高 1 ～ 2 个单位。

（4）提升管后部直连技术已应用在庆阳石化 160×10^4t/a 两段提升管催化裂化改造项目中，改造后提升管后部油气停留时间大大缩短，减少了不利的二次反应。粗旋、顶旋料腿溢出的油气和汽提段的汽提油气直接从沉降器底部的导气管导入顶旋内，消除了沉降器结焦的可能。通过改造，在蒸汽不增加前提下解决了沉降器结焦问题，干气产率降低了 0.5% ～ 1%，轻收收率提高 0.5% ～ 1%。

（5）提升管出口旋流式快分技术（SVQS）系统技术成功应用于 4 套 100 万吨级的重油催化裂化装置，提高轻油收率 1.0%，干气降低 0.5%，年创经济效益 1 亿元。

（6）再生烟气脱硫脱硝技术于 2013 年已经在锦西石化公司、宁夏石化公司得到应用推广，2014 年有 13 套以上装置应用，2015 年超过 8 套以上装置应用。

（7）特大功率烟气轮机轮盘及特殊阀门制造技术应用案例。适合特大型烟机的高效大焓降动、静叶片已经成功应用到呼和浩特 YL29000A 型、金山石化 YL29000B 型、金陵石化 YL32000A 型、茂名石化 YL24000B 型、宁夏石化 YL25000C 等多台烟机上，效果良好。新的烟机试验及远程监测故障诊断平台的建立极大提升了烟机的试验能力和故障诊断能力，并已在大连西太平洋石化公司成功应用，收到了很好的效果。今后 3 至 5 年，国内需要新建和改建约 10 家千万吨级炼厂，合计产能提升 16150×10^4t/a。

未来中国石油大连长兴岛 400×10^4t/a 催化装置、辽阳石化 220×10^4t/a、克拉玛依石化 260 万 $\times10^4$t/a、中俄东方 470×10^4t/a 等四个项目；中国石化福建二期、连云港二期等五个改造项目；中海油惠州二期等两个项目，均可采用本项目成果。

1.23　劣质重油加工与综合利用技术

一、技术简介

劣质重油加工与综合利用技术解决了超稠劣质重油储运、加工利用等系列难题，为中国石油开发和加工海外超劣质重油资源和自产稠油资源提供了有力的技术支撑。

劣质重油加工与综合利用技术突破了超劣质重油供氢热裂化机理、热反应特殊吸放热规律与成焦关系等理论新认识；成功开发超劣质重油减黏裂化、供氢热裂化技术，解决了超劣质重油改质降黏技术难题；超劣质重油延迟焦化技术取得突破，在 100×10^4t/a 工业装置上完成了国内首次 100% 委内瑞拉超重油渣油延迟焦化工业试验。开发了以劣质重油生产清洁汽油、清洁柴油、特种润滑油、重交沥青、环保型橡胶填充油等专有技术（图 1）。建成了一个具有国内领先的重油数据库平台，为劣质重油优化加工和轻质化新技术开发提供技术基础。

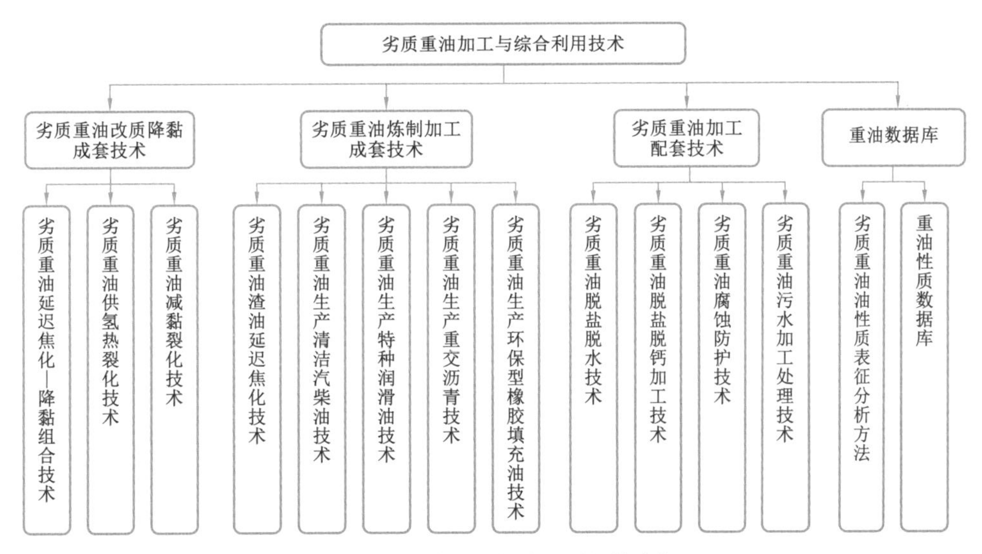

图 1　劣质重油加工与综合利用技术框图

二、关键技术

（1）攻克了超劣质重油改质和加工的技术难题，开发改质降黏、炼制加工成套技术以及相关配套技术。

（2）供氢热裂化技术可大幅度降低超重油黏度，完成了国际上首次 40×10^4t/a 供氢热裂化工业试验和 100×10^4t/a 工业应用，委内瑞拉超重油改质油 API°大于 12，50℃运动黏度小于 380mm²/s，可稳定储存 90 天以上，满足改质油储存及船运的要求。

（3）延迟焦化供氢体循环弹丸焦抑制技术，加热炉附墙燃烧技术，自动底盖机技术，实现了国内首次 100% 委内瑞拉超重油渣油延迟焦化工业试验的安全平稳运行，大幅度提升了公司在劣质重油加工领域的国际影响力。

（4）针对委内瑞拉超重油、辽河超稠油和风城超稠油的重油脱盐脱钙技术以及脱钙剂再生专用反应器和自动控制技术，实现了常减压装置长周期安全稳定运行。

（5）劣质重油加工防腐技术，形成高硫高酸原油加工成套腐蚀防护技术，针对委内瑞拉超重油、风城超稠油硫腐蚀和氯化氢腐蚀特点，以及风城超稠油实施脱钙工艺后的腐蚀特性，制备了高效缓蚀中和剂以及配套脱钙缓蚀剂，为装置的平稳运行提供了有力保障。

（6）劣质重油加工污水处理技术，应对委内瑞拉超重油、辽河超稠油、风城超稠油电脱盐污水高悬浮物、高含盐、高乳化等特性，系统解决了污水处理不易达标排放问题。

（7）利用稠油相对分子量大、沥青质含量高的特性，实现对沥青质分布的有效调控，创新工艺优化了沥青的烃组成结构，最大限度地平衡了产品高低温性能，进一步拓宽了产品使用的温度范围（图 2 至图 4）。

图 2　供氢热裂化18米管柱试验装置

图3　延迟焦化加热炉附墙燃烧技术

图 4　高等级沥青在机场跑道和高速路应用

（8）综合利用原料组成分布互补的特点，生产出高低温性能优良、抗车辙抗疲劳性能优异的重交道路沥青产品，性能达到世界顶级水平，包揽了昆明机场 4F 级第二跑道沥青供应，在甘肃、内蒙古、吉林、河南、四川等地多条高速公路广泛应用。

劣质重油加工与综合利用技术总体技术水平达到国内领先、国际先进水平，技术成熟度高。以劣质重油延迟焦化技术为例，世界上只有美国惠斯勒公司、康菲公司和中国石油三家公司掌握了百分之百委内瑞拉超重油渣油焦化加工关键技术。中国石油拥有该技术自主知识产权，主体技术均有专利保护，核心关键技术纳入企业技术秘密管理。先后荣获省部级奖励 4 项，国家专利、企业技术秘密、企业标准等 100 余项（表 1）。

表 1　主要技术专利列表

专利名称	专利类型	国家（地区）	专利号
一种渣油中添加焦化馏分油供氢焦化的方法	发明专利	中国	ZL 201210152634.X
一种重油供氢减黏—焦化组合工艺方法	发明专利	中国	ZL 201110277274.1
一种重质原油直接延迟焦化方法	发明专利	中国	ZL 200510093276X
一种评价重质渣油稳定性的方法	发明专利	中国	ZL 201110231630.6
…	…	…	…

三、应用效果与前景

劣质重油加工与综合利用技术分别在中国石油辽河石化公司、克拉玛依石化公司多套工业装置应用，取得良好的效果。截至 2015 年 8 月，劣质重油延迟焦化新技术在辽河石化安全平稳应用 3 年，在乌石化、独山子石化等七套百万吨焦化装置实现应用，液体产品收率提高 1% ～ 2%，累计实现新增经济效益 3 亿元以上。技术经济评价表明，供氢热裂化技术是中委上下游一体化开发委内瑞拉油资源经济性最好的改质技术。以劣质重油为原料生产的橡胶油、沥青等成功打入高端产品市场。

据不完全统计，全球已探明石油资源中，重质原油和非常规石油资源的比例占到了 52%，重质原油将是今后多数炼厂的主要原油来源；未来 20 ～ 25 年，中国加工重劣质原油的比例将达到 35% 左右，炼油加工难度将进一步增大，重油加工深度需要进一步提高。劣质重油加工与综合利用技术的成功开发和应用，大大提升了中国石油劣质重油轻质化核心技术水平，将有力支持重油资源的开发和利用。

1.24 大型乙烯装置成套工艺技术

一、技术简介

乙烯装置是石油化工的“龙头”，其产能是衡量一个国家石油化工发展水平的重要标志。乙烯技术主要包括裂解技术和分离技术，通过几十年的发展，国际上已形成五家主要的乙烯技术提供商：美国S&W（已被TP收购）、KBR和LUMMUS、德国LINDE和法国TP。五种乙烯工艺大同小异，工艺路线也日益趋近。裂解技术是通过裂解炉将石脑油等裂解原料在高温下分解为含氢气、甲烷、乙烯、丙烯等多种复杂组分的裂解气的工艺，分离技术是将裂解气分离为乙烯、丙烯等产品的工艺。在分离技术方面，顺序流程、前脱乙烷、前脱丙烷、前加氢、后加氢等流程已有几十年历史，各家都可以设计。由于加氢催化剂的改进，前脱丙烷/乙烷及前加氢工艺流程广受欢迎。中国石油乙烯成套技术在蒸汽裂解、分离及配套催化剂等方面具有独特的技术特点，共包括大型裂解炉技术、裂解产物预测技术、分离工艺技术、配套工程技术及配套催化剂技术等五个方面，共35项特色技术（图1）。

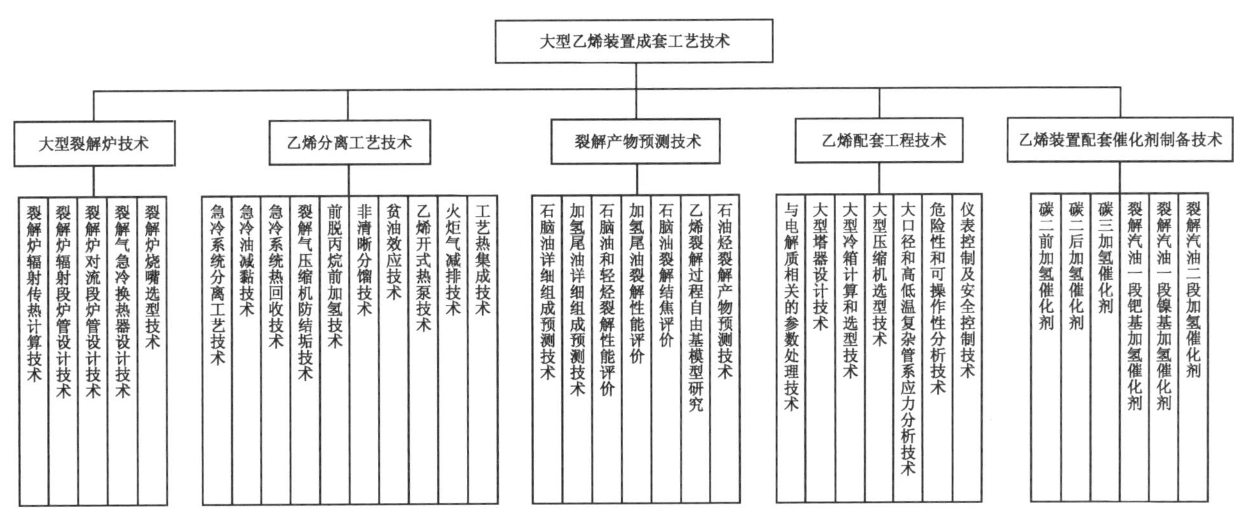

图1 乙烯装置成套工艺技术框图

二、关键技术

自主开发的乙烯石脑油裂解炉采用双炉膛，全部底烧结构，辐射炉管内设置有特殊设计的扰流元件，具有停留时间短、清焦周期长、双烯收率高等技术优势，裂解炉整体热效率高，各项指标优于同期运行的进口技术裂解炉，达到国际先进水平。分离技术采用前脱丙烷前加氢路线，裂解气五段压缩，高压脱甲烷，低压乙烯热泵精馏，集成了“非清晰分馏”和“贫油效应”等技术，流程简单，易于操作，装置运行平稳，能耗低，尾气中乙烯损失率少，达到国际领先水平（图2）。

1. 裂解技术优势特色

（1）形成了裂解炉辐射段反应和传热计算和对流段传热设计；

（2）形成国内首套小尺寸双套管裂解气急冷换热器的工艺设计和带扰流元件的辐射段炉管的设计。

2. 分离工艺技术优势特色

（1）含有大量非确定组分的急冷系统工艺设计技术与电解质溶液相关的工艺参数处理技术；

（2）基于“非清晰分馏”理念，设计出双塔脱丙烷和双塔脱甲烷技术，基于“贫油效应”概念，开发出乙烯尾气回收技术；

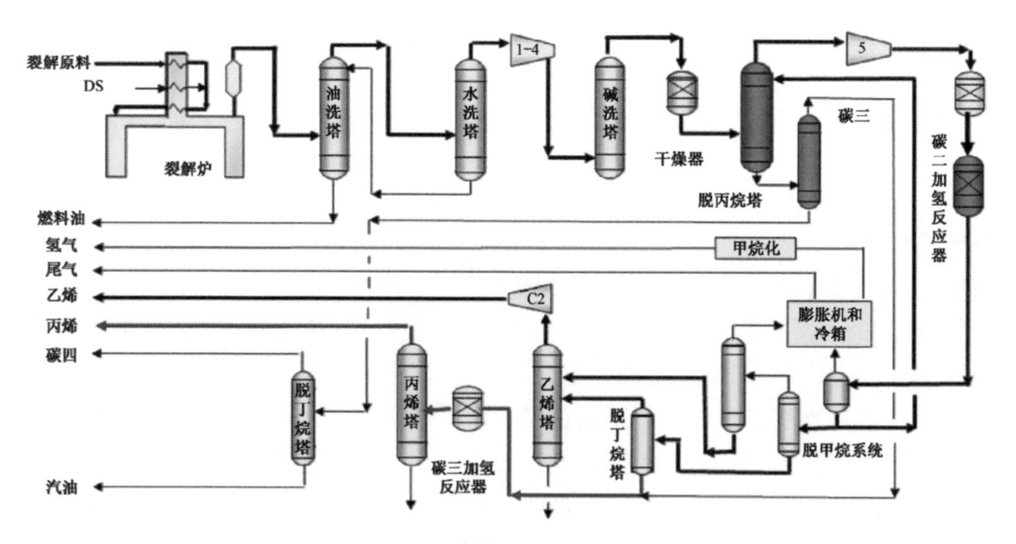

图 2　前脱丙烷前加氢乙烯工艺流程

（3）经过流程模拟优化设计参数，形成了自有的乙烯热泵技术，降低装置投资和能耗；

（4）适用于自身分离工艺的冷箱和罐内置换热器的工艺设计和利用“夹点”理论，开发出乙烯装置能量集成优化技术。

3. 催化剂技术优势特色

（1）研发出具有抗结焦性能的具有双峰孔径分布的载体技术和选用特定的无机给电子体对催化剂表面进行修饰技术；

（2）开发了大幅度提高催化剂的选择性多组分共浸渍工艺技术和 LY-2008 催化剂的剂外钝化技术。

该成套技术共获得 45 件国内外授权专利（表 1）。2015 年 12 月，获中国石油集团公司科技进步特等奖。

表 1　主要技术专利列表

专利名称	专利类型	国家（地区）	专利号
利用余热预热助燃空气加热器	发明专利	中国	ZL 2011204763403
塔釜结构	发明专利	中国	ZL 2011205262943
一种尾气中乙烯的深冷回收系统及回收方法	发明专利	中国	ZL 201110385660.2
一种尾气中乙烯的深冷回收系统	发明专利	中国	ZL 201120482462.3
…	…	…	…

三、应用效果与前景

大型乙烯成套技术在大庆石化成功投产后又在神华宁煤项目获得推广应用。目前正与白俄罗斯、乌兹别克斯坦、山东玉皇等多家单位进行乙烯成套技术转让推广谈判。乙烯专用系列催化剂在中国石油兰州石化、神华包头、中国石化广州石化等 22 家企业的 34 套装置上应用，其中 6 套替代进口、14 套首装，裂解汽油一、二段加氢催化剂的国内市场占有率分别超过 40% 和 70%。

“大型乙烯装置成套工艺技术”的成功，增强了国际竞争优势和话语权，实现了大型石化关键装备国产化的重大突破，推动了装备制造等民族工业的快速发展，形成了一支在乙烯技术和装备制造等方面的专家型人才队伍。本技术促进了石化工业做强，拉动了产业升级，推进了石化及装备制造业进步，显著提升了中国乙烯工业及装备制造的国际竞争力。

1.25　45/80 大氮肥成套技术

一、技术简介

$45 \times 10^4 t/a$ 合成氨与 $80 \times 10^4 t/a$ 尿素成套技术主要包括合成氨技术和尿素技术，同时包括相关工业化成套技术。合成氨技术通过天然气压缩和脱硫、工艺空气压缩、蒸汽转化、一氧化碳变换、二氧化碳脱除、甲烷化、合成气压缩、氨合成、氨冷冻、氢回收等单元（图 1），实现年产 $45 \times 10^4 t$ 合成氨。

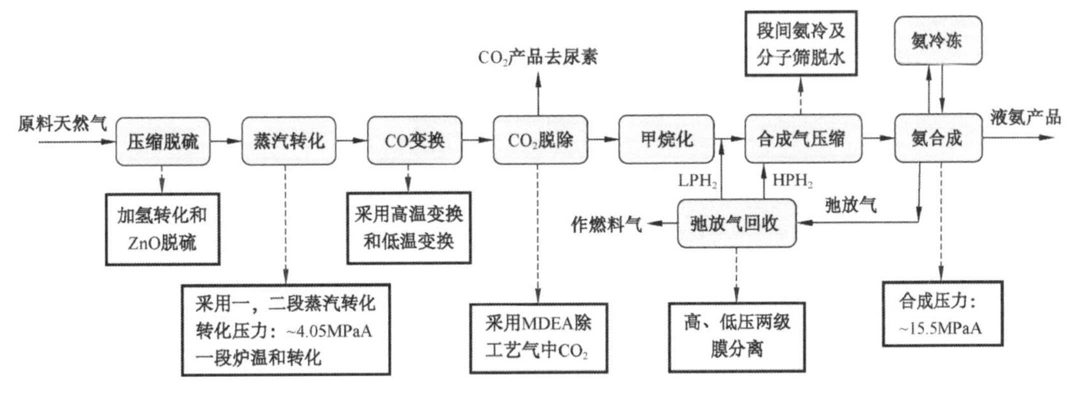

图 1　合成氨工艺技术流程简图

尿素技术由二氧化碳压缩和氨压缩、高压合成与汽提回收、低压分解回收、蒸发与造粒、工艺冷凝液处理等单元组成（图 2），实现年产 $80 \times 10^4 t$ 尿素。

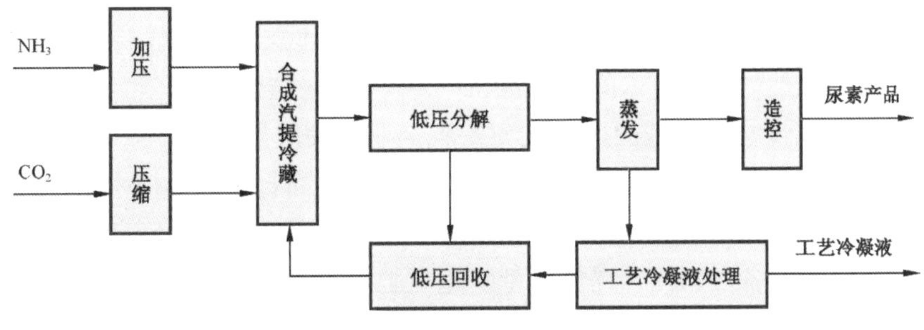

图 2　尿素工艺技术流程简图

二、关键技术

（1）$45 \times 10^4 t/a$ 合成氨装置工艺包，可对全流程进行工艺模拟计算，可结合工程实际，在降低能耗、自动控制方案、相关机械设备设计和选型等方面对流程设计参数进行分析、优化和改进。

（2）$80 \times 10^4 t/a$ 尿素装置工艺包，可对全流程进行工艺模拟计算，在计算中添加氨基甲酸铵组分，并拟合相关物料物性，对汽提过程和甲铵冷凝过程的机理进行定性和定量模拟与分析，根据国内外主流尿素工艺技术，并结合工程项目的实际情况及装置生产经验，对工艺流程进行分析、优化和改进。

（3）新型氨合成塔工程技术，可确定氨合成塔催化剂装填量及各床层催化剂数量分配，可完成合成塔内部换热器及塔内件的优化设计，根据国内制造厂的装备和制造能力，确定合成塔的设计方案和制造工艺。

（4）蒸汽转化炉工程技术，可对燃烧器进行选型与研究，可根据工艺计算，完成炉管（辐射段、对流段）排列方案，可对一段蒸汽转化炉高温管道系统进行应力分析计算，可对蒸汽转化系统工艺参数的优化和余热回收的综合利用进行研究。

（5）工艺流程中的所有转动设备均实现国产化，主要包括：天然气压缩机组、工艺空气压缩机组、合成气压缩机组、氨压缩机组、CO_2压缩机组、高压锅炉给水泵、贫液泵、半贫液泵及水力透平、高压氨泵、高压甲铵泵等。

（6）大氮肥装置工程设计配套技术，主要包括工艺过程危险源分析，大型换热器的设计技术，大型、高温管道的应力分析技术等。

（7）配套催化剂能对各类合成氨工艺用催化剂的筛选评估，对新型催化剂（例如抗烯烃预转化催化剂、低水碳比的转化催化剂、钌（Ru）基氨合成催化剂）进行研究；开发出了自主知识产权的系列合成氨用催化剂。

45×10^4t/a 合成氨与 80×10^4t/a 尿素成套技术在能耗、排放、投资等各方面均达到世界先进水平。获得专利十余件（表 1）。

表 1　主要技术专利列表

专利名称	专利类型	国家（地区）	专利号
多床层轴径向复合床间接换热式节能型氨合成塔	发明专利	中国	ZL 200420058325.5
一种以天然气为原料制备氨的方法	发明专利	中国	ZL 201110301715.7
有间隙支撑转子的多级离心泵	发明专利	中国	ZL 201110240475.4
一种多级离心泵动平衡壳体密封环固定装置	发明专利	中国	ZL 201320112243.5
…	…	…	…

三、应用效果与前景

45×10^4t/a 合成氨与 80×10^4t/a 尿素成套技术有助于中国石油建立以天然气为原料的相关产业链，改善我国天然气的利用结构，天然气制氨技术的应用也将产生良好的社会效益。

安全、环保、节能、高度自动化是国内外大型氮肥企业的发展方向，45×10^4t/a 合成氨与 80×10^4t/a 尿素成套技术的应用有利于优化氮肥产业结构，实现节能减排，提高行业整体技术水平。

海外，特别是第三世界国家仍有大量建设大型氮肥装置的需求。依靠 45×10^4t/a 合成氨与 80×10^4t/a 尿素成套技术，中国石油已经具备在国内外提供大型新建氮肥装置的设计、采购、施工服务的能力。同时，伴随中国石油海外油气业务发展，利用海外油田伴生气和气层气资源建设氮肥装置，实现上下游一体化，本技术对培育形成中国石油及国家的大型化肥技术能力，市场开拓，均具有重要意义。

1.26 乳聚丁苯橡胶与乳聚丁腈橡胶生产成套技术

1.26.1 乳聚丁苯橡胶生产成套技术及新产品

一、技术简介

中国石油乳聚丁苯橡胶生产技术从最早引进的高温聚合硬胶技术，经过多年技术改进创新和产品开发生产，发展成为可生产环保型软胶和充油胶的低温乳液聚合生产的成套技术（图 1）。在装置关键设备和工艺技术、产品绿色环保、性能改进提升等方面关键核心技术实现了重大突破，形成具有自主知识产权的低成本、环保化和高性能的乳聚丁苯橡胶产品的成套生产技术，生产的环保型、高性能乳聚丁苯橡胶在固特异、普利斯通等国际知名轮胎企业实现规模化应用。

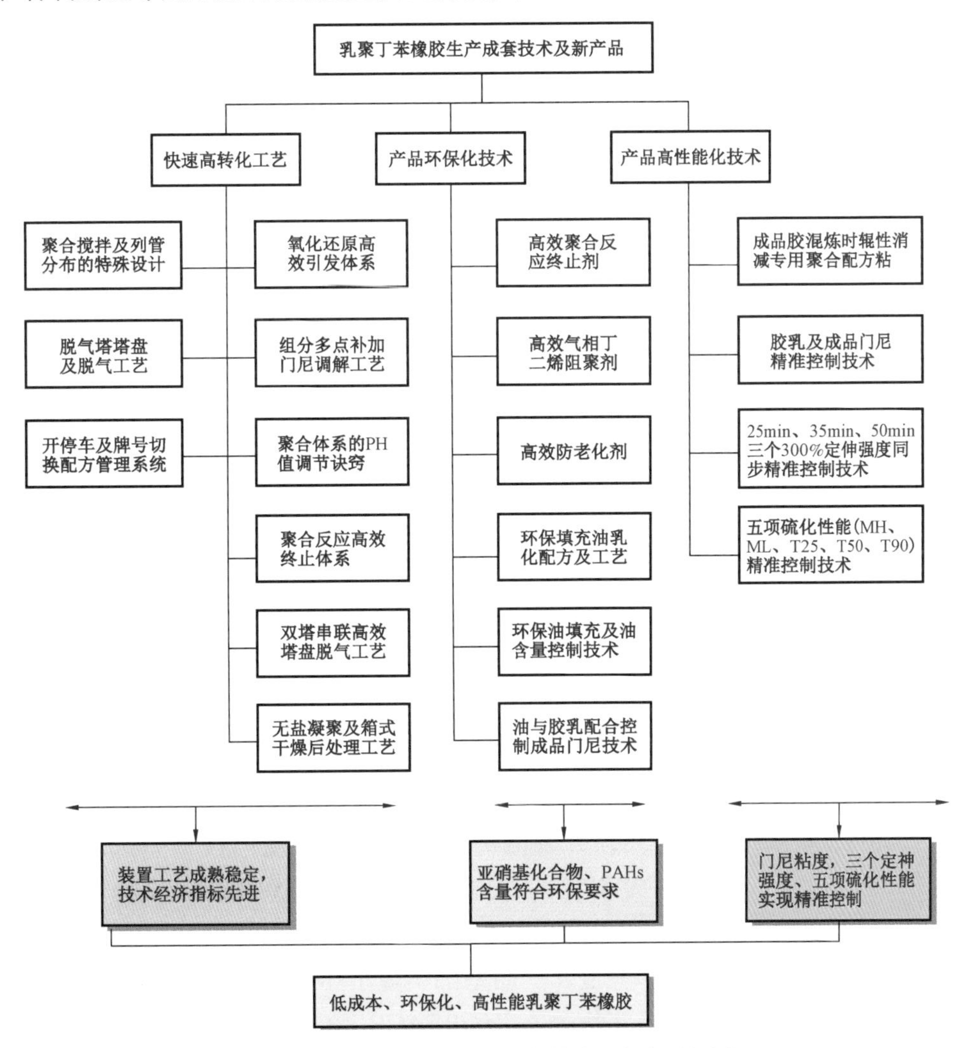

图 1 乳聚丁苯橡胶生产成套技术及新产品框图

乳聚丁苯橡胶生产成套技术通过生产工艺的不断改进与优化、环保化技术开发与产品生产、高性能产品制备技术的开发与应用，使装置运行更加稳定、安全，生产工艺更加成熟、可靠，产品性能更加稳定、环保。尤其是聚合釜和脱气塔特殊结构设计及快速高转化工艺的应用，聚合体系内温度浓度分布更均一，生产控制和产品质量更趋稳定，装置技术经济指标更先进。聚合终止剂、丁二烯阻聚剂、防老剂和橡胶填充油的环保化，产品中亚硝基胺类化合物、致癌物（PAHs）符合环保化要求，打通下游制品走向欧美高端市场的通道。专有聚合配方、填充油及助剂A配合技术，使产品门尼黏度、硫化性能更加稳定实现小波动范围的相对稳定控制。

二、关键技术

（1）多层桨叶式聚合搅拌器与环状集管特殊分布竖式换热列管的结构，在配方管理系统控制下，丁二烯和苯乙烯聚合过程实现高效引发、快速聚合、高效终止的目标，通过无盐凝聚和厢式干燥工艺，生产工艺比较稳定，产品能物耗处于国内先进水平。

（2）采用仲烷基胺类化合物为丁苯橡胶聚合反应终止剂和脱气单元气相丁二烯阻聚剂，一剂两用，自由基终止效率高，装置运行周期长，使用环保型防老剂，生产的丁苯橡胶软胶中亚硝基胺类化合物含量低，充填PCA不高于3%、八种致癌物（PAHs）和苯并吡（a）含量低的橡胶填充油，制备的丁苯橡胶符合环保化标准要求。

（3）通过乳化剂配方、原料配比、油含量、助剂A加入量等单项控制或复合协同调节，可制备成品门尼在6个单位范围内、油含量在3%以内的丁苯橡胶产品，其25min、35min和50min三个300%定伸强度及MH、ML、T25、T50、T90五项硫化性能可在较窄的范围控制，满足如固特异、普利司通等国际知名轮胎企业指标的苛刻要求，并成功在这些高端企业实现了规模化应用。

乳聚丁苯橡胶生产成套技术及新产品处于国际先进水平（表1）。获省部级科技进步一等奖1项，二等奖6项。

表1 主要技术专利列表

专利名称	专利类型	国家（地区）	专利号
硅原位杂化接枝改性含聚共轭二烯烃胶乳的方法	技术发明	中国	ZL102020752B
纳米二氧化硅/聚共轭二烯烃复合乳液及其制备方法	技术发明	中国	ZL102731854B
一种改性橡胶及其制备方法	技术发明	中国	ZL102731874B
一种接枝改性橡胶及其制备方法	技术发明	中国	ZL102731793B
…	…	…	…

三、应用效果与前景

乳聚丁苯生产成套技术在兰州石化新建10×10^4t/a丁苯橡胶装置、吉林石化18×10^4t/a丁苯橡胶装置扩能改造、抚顺石化20×10^4t/a丁苯橡胶装置上得到了应用。兰州石化丁苯装置2015年软胶物耗达942.248kg/t-SBR，能耗达245kgEo/t-SBR。开发的环保型丁苯橡胶生产技术2008年在兰州石化新建100kt/a丁苯橡胶装置得到应用。先后开发和生产了SBR1500E、SBR1502E等两个牌号的软胶产品，开发和生产了SBR1723、SBR1723N、SBR1763E、SBR1769E、SBR1778E等五个牌号的充油环保丁苯橡胶，2008年到2015年，共生产了870kt丁苯橡胶，产品全部实现了环保化，经环保橡胶检测权威机构德国DIK、BIU检测，亚硝基胺类化合物和致癌物含量达到REACH法案的规定要求。高性能充油丁苯橡胶生产技术在兰州石化公司15×10^4t/a丁苯橡胶装置应用后，SBR1723在固特异轮胎与橡胶有限公司（Goodyear）规模化应用。SBR1778E在普利斯通轮胎有限公司（Bridgestone）得到规模化应用。高性能丁苯橡胶的成功开发对于其他牌号的丁苯橡胶产品生产技术优化与改进、引导中国石油乃至国内乳聚丁苯橡胶行业技术进步、产品质量提升具有引导意义。

1.26.2　乳聚丁腈橡胶生产成套技术及新产品

一、技术简介

中国石油乳聚丁腈橡胶生产技术从最早引进的高温聚合硬胶单一技术，经过关键设备结构的设计改进、生产工艺不断优化、聚合控制及过程调节等关键技术的突破、系列化高性能新产品的开发与生产应用，已发展成为可生产环保型和非环保型两大序列、软胶和硬胶两个系列、结合丙烯腈含量从低到高、门尼全覆盖的多牌号产品结构，形成具有自主知识产权的乳聚丁腈橡胶生产成套技术和新产品系列（图 2），使中国石油兰州石化公司成为国内产能最大、牌号最全、产品性能最优、竞争力最强的在国内行业具有绝对主导性的企业。

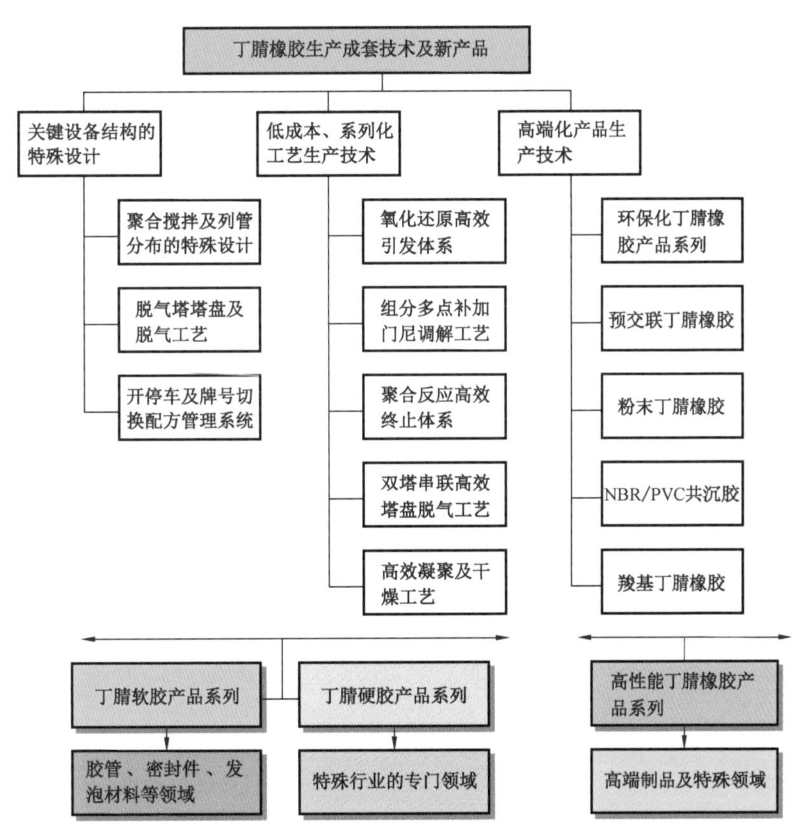

图 1　丁腈橡胶生产成套技术及新产品框图

丁腈橡胶生产成套技术采用了聚合釜搅拌及换热列管结构及分布的特殊设计，聚合体系内物料浓度温度小梯度分布，反应进程和产品质量稳定均一。进行高温聚合可生产结合丙烯腈含量分别为 18%、27%、40% 的丁腈硬胶，在国内特殊行业得到专门应用。进行低温乳液聚合方式可生产结合丙烯腈含量分别为 18%、29%、33%、40% 等四个系列、门尼黏度从 50–85 全覆盖的各牌号产品，广泛应用于胶管、密封件、发泡材料、胶辊等特殊领域。采用预交联聚合、包覆隔离工艺、液相微尺度共混改性等技术，开发和生产出预交联、粉末、NBR/PVC 共沉胶等特殊形态的丁腈橡胶产品。

二、关键技术

（1）多层桨叶式聚合搅拌器与环状集管特殊分布竖式换热列管的结构，在配方管理系统控制下，丁二烯和丙烯腈聚合过程实现高效引发、快速聚合、高效终止的目标，通过高校凝聚和干燥工艺，生产工艺更加稳定，产品能物耗处于国内先进水平。

（2）国内独家同时拥有高温聚合生产丁腈硬胶和低温聚合生产丁腈软胶技术和产品的企业。高温聚合生产的丁腈硬胶产品从丙烯腈含量 18% ～ 40% 的三个系列较好满足特殊行业的专门用途。低温聚合生产结合丙烯腈含量从 18% ～ 40% 四个系列、门尼黏度从 50 ～ 85 全覆盖的系列化产品，满足胶管、密封件和发泡材料对耐温性、耐化学性的不同需求。

（3）开发并应用的环保化系列丁腈橡胶时间生产技术得到的产品，壬基酚（NP）、壬基酚聚氧乙烯醚（NPEO）含量低于环保标准下限，应用于人体接触、或因幼儿用品等高端领域。开发的预交联聚合技术、粉末化技术、NBR/PVC 微尺度共混技术、官能化技术，生产特种丁腈橡胶具有高性能、节能绿色产业。

乳聚丁腈橡胶生产成套技术及新产品处于国际先进水平（表 2）。该技术获省部级科技进步一等奖 1 项，二等奖 4 项。

表 2　主要技术专利列表

专利名称	专利类型	国家（地区）	专利号
一种乳液聚合法制备快速硫化丁腈橡胶的方法	发明专利	中国	CN 201210178217.2
一种高强度高耐油丁腈橡胶组合物及其制备方法	发明专利	中国	CN 201210464719.1
一种乳液聚合法制备羧基丁腈橡胶的方法	发明专利	中国	CN 201410803216.1
…	…	…	…

三、应用效果与前景

中国石油乳聚丁腈生产成套技术在兰州石化新建 5×10^4t/a 丁腈橡胶装置上得到了应用。兰州石化丁腈装置 2015 年物耗达 1007kg/t-SBR，能耗达 420kgEo/t-NBR。开发的环保型丁腈橡胶生产技术 2013 年在兰州石化 5×10^4t/a 丁腈橡胶装置、1.5×10^4t/a 丁腈橡胶装置上得到应用。先后开发和生产了 NBR2907E、NBR3305E、NBR3308E 等三个牌号的环保化丁腈软胶产品，产品全部实现了环保化，经莱茵（RUVRheinland）、SGS 等权威机构检测，达到环保规定要求。NBR2707、NBR3604 等高拉伸强度的丁腈硬胶在特殊行业领域得到专门应用，对我国国民经济和社会发展、国防工业具有强有力的支撑作用。

1.27 百万吨级对苯二甲酸（PTA）成套技术

一、技术简介

中国石油昆仑工程公司百万吨级对苯二甲酸（PTA）成套技术以对二甲苯（PX）为原料，醋酸钴、醋酸锰为催化剂，氢溴酸为促进剂，在中温、中压条件下生产出粗对苯二甲酸（TA），TA 再经加氢精制生产出产品精对苯二甲酸（PTA）。

PTA 产品是重要的大宗化工原料之一，主要用途是生产聚酯类产品（包括纤维、薄膜和瓶等），广泛用于化学纤维、轻工、电子、建筑等国民经济的各个方面，与人民生活密切相关。

PTA 成套技术包括工艺、节能环保配套和装备三大系列，共 23 项特色技术（图 1）。

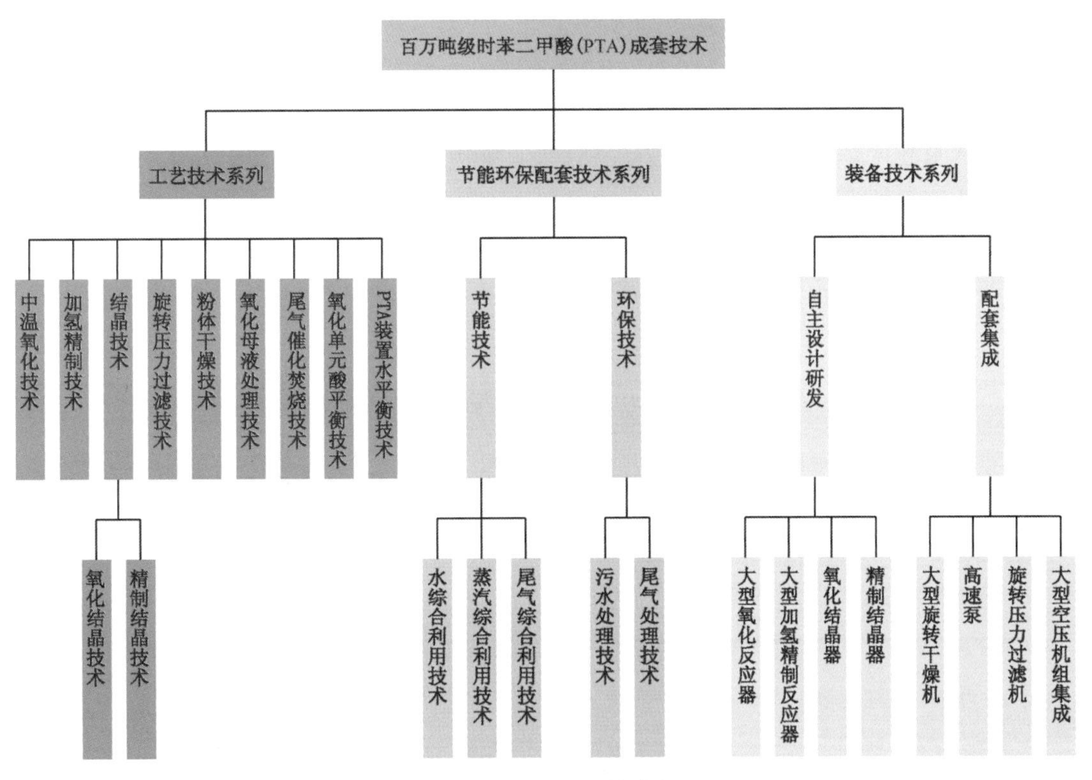

图 1　百万吨级 PTA 技术框图

二、关键技术

（1）百万吨级 PTA 技术氧化采用中温、中压进行反应，拥有较大的技术优势和经济优势。既解决了高温技术压缩机和反应器投资大、HAC 消耗高的难题，同时也避免了低温技术中母液处理、催化剂回收流程复杂的缺点。采用无搅拌式氧化反应器（结构为鼓泡塔式反应器），钛—钢复合板制造，两段组合塔式结构，上部为脱水填料段，下部为气液反应段，采用压缩空气进气鼓泡搅拌装置替代大型机械搅拌器，介质分散均匀、能耗低、转化率高、运行成本低、产品质量稳定。拥有领先优势的分段结晶、旋转压力过滤、粉体干燥、母液处理、水综合利用、能量综合利用、污水处理和尾气处理等创新特色技术，使 PTA 工艺生产过程更加温和，具有产品质量好、原料单耗低、综合能耗低、运行成本低、产品质量稳定等优越性能。主导实现了大型“三合一”空压机组、氧化反应器、加氢反应器、回转式干燥机等重大装备设计、制造和检验等关键技术的突破（图 2）。

图 2　百万吨级 PTA 装置鸟瞰图

(2) 装置的综合能耗不断优化，从 130kg 标准油 /t 产品不断降低至最新技术的 55kg 标准油 /t 产品以下，新鲜水的消耗从 2.2t/t 产品下降至 0.2 ～ 0.3t/t 产品，主装置电耗从耗电 30kW • h/t 产品变为对外发电 100kW • h/t 产品。

百万吨级 PTA 装置的能耗、物耗指标及综合技术水平达到国内领先、国际先进，尤其是关键的对二甲苯消耗在全世界 PTA 技术中处于领先地位。

技术拥有 23 件专利技术，其中包括 4 件国际专利（表 1）。先后获得 2012 年中国石油集团公司科技进步一等奖和 2014 年度国家科技进步二等奖。

表 1　主要技术专利列表

专利名称	专利类型	国家（地区）	专利号
一种生产对苯二甲酸用的气升式外循环鼓泡塔氧化装置	发明	中国	ZL 200703142246.2
对苯二甲酸的分离提纯方法及其装置	发明	中国	ZL 200710108238.6
一种分离提纯对苯二甲酸的新方法	发明	中国	ZL 200719110271.2
…	…	…	…

三、应用效果与前景

采用百万吨级PTA技术已投产装置5套，全部一次投料试车成功，装置运行平稳，产品质量达到优等品。采用中国昆仑工程公司 PTA 技术建设的装置占国内市场新增产能的 40% 以上。重庆蓬威石化有限公司年产 90×10^4tPTA 装置于 2009 年 11 月投产，产品质量、物耗和能耗都达到国际先进水平，是国内首套拥有自主知识产权技术的 PTA 装置，具有里程碑式的意义。中国昆仑工程公司百万吨级 PTA 成套技术工业化以来，公司致力于技术的不断优化升级，技术水平不断提升，已形成年产 60×10^4t、90×10^4t、120×10^4t、150×10^4t、200×10^4t、240×10^4t 等多个产能系列，为百万吨级 PTA 成套技术进一步拓展国内外市场打下了良好的基础。

近年来，随着下游聚酯产业的快速发展，国内 PTA 产业发展迅速，产能增长很快，使得短期内国内市场接近饱和。但随着国民经济的增长和人们生活水平的进一步提升，对于聚酯产品的需求仍会稳步增加，市场对 PTA 的需求还会不断增长；同时随着国内 PTA 落后产能的淘汰形成的市场缺口，都会对国内的 PTA 产能提出新的增长需求。对于国际市场，近年来印度、北非等地区聚酯产能增长较快，对 PTA 的需求不断增加，为我们开拓国外市场提供了很好的机会。目前，正在国内外市场上积极推广应用，前景非常广阔。

1.28 炼化能量系统优化技术

一、技术简介

炼化能量系统优化为一项综合性的配套应用技术，以严格过程模拟为定量计算为手段，以用能综合评价为指导，以全局优化为目标，形成“严格模拟、综合评价、全局优化”的成套技术体系和工作方法。目的是为炼化生产过程中能源利用效率和经济效益最优化问题提供系统解决方案。技术含过程模拟、用能评价和系统优化 3 大技术群（图 1），过程模拟技术突破将实际复杂生产流程进行计算机模型化、数据圆整、模型参数设置和调整、热力学方法选取等技术难点；用能评价技术突破理论用能计算、关键指标最佳实践值、总体和重点单元分层对比、智能分析等技术难点；系统优化技术突破反应、分馏与换热协同优化、效益与能量联合优化、装置间热联合、区域热联合等技术难点。

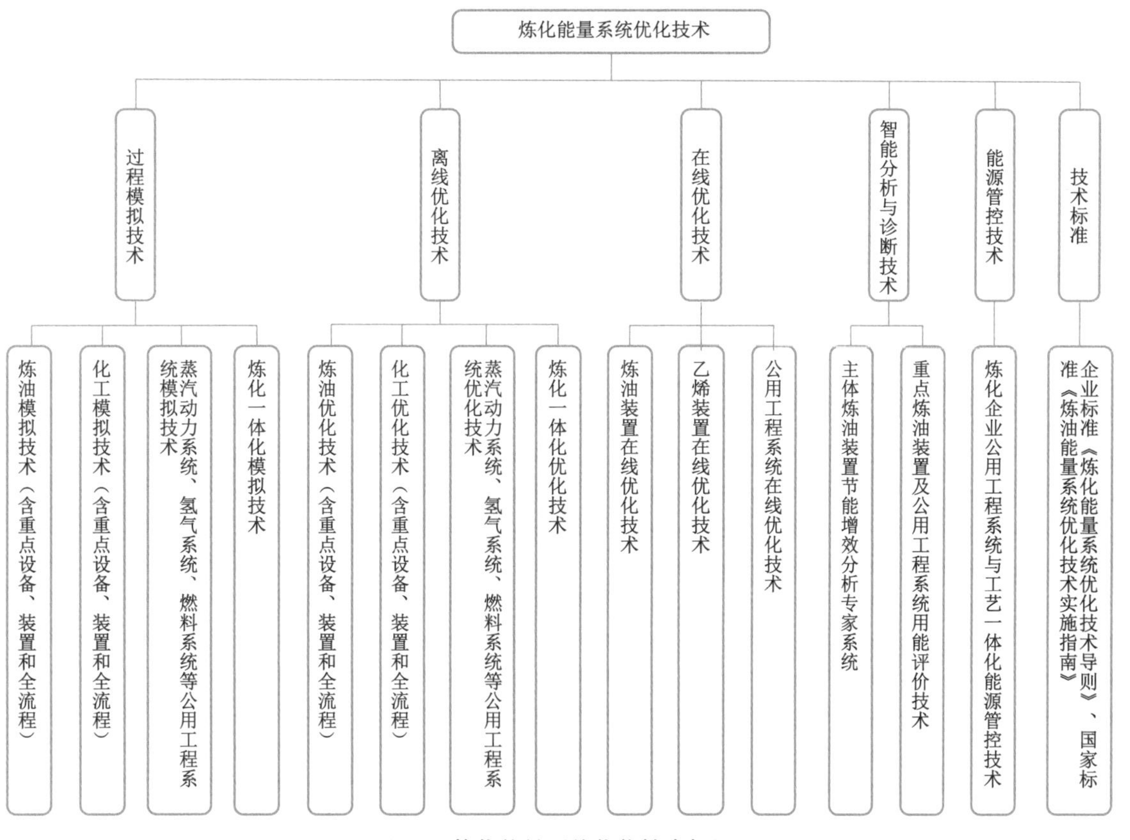

图 1　炼化能量系统优化技术框图

炼化能量系统优化技术与常规节能技术的区别在于，从系统全局的角度评价和优化用能过程，考虑装置与装置之间、装置与公用工程之间、能量与效益之间的关联和影响，对能量过程进行系统优化。技术路线从现状调研与数据收集，建立炼化过程生产单元和全流程严格模拟模型，开展用能分析与节能潜力评价，最后提出系统性优化方案并实施。

二、关键技术

中国石油在国内首次创新开发炼化能量系统优化成套技术体系，具有自主知识产权，技术适用范围广，可应用于所有在运的炼化生产装置、公用工程系统的操作优化，以及新建、改扩建装置设计的能量系统优化。通过本技术，可实现炼油综合能耗降低 10%以上、经济效益提升 10 元 /t 原油以上，乙烯装置综合

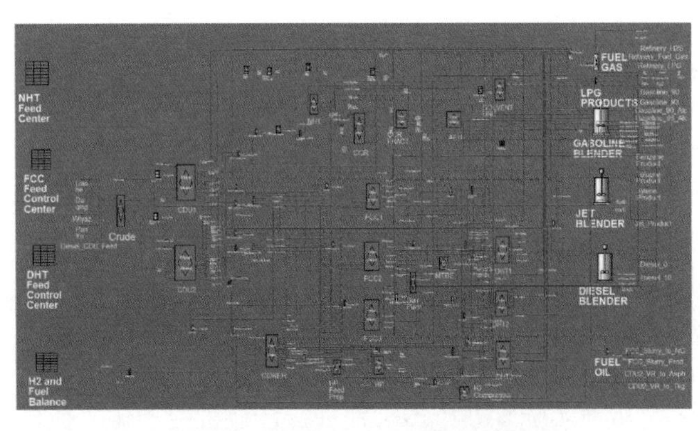

图 2 锦州石化炼油全流程模拟模型

能耗降低 10% 以上、经济效益提升 30 元 /t 乙烯以上。炼化能量系统优化技术主要由过程模拟、离线优化、乙烯在线优化、智能分析与诊断、能源管控等关键单项技术构成。

（1）过程模拟。掌握通用模拟技术基础上，开发了双提升管催化裂化等特色装置模拟技术，同时创建涵盖炼油严格反应、分馏、换热网络的多装置和公用工程系统模拟的炼油全流程模拟技术，并进一步与计划排产系统相集成（图 2）。

（2）离线优化。集成开发了反应、分馏与换热协同优化、能量与效益联合优化、装置间热联合、用 Romeo 软件与乙烯裂解炉专用模拟软件相集成，对大型乙烯裂解装置建立了在线模拟和开环优化全流程模型，利用优化功能自动生成优化操作方案来指导现场操作，实现乙烯生产过程的在线优化。

（3）能源管控技术。创新开发了具备全厂及装置能耗实时统计分析、重点耗能设备及装置能耗指标监控预警、能耗 KPI 指标分层目标化管理、公用工程系统与工艺协同优化，在线监测及优化等功能的能源管控技术。

炼化能量系统技术整体达到国内领先水平，部分达到国际先进水平，获得发明专利 3 件、实用新型专利 5 件（表 1）、省部级一等奖 1 项、省部级二等奖 1 项。

表 1 主要技术专利列表

专利（著作权）名称	专利类型	国家（地区）	专利号
一种炼化生产过程优化分析方法及系统	发明专利	中国	ZL201110460828.1
炼化过程模拟优化计算分析及能量优化系统	软件著作权	中国	2012SR021859
热电联产节能潜力量化计算与分析系统	软件著作权	中国	2012SR021647
氢气网络夹点分析及优化系统	软件著作权	中国	2011SR058211
…	…	…	…

三、应用效果与前景

炼化能量系统优化在锦州石化炼油、兰州石化 46×10^4t/a 乙烯装置和炼化一体化公用工程系统、吉林石化 70×10^4t/a 乙烯装置、长庆石化炼油、克拉玛依石化公用工程系统进行示范与推广应用，取得节能 20×10^4t 标煤、增效 3.17 亿元 / 年的效果。除此，抚顺石化、大庆石化、兰州石化、辽阳石化、锦西石化、大庆炼化、宁夏石化、大港石化、辽河石化等 9 家炼化企业重点开展推广应用，下一步将在华北石化、乌鲁木齐石化等 16 家炼化企业全面推广应用。预计，在集团公司全面推广后预计可节能约 40 ～ 50 万吨标煤、增效约 15 亿元 / 年以上。

炼化能量系统优化技术为集团公司在炼油、化工业务的效益提升、能效提升、全过程生产优化、管理优化以及智能化提供了坚实的技术支撑。技术的发展方向是从相对独立的炼油、乙烯、公用工程能量系统优化，向其他石油化工过程、炼化一体化过程以及高度热联合、高度集约化的能量系统优化方向发展，从能量系统优化向过程总体优化方向发展；从操作和流程优化向集计划、调度、操作、控制和长周期运行优化于一体的智能化方向发展。所以能量系统优化技术是大势所趋，应用市场空间广阔。

1.29 复杂区地震勘探配套技术

一、技术简介

复杂区地震勘探配套技术是集合多学科高新技术发展最新成果，以“充分、均匀、对称”空间采样为理念，借助KLSeisII、GeoEast、GeoMountain、G3i、LFV3等自主知识产权软件和先进装备，应用高密度地震采集、处理和解释一体化配套技术，包括基于叠前偏移属性设计与优化、可控震源高效采集等14项特色技术，更好解决更恶劣地表条件、更复杂地下构造和更隐蔽含油气圈闭勘探与开发中遇到的问题，提高油气藏勘探精度和油气勘探成功率，为新区寻求新突破和新发现、老区保持增储稳产提供了重要的技术手段，对推动油气储量高峰增长发挥核心支撑作用。

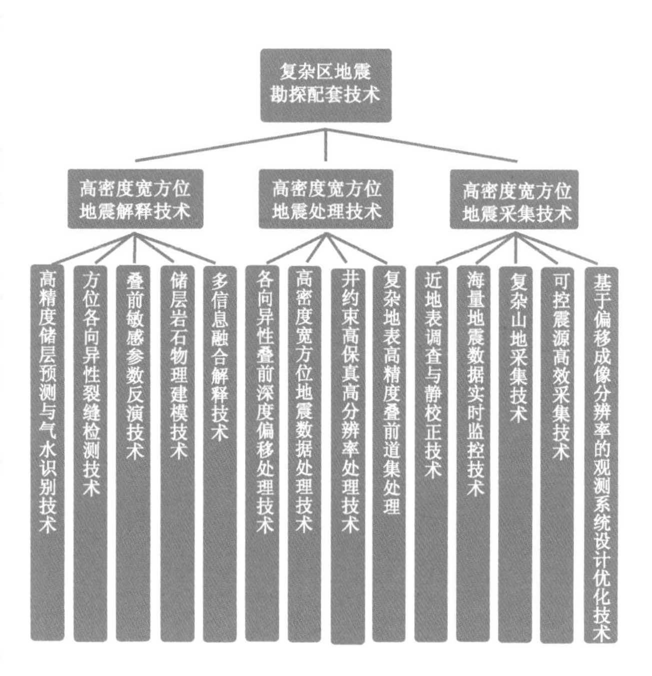

图1 复杂区地震勘探配套技术框图

二、关键技术

（1）以高密度、高效率、宽方位和宽频带为核心的地震采集技术，获得的地震原始资料保真度高、分辨率高、地质信息丰富。

（2）以高保真、高分辨率、各向异性、叠前偏移成像为核心的地震处理技术，实现了海量地震数据的准确成像，形成了满足构造、岩性等各种解释需求的高品质地震成果资料（图2）。

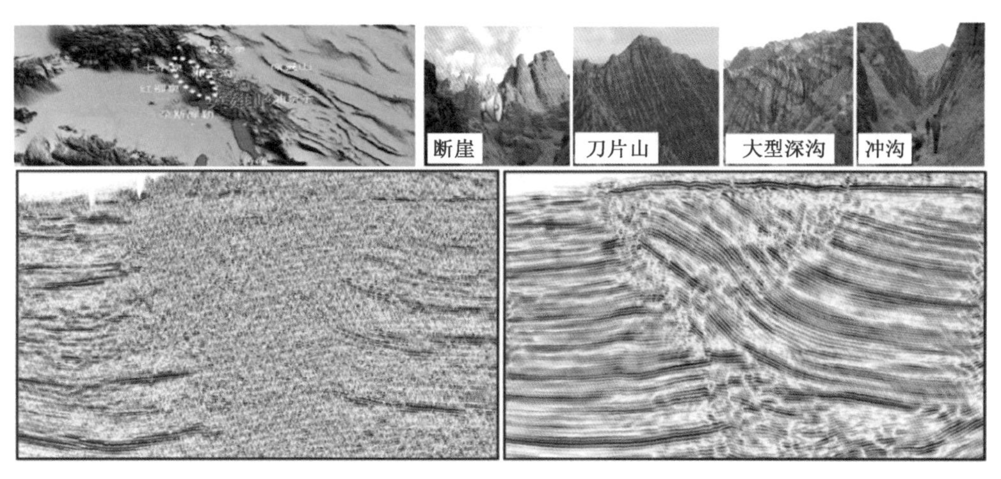

图2 柴达木盆地英雄岭地区应用效果

（3）突出叠前信息、方位各向异性信息的解释技术，使传统的地震解释由三维扩展到五维，可以提供地下地层、岩性圈闭和油气分布情况，节省钻探工作量，提高钻井成功率。

（4）具备6万道排列、每天万炮高效采集、每天6TB数据现场质控生产能力（图3）；具备单一三维50TB数据、PSTM15天、PSDM克希霍夫纯体偏15天的处理能力。

复杂区勘探配套技术整体达到国际先进水平，共获发明专利43件（表1），省部级以上科技奖励8项。

图 3　仪器实物及施工现场图

表 1　主要技术专利列表

专利名称	专利类型	国家（地区）	专利号
一种地震观测系统评价方法	发明专利	中国	ZL 201510354149.4
基于反射波的地震数据静校正方法及装置	发明专利	中国	ZL 201510018573.1
一种井震匹配解释性目标处理方法及装置	发明专利	中国	ZL 201210332849.X
…	…	…	…

三、应用效果与前景

复杂区地震勘探配套技术在中国塔里木、准噶尔、吐哈、柴达木、鄂尔多斯、四川、渤海湾、松辽八大盆地，以及国外哈萨克斯坦、土库曼、伊拉克、苏丹、乍得、尼日尔、乌干达、阿曼、沙特阿拉伯、委内瑞拉等 37 个国家的油气田得到应用。通过技术应用，使复杂区地震资料品质大幅度提升，频带宽度提高了 20% 以上，有效地解决了地表复杂难以作业和地下复杂难以落实地下构造的问题。

石油与天然气勘探所面临的地表条件与地下条件越来越复杂，复杂区地震勘探配套技术在国内和国际市场都具有广泛的需求，在未来具有很强的竞争力。

1.30 低频地震勘探配套技术

一、技术简介

低频地震勘探配套技术以自主研制的 LFV3 低频可控震源为核心，实现了 6 个倍频程的频带激发能量输出，为宽频带、宽方位、高密度地震数据采集处理解释配套技术提供了足够频带宽度下传能量的信号源支撑，使高精度成像、地震反演等得以应用和实施。低频地震勘探配套技术包括低频可控震源、采集、处理、解释 4 大技术系列 14 项关键技术（图 1），已成为目前全球陆上地震勘探最为完备、领先的宽频地震勘探解决方案，解决了多年以来困扰着地震勘探的盐下、火成岩、深层等成像问题。

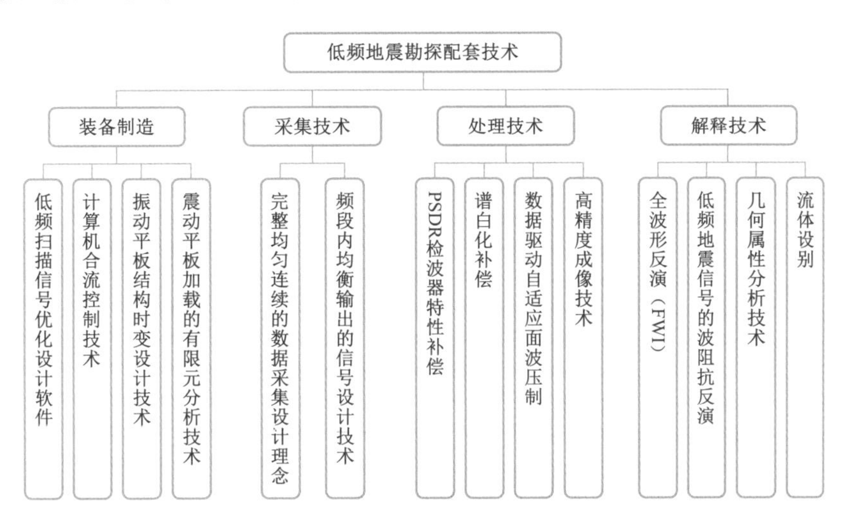

图 1　低频地震勘探配套技术框图

二、关键技术

（1）采用震动平板加载的有限元分析设计制造专利技术，实现了低至 1.5Hz 有效地震波激发输出的能力。

（2）首次将工业计算机控制的液压合流技术应用于震源输出精度控制，增强了可控震源全频带地震信号输出的能力、精度和稳定性（图 2）。

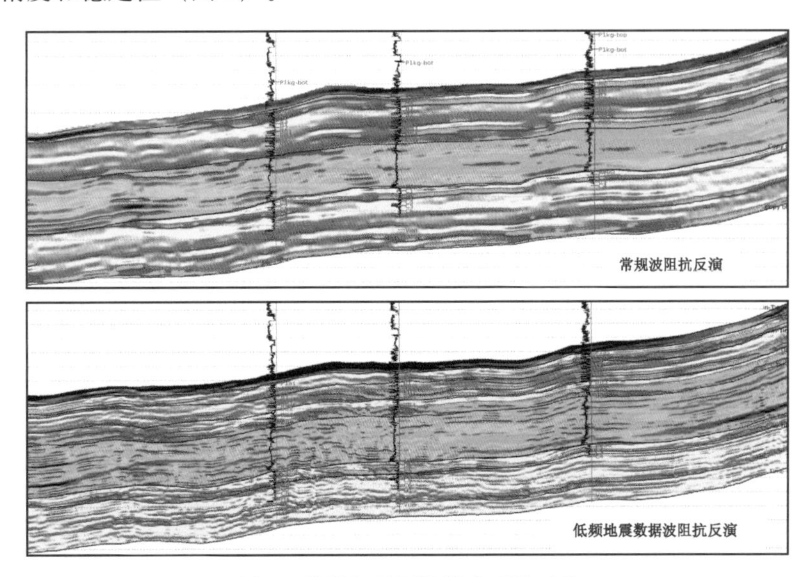

图 2　常规与低频波阻抗反演对比

（3）均匀波场测试软件，使改造后的震源地震波场输出的均匀性得到大幅提升。

（4）基于近场子波的全频带优化扫描信号设计专利技术，为实现宽频地震勘探提供了信号设计方法。

（5）形成了完整、连续、均匀的宽频野外采集设计理念与技术，使采集数据满足了直接利用地震资料进行全波形反演精确的物性参数和高精度成像的条件（图3）。

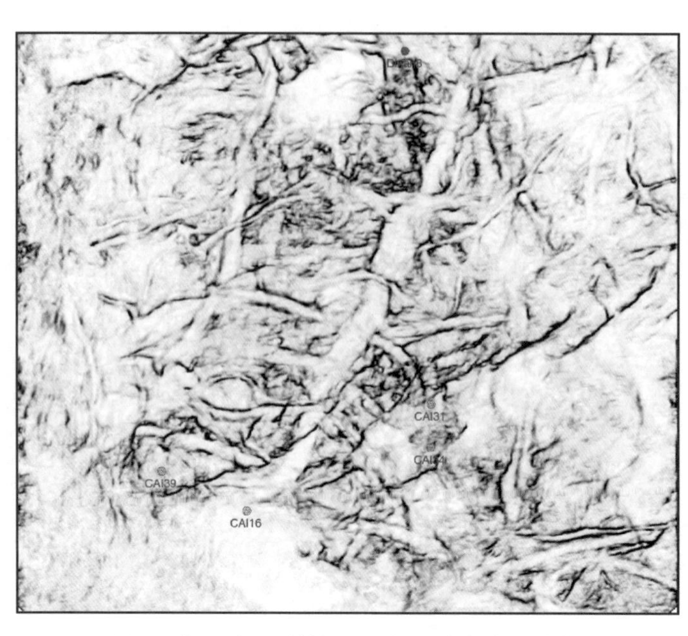

图3　相干处理后的深层古河道分布十分清晰

低频地震勘探配套技术已经达到国际领先水平，取得了发明专利2件，新型专利2件（表1）。

表1　主要技术专利列表

专利名称	专利类型	国家（地区）	专利号
柱塞式可控震源振动器	发明专利	中国	ZL 201103137613.4
双活塞式可控震源振动器	发明专利	中国	ZL 201103137607.X
集中式可控震源隔振装置	实用新型专利	中国	ZL 201120037876.5
…	…	…	…

三、应用效果与前景

低频地震勘探配套技术在新疆滴南8井区、新疆吐哈鄯善、内蒙古二连、内蒙古乌审旗、新疆吐哈葡北、青海、北疆环玛湖及哈萨克斯坦AMG等地区进行了工业性推广应用，取得了明显地质效果，有力支撑了国内外油气发现，实现增储上产。1.5Hz起始的线性扫描信号设计成为常规选择。

在SEG、EAGE、CPS/SEG等国际地球物理学术会议上进行广泛交流与推介，得到业界的高度认可，沙特阿美、苏丹、玻利维亚等石油公司提出了技术引进的需求。低频地震勘探配套技术的应用实现了陆上的宽频地震勘探，必将带动一批项目的实施，获得更多的市场和经济效益。

1.31 低阻/复杂岩性储层测井评价技术

一、技术简介

低阻储层测井评价技术主要适用于陆相沉积、岩性偏细、泥质或黏土矿物含量较高、容易造成油层电阻率偏低的环境的储层中，以及使用盐水泥浆钻井、长时间浸泡条件下的油层识别与评价。复杂岩性储层测井评价技术是针对碳酸盐岩、火山岩油气藏强烈非均质储层特征、以岩性准确识别和孔洞缝与饱和度定量计算为核心的测井评价技术（图1）。

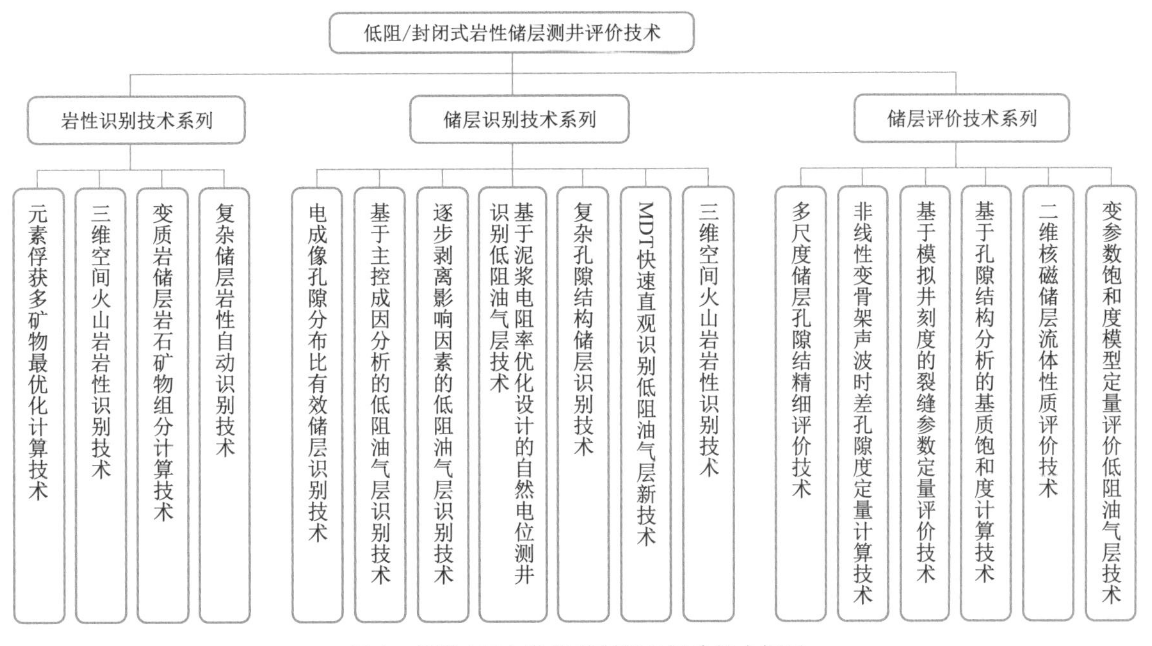

图1 低阻/复杂岩性储层测井评价技术框图

二、关键技术

（1）低阻油气层测井评价技术提出了一套定性与定量相结合、测井与地质相结合、测井与油藏工程相结合的综合识别评价技术流程（图2）。适用于陆相沉积、岩性偏细、泥质或黏土矿物含量较高、容易造成油层电阻率偏低的环境的储层，以及使用盐水泥浆钻井、长时间浸泡条件下的油层识别与评价。

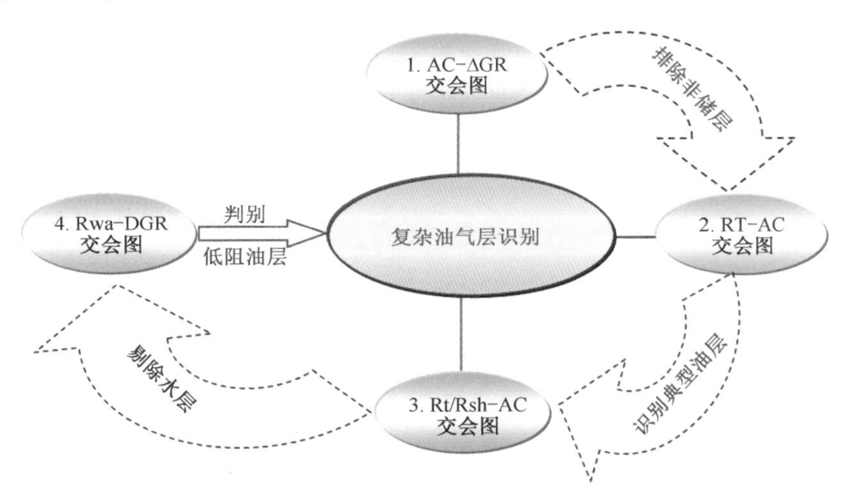

图2 复杂油气层识别评价思路

（2）复杂岩性油气藏具有严重非均质性和特低基质孔渗，评价难点在于岩性识别、裂缝孔隙度及饱和度定量计算。形成了在经典岩石体积物理模型基础上的非均质储层基质与裂缝饱和度定量评价技术、基于元素俘获谱和电成像测井信息的三维空间岩性识别技术、基于成像与核磁等多谱联合确定岩石孔隙结构的饱和度计算技术等关键技术。主要适用于火山岩储层、缝洞碳酸盐岩储层及变质岩储层。

低阻、复杂岩性储层测井评价技术整体达到国际先进水平（表 1），获国家科技进步二等奖 1 项、中国石油天然气股份公司技术创新一等奖 1 项。

表 1　主要技术专利列表

专利名称	专利类型	国家（地区）	专利号
一种储层识别方法	发明专利	中国	ZL 201010259334.2
一种三维空间火山岩岩性识别方法	发明专利	中国	ZL 200910238565.2
裂缝储层含油（气）饱和度定量计算方法	发明专利	中国	ZL 200910087474.3
一种岩心三维孔隙结构重构方法	发明专利	中国	ZL 201110137344.3
…	….	….	….

三、应用效果与前景

低阻油气层测井评价技术先后在辽河、冀东、华北、大港、长庆、新疆等油田进行了有效的推广应用，在渤海湾四个油田新增三级低阻储量 9299×10^4t，测井解释符合率上升 16% ～ 28%，地质效果显著。复杂岩性储层测井评价技术在大庆、新疆、塔里木、四川等油田得到全面应用。经松辽盆地深层 60 多口井工业化应用证明，气水层解释符合率达 90%，为徐深气田提交 $422\times10^8m^3$ 天然气地质储藏量做出了重大贡献。

该技术将进一步发展元素俘获谱和非弹谱在内的全谱联合采集、反演与处理评价技术，可以通过多达十余种元素的定量测量和反演，并分别针对碎屑岩、碳酸盐岩、火山岩地层建立专门模型实现元素向矿物的转换，从而准确定量评价各种矿物类型与含量，显著提高复杂储层的评价能力和精度。

1.32 低孔低渗储层测井评价技术

一、技术简介

低孔低渗储层测井评价技术针对储层岩性复杂、孔隙类型多样、孔隙结构复杂、侵入作用较强以及油气层分布差异大等特点，在测井评价中存在采集资料精度相对较低、孔隙结构与储层有效性评价难、储层参数定量计算与流体识别难等问题，建立了系统的低孔低渗储层孔隙结构评价、含油饱和度评价、产能级别评估等测井评价关键技术，对低孔低渗储层测井解释提供了具体的解决方案，共增储上产作用明显。其测井评价流程如图1所示。

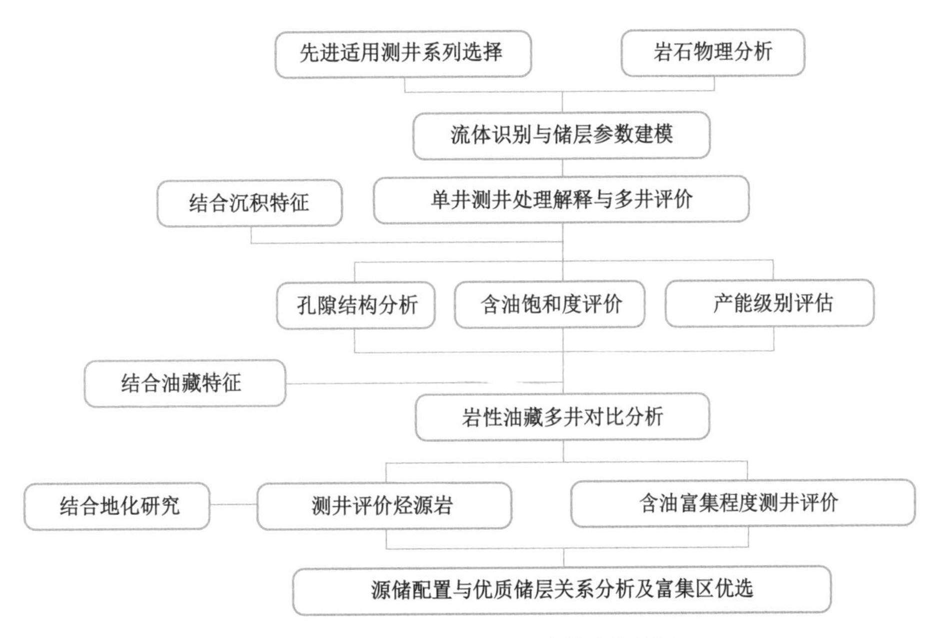

图1 低孔低渗储层测井评价技术流程图

二、关键技术

（1）孔隙结构测井评价技术。提供孔隙结构的测井表征及其敏感指示参数，建立了基于核磁共振可动流体和毛细管压力参数的反演以及常规测井曲线交会等孔隙结构评价方法，通过反演标准孔隙结构的特征参数，定量评价孔隙结构（图2）。

（2）含油饱和度评价技术。通过低孔低渗储层岩石物理实验和导电机理分析，提出低孔低渗储层岩石导电性主要受岩石中导电流体体积和岩石导电路径（即孔隙结构）影响，以孔喉模型为基础，建立低孔低渗次生孔隙发育砂岩基于导电流体体积和导电路径复杂程度的饱含水岩石电学性质新模型——MPM模型，实现含油饱和度计算精度的提高。

（3）产能评估技术。主要通过油气层分类和储层结构分析，利用测井解释的静态参数，如地层系数、储能系数等，建立储层产能指数估算图版，对储层的产能级别做出评估，并利用偶极横波测井评价储层压裂改造效果。

低孔低渗储层测井评价技术整体达到国际先进水平，获得集团公司技术创新一等奖2项，授权专利4件（表1）。

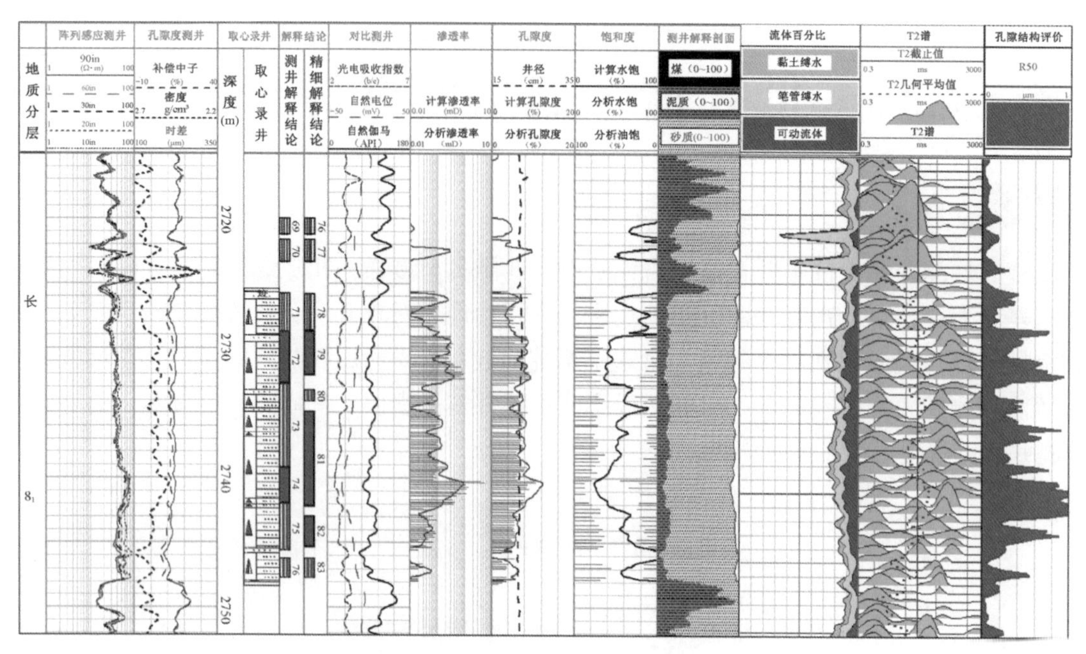

图 2　测井孔隙结构评价成果图

表 1　主要技术专利列表

专利名称	专利类型	国家（地区）	专利号
地层因数确定方法及含油饱和度确定方法	发明专利	中国	ZL 201010163115.4
一种根据核磁共振 T_2 谱确定渗透率的方法和装置	发明专利	中国	ZL 201110099501.6
一种储层流体识别方法	发明专利	中国	ZL 201210418195.2
一种储层含油饱和度的计算方法	发明专利	中国	ZL 201110399216.6

三、应用效果与前景

低孔低渗储层测井评价技术在长庆、新疆、大庆、吉林、大港、西南、塔里木等油田进行了有效推广和应用，获得了突出的地质效果。一是测井解释符合率普遍提高了 15% ~ 20%，达到 75% ~ 80%，试油工业油气层获得率提高了近 10%；二是储层参数研究精度明显提高；三是针对性开展老井复查，增储上产作用明显。

低孔低渗储层测井评价技术具有很好的先进性和适用性，生产应用效果显著，具有非常广阔的市场需求空间和应用前景，对国内外类似的储层测井评价具有重要的指导作用和推广价值。由于低孔低渗储层是当前以及未来相当一段时间内石油勘探的主要地质目标，结合地质目标特点，不断发展完善特色技术，必将提高市场竞争力，进一步扩大其推广应用规模。

1.33 欠平衡 / 气体钻井配套技术

一、技术简介

欠平衡钻井是指在钻井过程中循环介质的井底压力低于地层孔隙压力，地层流体有控制地进入井筒并循环至地面的钻井技术。可及时发现、准确评价和保护油气层，提高钻井速度及单井产量。

气体钻井是欠平衡钻井的一种，包括空气钻井、氮气钻井、天然气钻井、泡沫钻井等（图 1），是用气体压缩机向井内注入压缩气体，依靠环空高压气体的能量，把钻屑从井底带回地面，并在地面进行固 / 气体分离、除尘、降噪的一种钻井方式。

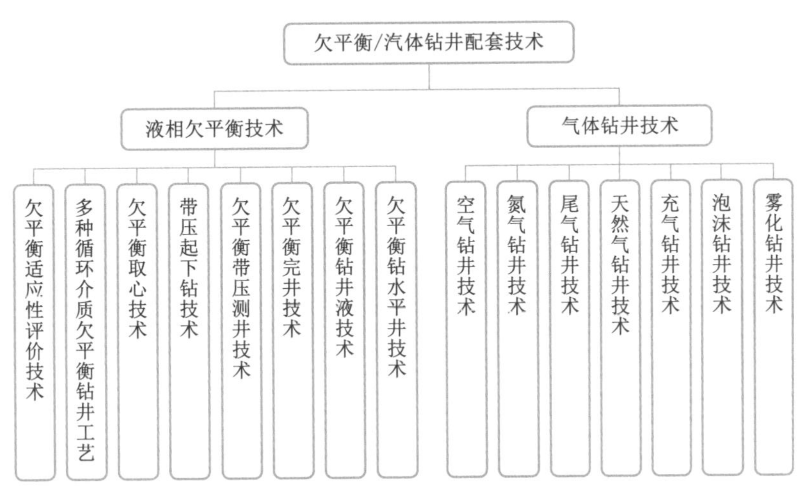

图 1　欠平衡 / 气体钻井技术框图

欠平衡 / 气体钻井配套技术可有效解决钻井过程中储层保护问题、地层漏失问题、机械钻速低等难题，在稳定地层能够大幅度提高机械钻速，同时有利于保护油气层和发现油气层。

二、关键技术

（1）针对不同地质工程需求，可分别实施液相、气相和混合相（泡沫、雾化）欠平衡工业技术，实现效果最佳化。

（2）能够大幅度降低井底压差，成倍提高机械钻速。

（3）具备实现全过程欠平衡的技术装备能力，满足钻井、测井、完井和测试等作业过程的欠平衡需求，最大限度保护和发现油气层，提高单井产量（图 2 至图 6）。

图 2　空气压缩机

图 3　气机增压机

图 4　旋转防喷器

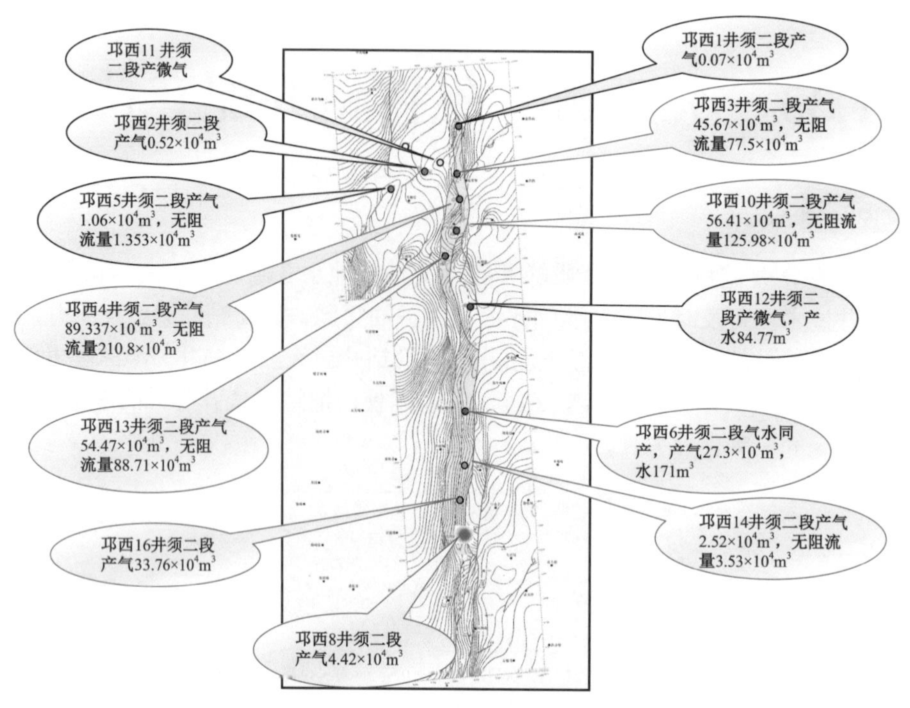

图6　四川邛西构造全过程欠平衡钻井获产情况

（4）配合连续循环短节，可以实现在接单根、起下钻过程钻井介质始终处于连续循环状态，对部分出水但井壁稳定地层有很好的适应性。

（5）气体钻井在线监测技术可及时、准确地监测地层出气、出水、出油、有毒有害气体侵入等情况，有效避免卡钻、井下燃爆等风险。

欠平衡/气体钻井配套技术整体处于国际先进水平，获得国家科学技术进步二等奖1项，全国职工技术创新二等奖1项，中国石油集团公司技术创新一等奖4项，中国石油集团公司科技进步一等奖1项，专利授权70余件（表1）。

表1　主要技术专利列表

专利名称	专利类型	国家（地区）	专利号
气体钻井钻遇气层时安全起下钻的方法	发明专利	中国	ZL 200910060218.5
用于气体钻井的钻柱横向减震器	发明专利	中国	ZL 201010142894.X
气体钻井用岩屑分离方法	发明专利	中国	ZL 201410217334.4
…	…	…	…

三、应用效果与前景

欠平衡/气体钻井技术先后在西南、塔里木、冀东、克拉玛依、吐哈、青海、玉门、辽河、大庆、吉林、大港、华北、中原、内蒙古大牛地气田、渤海、黄海、印度尼西亚、阿塞拜疆、缅甸、伊朗TABNAK油田及哈萨克斯坦阿克套油田等20余个油气田进行了应用，在四川邛西构造获得控制储量$263\times10^8m^3$，探明储量近$60\times10^8m^3$。在四川龙岗、松辽深层等，气体钻井大幅度提高机械钻速，缩短了钻井周期。在川渝、青海、玉门等油田，欠平衡/气体钻井有效减小了地层漏失。

非常规油气资源类型多，存储量大，勘探程度极低，是未来油气勘探特别是天然气勘探的另一重点领域。欠平衡/气体钻井技术能够大大提高我国非常规油气资源的动用程度，增加油气资源供应。同时在提高机械钻速，降低钻井成本以及保护油气层、增加单井产量方面拥有了巨大的优势，应用前景广阔。

1.34　水平井钻完井与储层改造工厂化作业配套技术

一、技术简介

水平井钻完井与储层改造工厂化作业是应用系统工程的理念方法，集中配置人力、物力、投资、组织等要素，以现代科学技术、信息技术和管理手段，改进传统石油开发施工和生产作业模式，达到增效降本的目的。水平井钻完井与储层改造工厂化作业是目前开发低渗透、致密油气、页岩气等非常规油气勘探开发的一种先进实用高效的生产技术方式，开发技术与资源环境协调配合，具有明显的技术经济和规模生产优势。

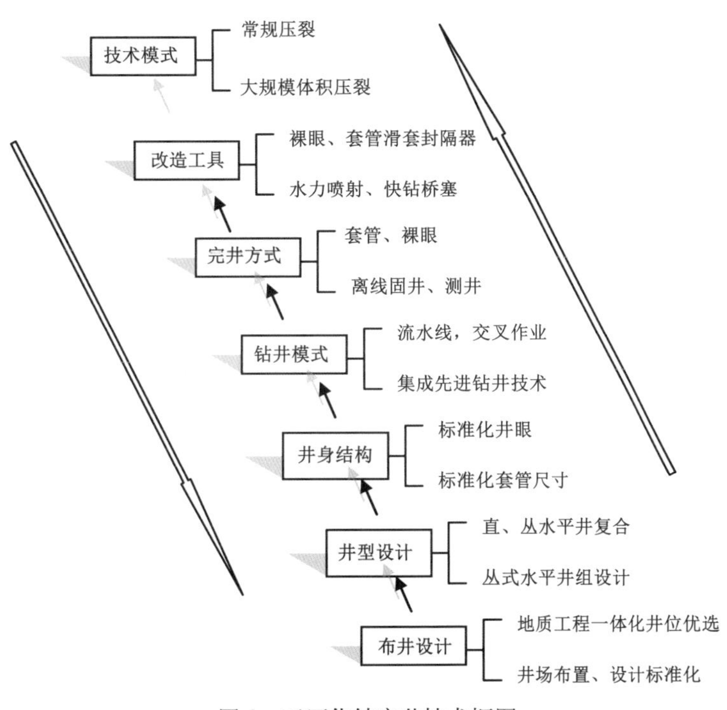

图 1　工厂化钻完井技术框图

二、关键技术

（1）集成性。集成运用各种先进钻井技术、工艺、方法与工具，满足或超越对施工和生产作业的要求与期望所开展的一系列管理活动。

（2）流水线、批量化作业。移植工厂流水线作业方式及批量施工和生产作业，使钻井、压裂规模化。

（3）自动化。工厂化作业是综合运用现代高科技、新设备和管理方法而发展起来的一种全面机械化、自动化技术高度密集型生产作业。

（4）标准化。利用成套设施或综合技术使资源共享，摆脱传统的石油施工作业方式束缚，借助于大型丛式井组实施作业，实现集约高效和可持续发展的现代化石油施工和生产作业批量化、规模化方向转变（图 2）。

（5）效益最大化。可降低成本和提高效率。

（6）水平井集成化技术。包括常规水平井、开窗侧钻水平井、阶梯水平井、鱼骨井、大位移井、U型井等钻完井技术。

图 2　工厂化施工现场

本技术已经达到国际先进水平，获集团公司科技进步一等奖 1 项，获得了“中国石油集团公司 2013 年十大科技进展”，授权专利发明 12 件（表 1）。

表 1　主要技术专利列表

专利名称	专利类型	国家（地区）	专利号
一种超深井用长保径负压抗冲击 PDC 钻头	发明专利	中国	ZL 2014204671509
低功耗钻井参数无线采集传输一体化系统	发明专利	中国	ZL 2014205006404
一种双向划眼工具	发明专利	中国	ZL 2011203584798
一种井眼清洁工具	发明专利	中国	ZL 2011204639143
…	…	…	…

三、应用效果与前景

据不完全统计，近年来在长庆致密油气、川渝页岩气和滩海端岛等作业区累计完成 50 余个平台、400 余口井，作业效率提高 40% 以上，成本降低 30% 以上，减少井场占地 3000 余亩。减少废弃物排放约 $200\times10^4m^3$，创造直接经济效益 50 多亿元。其中长宁—威远页岩气示范区完成 34 个平台、148 口井，节约直接成本近 30 亿元。

通过不断地创新发展，已实现规模应用，并大幅提高了生产效率和降低了工程成本。随着勘探开发重点转变，在页岩油气、致密油气等极具勘探开发潜力的非常规资源勘探开发中，“工厂化”钻完井作业技术将发挥关键作用，具有巨大的经济和社会效益，应用前景十分广阔。

1.35 X80 大口径高压天然气长输管道工程建设技术

一、技术简介

X80 大口径高压天然气长输管道工程建设技术，攻克高钢级管线钢断裂控制技术，实现 X80 钢级大口径钢管及管件、大功率压缩机组等材料及站场关键装备国产化，形成系列配套建设施工技术，保证了西二线、西三线等重大工程顺利建设，奠定了中俄东线天然气管道建设技术基础，持续保持国际领跑地位。包括 X80 管线钢断裂控制技术、X80 管线钢及管件开发技术、重大装备国产化技术、基于应变的管道设计技术、X80 钢级管道焊接技术、高钢级管道防腐技术、大口径管道施工装备研发、特殊地段管道施工技术（图 1）。

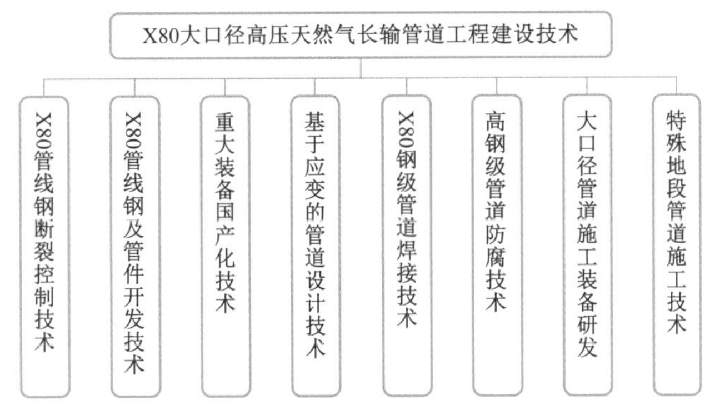

图 1　X80 大口径高压天然气长输管道工程建设技术体系

二、关键技术

（1）在国际上首次开展了模拟实际输送介质和设计参数的 X80 螺旋埋弧焊管全尺寸气体爆破试验，确定了止裂预测模型的修正方法和修正系数，提出了兼顾安全性和经济性的 X80 高钢级大口径高压管道止裂韧性关键技术指标。

（2）建立 X80 管线钢管组织分析鉴别与性能评价技术，开发了 X80 大口径厚壁螺旋埋弧焊管，首创了 X80 大口径厚壁感应加热弯管和管件制造技术，形成 4 个系列 10 个规格 X80 管材产品及 300×10^4t/a 生产能力。

（3）实现了大型输气管道用 20MW 级高速直联变频电驱压缩机组、30MW 级燃驱压缩机组和高压大口径全焊接球阀国产化，并成功应用西气东输二线等重大油气管道工程。

（4）形成了基于应变的管道设计方法，适应于强震区、断裂带和采矿沉陷区等不同地面位移下的管道设计，可保证管道在通过水平位移高达 4.7m 的断层时安全不破裂。

（5）形成了包含自动焊、半自动焊和焊条电弧焊的 X80 钢的现场焊接工艺，有效支撑了现场管道焊接施工。

（6）形成了高钢级管道低温涂覆防腐技术，研制出机械化喷涂液体聚氨酯和机械化安装热收缩带补口装备，有效降低了劳动强度、保障补口质量。

（7）CPP900-FM48 坡口整形机、CPP900-IW48 管道内焊机、CPP900-W1/W2 单 / 双焊炬全位置自动焊机的新一代管道自动焊施工装备，焊接施工效率和质量大幅提高。

（8）多种应用于山区、水网等特殊地段管道工程施工的装备和机具，特殊地质地形管道施工技术方案，提高工效10%以上，降低施工成本约15%，解决了山区、水网地区大口径管道施工的难题（图2）。

图2 现场施工图

目前，X80大口径高压天然气长输管道工程建设技术已达到国际领先水平，取得了专利40余件（表1）。

表1 主要技术专利列表

专利名称	专利类型	国家（地区）	专利号
管道补口密闭自动除锈机用V型轮夹紧定位机构	发明专利	中国	ZL 201110279291.9
一种X80弯管和元件的制备方法	发明专利	中国	ZL 201010199050.9
一种高钢级大应变管线和钢管制备方法	发明专利	中国	ZL 201010251848.3
用于管道上裂韧性测量及测量方法	发明专利	中国	ZL 201310474368.2
…	…	…	…

三、应用效果与前景

X80大口径高压天然气长输管道工程建设技术的成功开发与应用，攻克了制约我国油气战略通道建设与运行的若干重大技术瓶颈问题，大幅提升了管道规模化建设能力，有力支撑了西气东输二线、西气东输三线、中亚等管道工程建设；实现了高钢级钢管、管件与关键装备的国产化，打破了国外垄断，带动了冶金、装备制造业的发展；创造了巨大的经济效益，相比采用X70钢管，仅钢管采购投资即节省数百亿元。

随着国民经济发展，对天然气清洁能源的持续需求，未来5～10年仍是国内管道建设的高峰期。因此，X80 D1219高压天然气长输管道工程建设技术，具有广阔的应用前景。

1.36 大型天然气液化及接收站建设运行技术

一、技术简介

大型天然气液化及接收站建设运行成套技术包括双循环混合冷剂制冷天然气液化工艺技术、多级单组分制冷天然气液化工艺技术、低温液态烃接收及再气化工艺技术以及相应的装备制造技术。双循环混合冷剂制冷工艺技术，简称 DMR 技术，包括预冷和深冷两个独立循环。多级单组分制冷天然气液化工艺技术，由三个独立的制冷循环构成，每个循环又分多级温位回路。低温液态烃接收及再气化技术包括低温液态烃的装卸船系统、低温液态烃的储存系统及设备、低温储罐冷却与稳压系统、BOG 回收及液化系统、液体烃加压及再气化系统。国产化装备包括混合冷剂压缩机、大功率蒸汽透平、蒸发气（BOG）压缩机、高压低温冷箱等（图 1）。

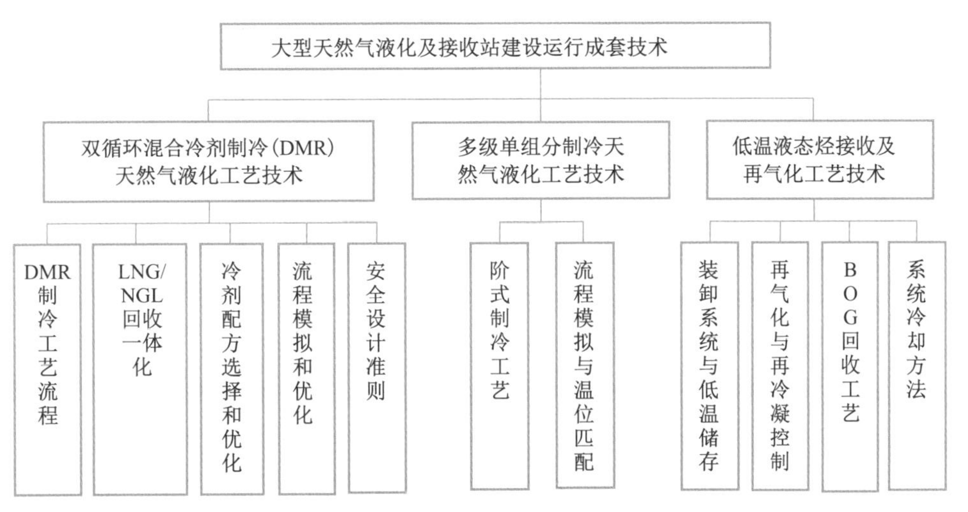

图 1　大型天然气液化及接收站建设运行技术

二、关键技术

（1）自主知识产权的双循环混合冷剂天然气液化工艺包，液化比功耗 12.3kW · d/t，达到国际先进水平，适用于产能为 (25 ～ 600)×10^4t/a 的 LNG 装置。

（2）自主知识产权的多级单组分制冷天然气液化工艺包，工质简单、便于操作，可降低制冷压缩机的单机功率，适合国产化设备，液化比功耗 12.8kW · d/t，达到国际先进水平。适用产量范围为（100 ～ 350）×10^4t/a 的 LNG 装置。

（3）开架式海水加热气化器（ORV）和浸没燃烧式气化器（SCV）联合运行的 LNG 再气化工艺，实现冬季 ORV 低温输出与 SCV 高温输出联合运行，最大限度利用环境海水热源，减少燃料消耗，节省设备投资 18%，降低运行费用 35%。

（4）天然气液化混合冷剂压缩机创新了适合变组分线元素三元叶轮，减少了叶轮级数，增大了操作范围，实现了压缩机高效、稳定运行。

（5）7.5×10^4 kW 级蒸汽透平创新了用于变转速透平排汽面积 2.8m^2 的扭叶片，提高汽轮机单机的热效率及功率。

（6）超低温工况的蒸发气（BOG）压缩机创新低温隔冷结构，实现了冷能循环利用，提高了整机效率，降低综合能耗 5.4%。

（7）高压低温冷箱创新板翅式换热器相变换热流道设计结构、多股流分配方式、多孔锯齿形换热元

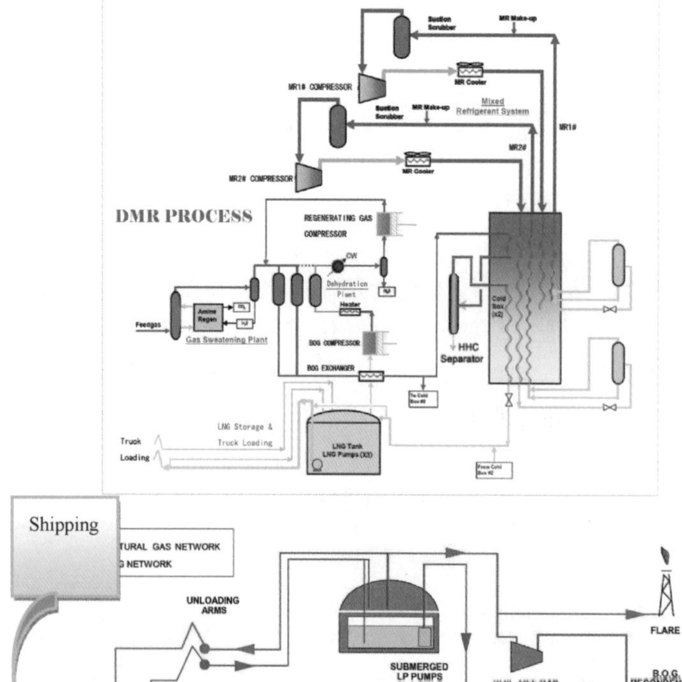

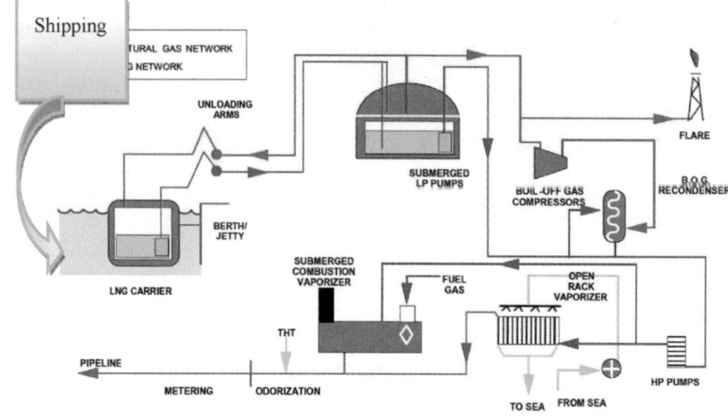

图 2　天然气液化及接收与气化全过程的典型工艺流程图

件及成型工艺。

（8）低温预应力混凝土成套应用技术，实现 LNG 储罐自主技术、自主设计和自主建造。

技术整体达到国内领先、国际先进水平，曾获国家级工程设计一等奖 1 项，省部级特等奖 1 项、一等奖 4 项、金奖和银奖各 1 项，授权专利 44 件（表 1），形成技术秘密 4 项。

表 1　主要技术专利列表

专利名称	专利类型	国家（地区）	专利号
双循环混合冷剂天然气液化系统和方法	发明专利	中国	ZL 201110328354.5
多级组分制冷天然气液化系统和方法	发明专利	中国	ZL 201210036583.4
一种液化天然气联产液氮的装置及方法	发明专利	中国	ZL 201210506233.X
一种天然气液化过程中脱除重烃的工艺装置及方法	发明专利	中国	ZL 201310335521.8
…	…	…	…

三、应用效果与前景

“十一五”以来，应用大型天然气液化及接收站建设运行技术，先后建成江苏、大连和唐山液化天然气（LNG）再气化装置，以及安塞、泰安和黄冈天然气液化装置，实现了百万吨级天然气液化装置和千万吨级 LNG 再气化装置的自主建设，带动了相关行业科技进步，有力促进了产业结构升级和“创新驱动”战略的实施，增强了我国在国际 LNG 领域的竞争优势和话语权。该技术具有国际先进性和广泛适用性，为我国一次能源结构优化、推动绿色清洁能源的发展、提高人民生活水平、保证国家能源战略安全起到举足轻重的作用，具有重要的推广价值，具有良好的应用前景。

ZHONGDA ZHUANGBEI XILIE RUANJIAN JI CHANPIN

第二部分 重大装备、系列软件及产品

2.1 盆地综合模拟系统软件（BASIMS）

一、技术简介

盆地综合模拟系统软件是将数据管理与处理、成藏交互模拟与成果展示及综合分析集于一体，包括数据输入、图形采集与处理、模拟计算、模拟结果展示和其他辅助功能的一种模拟软件。盆地综合模拟系统软件可以模拟盆地的演化史，估算地质资源量，预测油气资源时空分布，优选有利区带和评价单元，为油气钻探部署提供重要的参数和地质依据。软件能够全方位、多视角地模拟盆地演化、油气生成与运聚，成为含油气区带优选、油气资源评价与资源空间分布预测不可或缺的技术。

盆地综合模拟系统包括工程管理、基础数据与图形数据管理、模拟计算、统计分析与综合评价、成果显示等模块（图 1）。

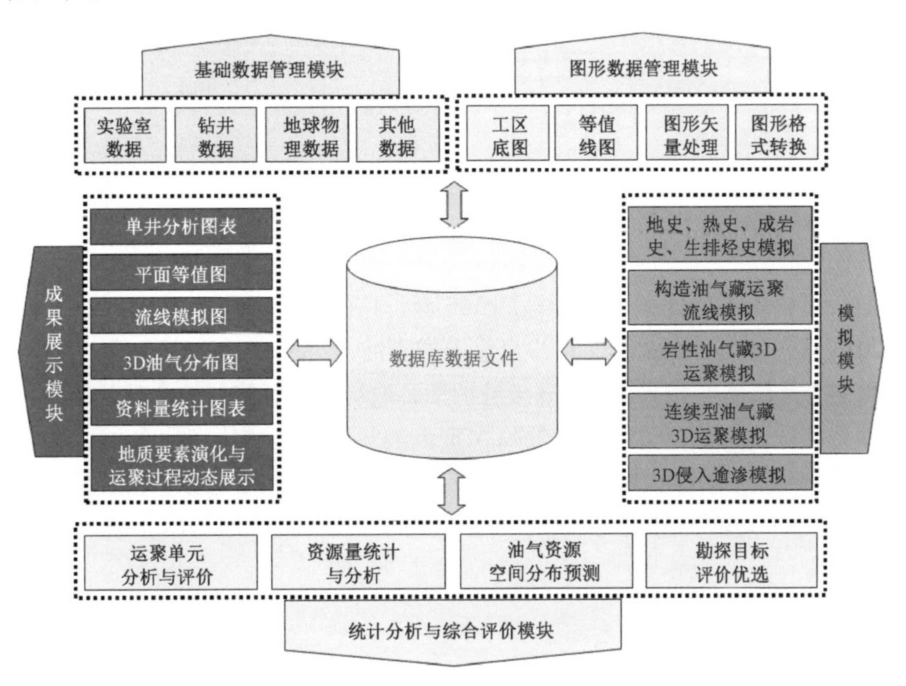

图 1　盆地综合模拟系统软件技术框图

二、关键技术

（1）建立连续型致密砂岩气聚集的动力平衡方程，提出了生气增压定量计算模型，解决了驱动力大小的问题，突破了连续型致密砂岩气聚集过程动态模拟的技术瓶颈，为“甜点”预测提供了新方法（图 2）。

（2）以浮力和毛细管力作为油气运移的主要驱动力和阻力，制定了油气优先沿着最小阻力方向运移的追踪原则；采用递归算法在三维体内追踪运移路径；采用串处理技术将相邻的分散状油珠合并为油串，重新计算油串驱动力并确定新运移方向；采用物质平衡法计算油气聚集量。

（3）根据致密油聚集机理，建立致密油聚集数值模型，模拟致密油理论上最大的聚集高度（或储层石油充满系数上限），将其上限作为约束条件，校正由空间插值得到的石油充满系数，并预测致密油分布。

盆地综合模拟系统软件整体处于国内领先水平，获国家授权专利 3 件（表 1），软件著作权 4 件，获得国家科技进步三等奖 1 项，北京市人民政府科技进步三等奖 1 项，同时获得多项企事业协会科技进步奖。

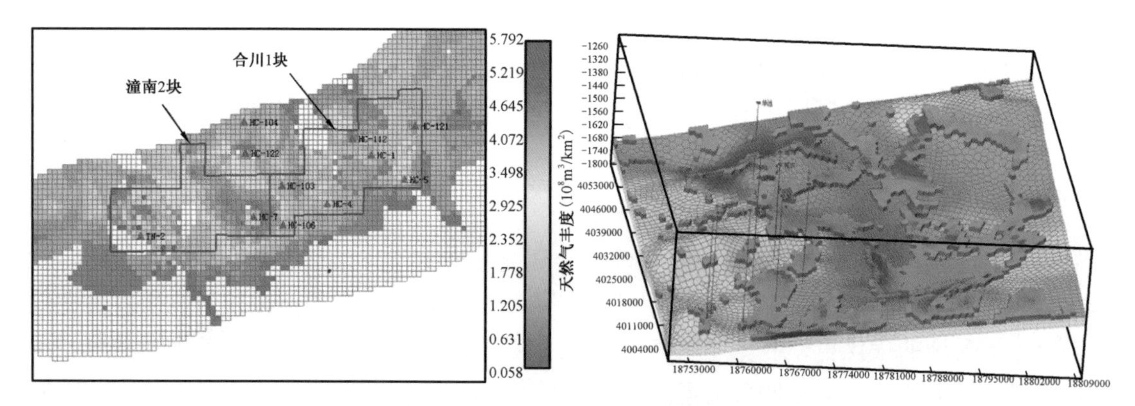

图 2　数值模拟技术预测致密油资源的空间分布图

表 1　主要技术专利列表

专利名称	专利类型	国家（地区）	专利号
一种油气运移路径生成方法与装置	发明专利	中国	ZL 201010219162.6
连续型致密砂岩气分布的预测方法	发明专利	中国	ZL 201010209884.3
一种烃源岩有机碳含量的测定方法	发明专利	中国	ZL 201110432487.7

三、应用效果与前景

盆地综合模拟系统各版本软件系统累计推广 345 套，广泛应用于中国石油、中国石化、中国海油和台湾油公司等。2013 以来推广 130 余套，用户覆盖中国石油 16 家油气田公司和研究院所。对比外国同类软件可节省购置费上亿元和每年上千万元的升级维护费，取得显著经济与社会效益。

盆地综合模拟系统作为资源评价的技术保障在重大油气勘探领域特别是在非常规油气勘探生产中获得有效应用，提高了勘探生产效率和决策部署水平，系统可推广应用于国内油气田企业的研究院和采油厂、海外勘探开发公司、其他专业公司及相关处所，随着国内和海外油气业务的拓展，盆地综合模拟系统必将具有良好的应用前景。

2.2 地震沉积分析软件（GeoSed）

一、技术简介

地震沉积分析软件主要是针对我国陆相盆地多物源、近物源、砂体横向变化快等沉积特点，结合近年来勘探中出现的薄互层储层沉积和分布预测、圈闭有效性评价的瓶颈技术难题研发的软件系统，按照地震沉积学分析原理，形成了一套从层序分析、等时格架建立、非线性等时地层切片制作、古地貌控制的动态沉积分析、地层岩性圈闭识别和有效性评价的系统，应用沉积体平面尺度大于纵向尺度的规律，通过先预测沉积砂体的平面展布和相序规律，再预测不同类型砂体的厚度，其综合方法预测的砂体厚度下限突破了传统地震预测的厚度极限，解决了薄互层识别和评价的技术瓶颈难题（图 1）。

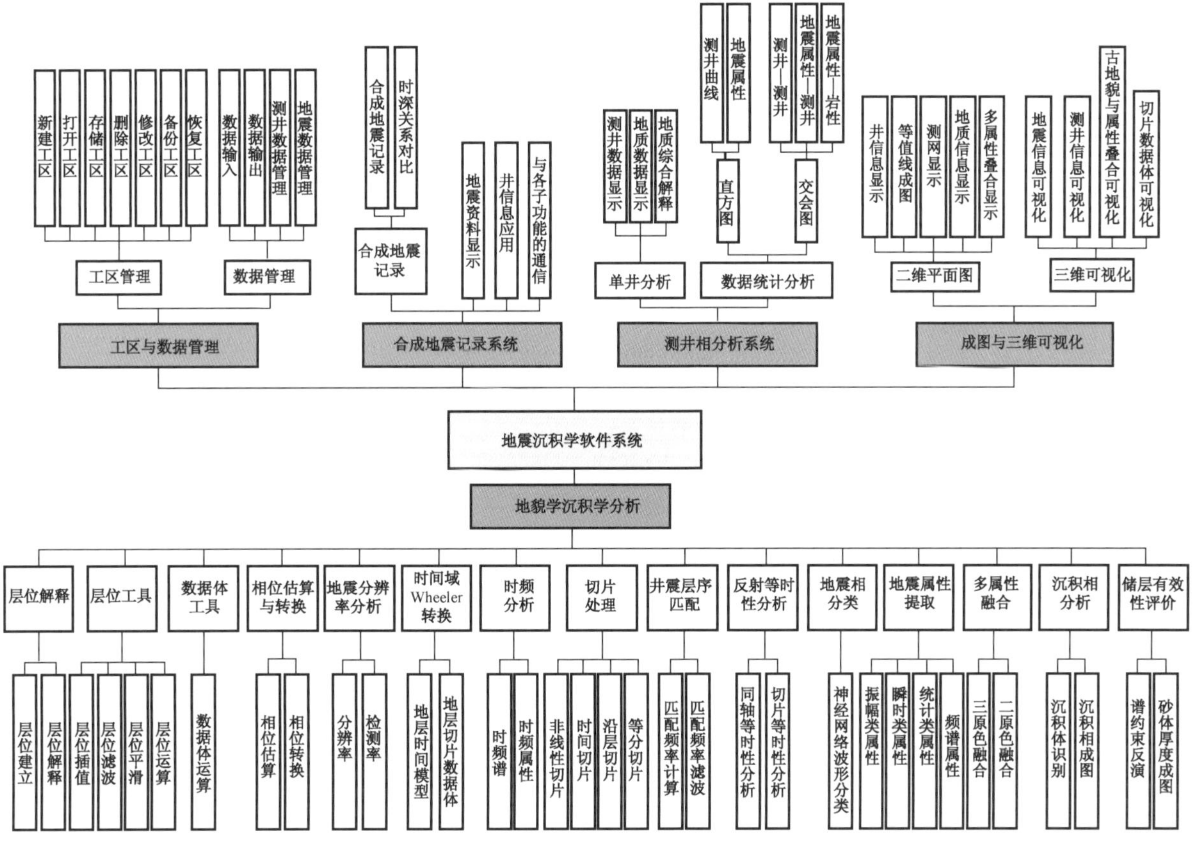

图 1　地震沉积分析软件技术框图

二、关键技术

（1）地震子波相位估算和转换，主要针对井旁道数据或选择的地震数据作相位估算和转换，转换后的数据体具备了岩性地层意义，可以和测井数据直接对比。

（2）非线性地层切片处理，可在平面上任意区域范围内，在原切片位置附近搜索等时界面，实现了等时面地震属性的提取与分析，从而反映出同一期次沉积体的地震属性响应特征。

（3）地震资料等时性分析，基于频率分解和反射倾角追踪技术，建立全三维等时地层格架（图 2）。

（4）时间域 /Wheeler 域变换和反变换。在地震等时性分析的基础上，通过建立地层时间模型，将等时地震反射转换为 Wheeler 域，获得等时沉积旋回韵律体剖面，实现了由地震剖面向地质剖面的转换（图 3）。

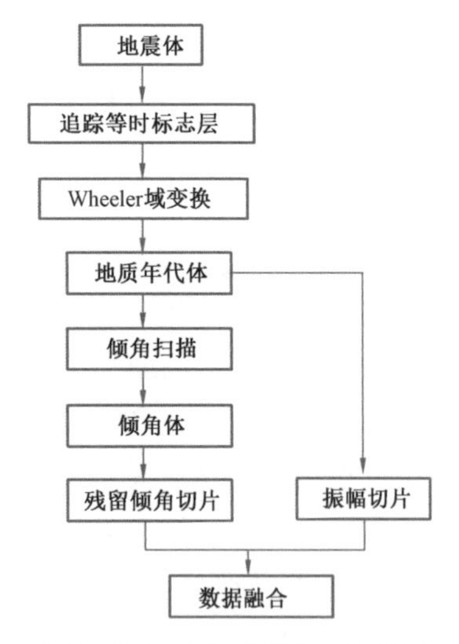

图 2　地震切片等时性分析流程

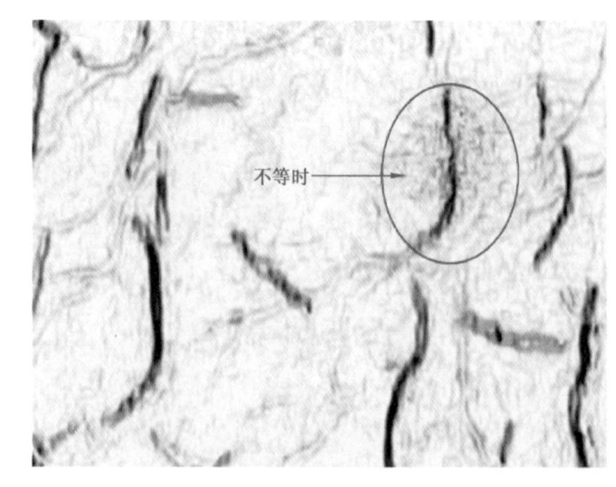

图 3　大庆某区地震切片等时分析图

（5）多信息动态沉积分析。通过地层时间模型，将切片信息和测井信息、局部地震剖面信息等多种信息结合在一起，并以电影放映形式重现某一地质时期沉积演化历史，达到了多学科结合沉积分析的要求。

地震沉积分析软件整体处于国际先进水平，获得发明专利 9 件（表 1），软件著作权 6 件。

表 1　主要技术专利列表

专利名称	专利类型	国家（地区）	专利号
一种孔洞型储层有效性级别测定方法	发明专利	中国	ZL 201310167992.2
一种地震切片等时性的确定方法及系统	发明专利	中国	ZL 201310349517.7
基于地层切片的小尺度沉积相进行储层预测的方法及系统	发明专利	中国	ZL 201310349338.3
…	…	…	…

三、应用效果与前景

地震沉积分析软件已全面推广应用到中国石油的 14 个油气田分公司，在大庆、大港、玉门、吐哈油田等取得良好应用实效。其中在吐哈油田累计探明稀油储量 1200×10^4t（2013—2014），为吐哈油田两大富油气区带侏罗系滚动扩边提供了决策依据。

地震沉积分析软件适应生产需求，提供了完整的地震沉积分析流程和技术系列，特别针对中国陆相盆地普遍发育的薄储层提供了多项特色技术，将成为支持我国油气勘探储量高峰期工程的有力工具。同时，也将成为开拓海外市场的有效手段。

2.3 地震综合裂缝预测软件系统（GeoFrac）

一、技术简介

地震综合裂缝预测软件系统 (GeoFrac) 从生产实际需求出发，采用先进的面向服务软件架构设计、迭代式软件开发模型、软件重构等技术，集成了井震联合交互裂缝分析、各向异性叠前裂缝预测、叠前/叠后综合裂缝预测、三维可视化多尺度裂缝雕刻等特色技术（图 1），在实现裂缝走向和密度信息预测的基础上，对裂缝进行统计分析和储层综合描述。地震综合裂缝预测软件系统综合利用地质、测井和地震等多种信息进行裂缝的综合的预测与分析，以不同尺度裂缝逐级识别分析为指导思想，利用应力资料预测大型断层，采用地震叠后资料预测小型断裂，利用测井资料和叠前地震资料预测有利裂缝带，为裂缝的有效性评价提供依据，为准确井位部署提供参考和支撑。

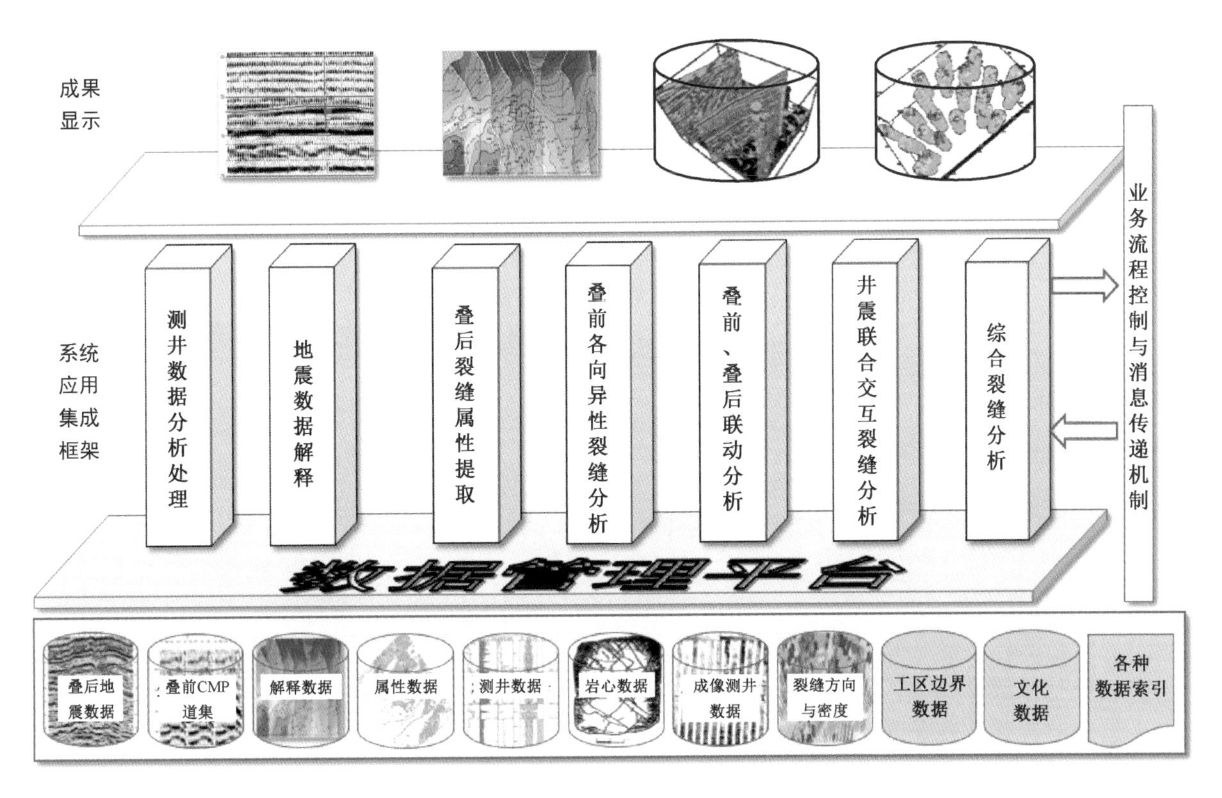

图 1　地震综合裂缝预测软件系统技术框图

二、关键技术

（1）独特的单点各向异性分析，利用井旁单点交互分析结果选取最优面元、反演方法和叠前属性进行全区的叠前各向异性反演。

（2）AVD 分方位属性，利用叠前属性计算裂缝方位和密度，统计各种形状区域的裂缝特征。

（3）叠后裂缝分析，利用结构属性、相关类属性进行断裂的检测。

（4）综合裂缝预测，利用色标融合、色域旋转、值域互补的影像学思想实现多信息融合分析（图 2）。

地震综合裂缝预测软件（GeoFrac）处于国际先进水平，授权发明专利 12 件（表 1），软件著作权 8 件，是中国石油首套针对裂缝预测的工业化软件系统。

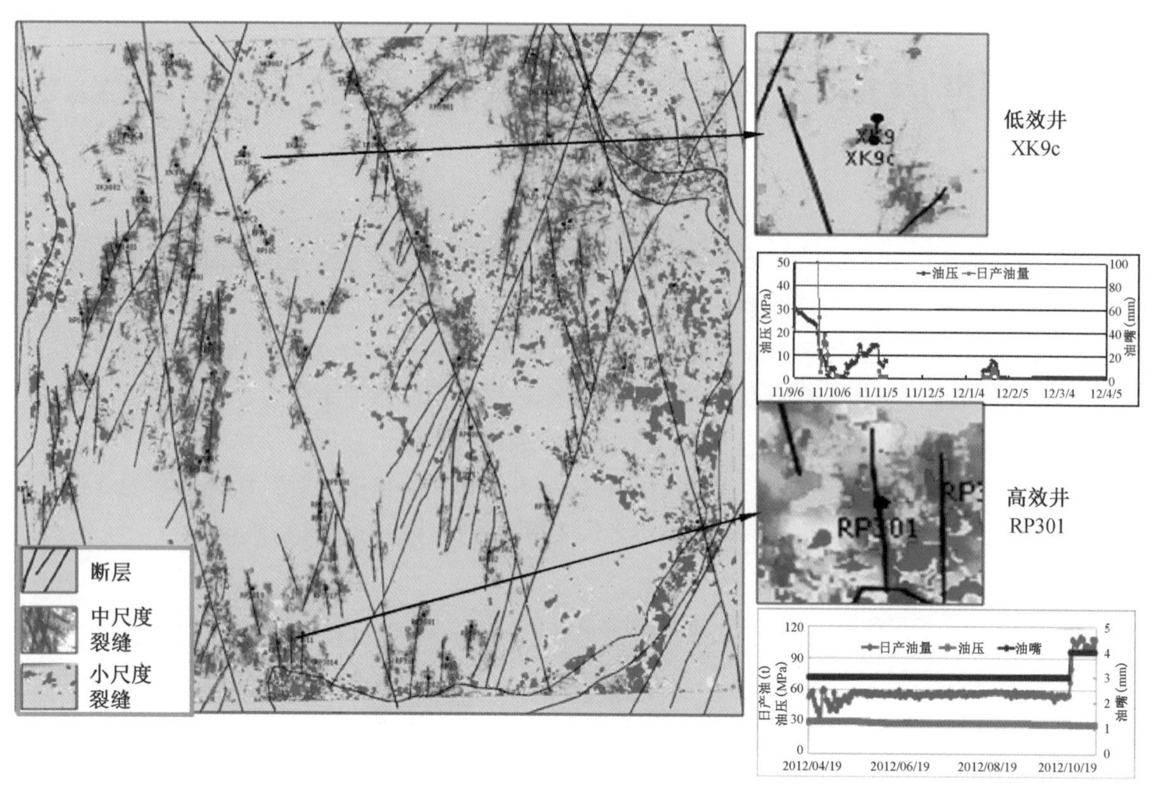

图 2　地震综合裂缝预测

表 1　主要技术专利列表

专利名称	专利类型	国家（地区）	专利号
一种基于梯度结构张量的储层非均质检测方法及设备	发明专利	中国	ZL 201410042048.9
地震纵波多方位属性椭圆拟合预测裂缝的方法及装置	发明专利	中国	ZL 201410064797.1
一种碳酸盐岩缝洞储层预测方法和装置	发明专利	中国	ZL 201410616791.0
一种各向异性参数反演方法及装置	发明专利	中国	ZL 201410686071.1
…	…	…	…

三、应用效果与前景

GeoFrac 软件成功应用于多个工区，总计完成 4954km^2 叠前裂缝预测，在中国石油勘探开发研究院西北分院裂缝预测软件应用替代率达到 100%，节省软件购置成本 500 万元左右。其中效果较为突出的如热瓦普工区、冀中坳陷束鹿工区、陕 186 工区等，其中热瓦普工区叠前裂缝预测工作实现建议井被油田采纳井位 9 口，已完钻的 4 口井均获高产；冀中坳陷束鹿工区实现无井裂缝约束下地震裂缝预测获得与测井裂缝解释基本一致；陕 186 井区叠前裂缝预测结果与井资料基本符合，裂缝预测为致密砂岩储层的分布、为水平井位部署及井轨迹优化提供有利的依据。

随着裂缝型油气藏所占比例越来越高，更多油气探区需要应用裂缝储层预测技术，具有自主知识产权的地震综合裂缝预测软件系统的推广应用对我国现在及未来的石油工业发展有着重大意义和市场空间。

2.4 多条件约束油藏地质建模软件（MGMS1.0）

一、技术简介

多条件约束油藏地质建模软件系统是中国石油基于 Windows 操作系统，针对我国地质特点研发的首套具有自主知识产权的油气藏地质建模软件。MGMS1.0 系统按多条件约束完成油气藏地质建模所需要的核心技术系列构成（图 1），“多条件约束”主要有 3 种基本含义：① 属性空间约束；② 属性转换约束；③ 属性校正约束。多条件约束油藏地质建模是指：在建模工区内，将有关的二、三维空间中的地球物理、地球化学、测井、地质、开发动态等资料作为限制条件或计算参数，用相关的先进配套技术作手段，建立精度相对较高的油藏地质模型的过程。

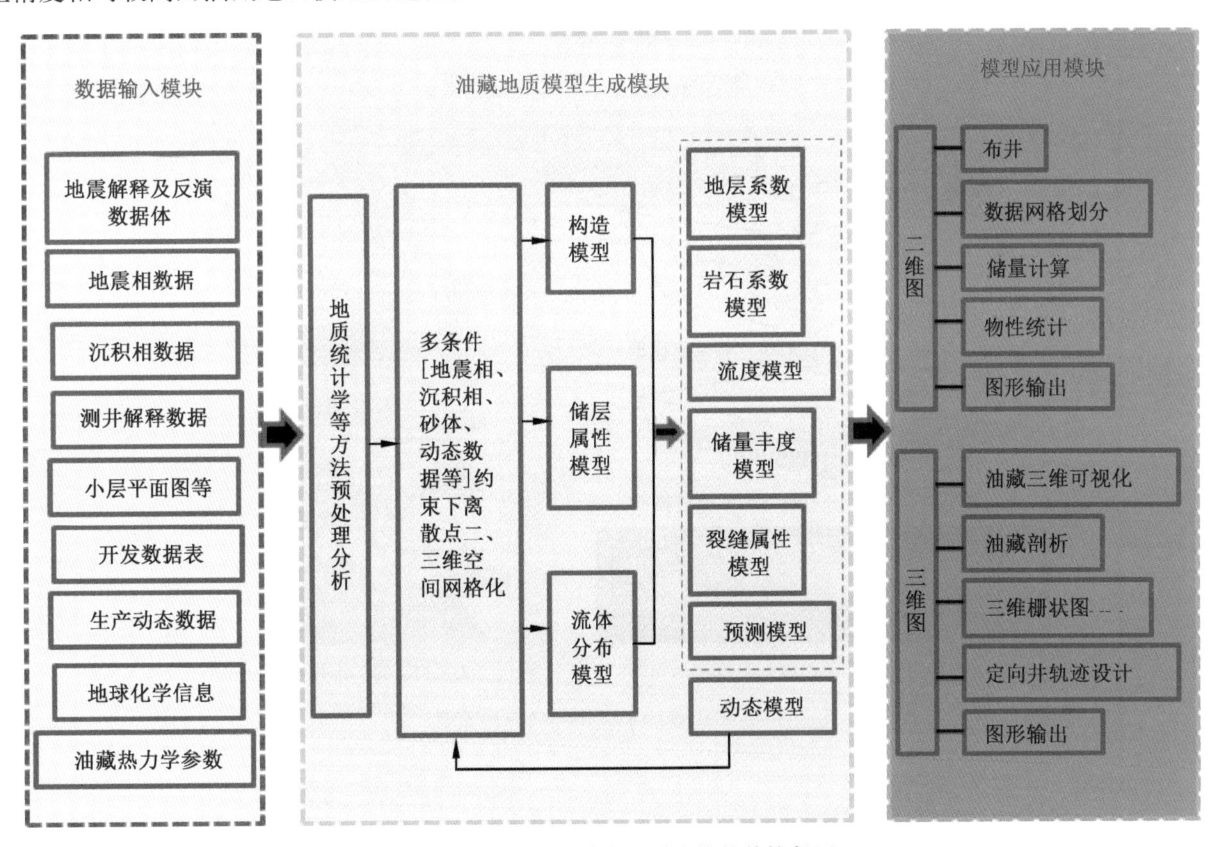

图 1 多条件约束油藏地质建模软件流程图

二、关键技术

（1）断层隔挡技术。解决复杂断块油气藏构造建模中，正断层、逆断层如何控制其四周构造形态这一世界难题，研发了解决该问题的数学模型（图 2）。

（2）多边界技术。解决诸如碳酸盐岩经风化溶蚀作用形成的富含沟槽的储层、火山岩中不同期次火山体储层以及各种成因导致的碎块储层其建模中共同遇到的复杂边界问题（图 3）。

（3）随机干扰插值技术。客观反映渗透率、孔隙度等储层物性的空间分布规律研发了随机干扰插值技术。

MGMS1.0 软件整体处于国际先进水平，获中国石油勘探开发研究院技术创新一等奖 1 项。

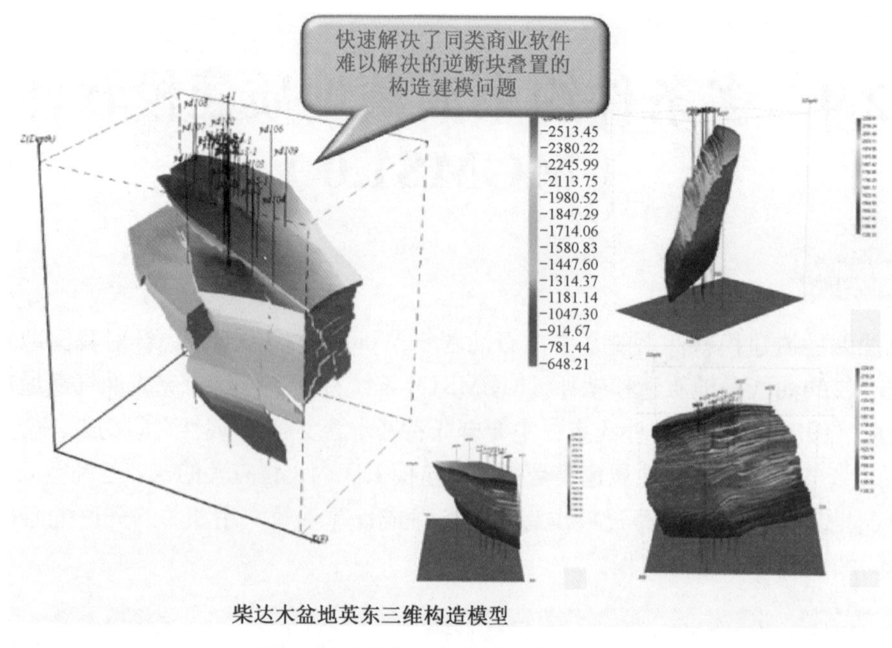

图 2　断层隔挡技术应用经典建模案例

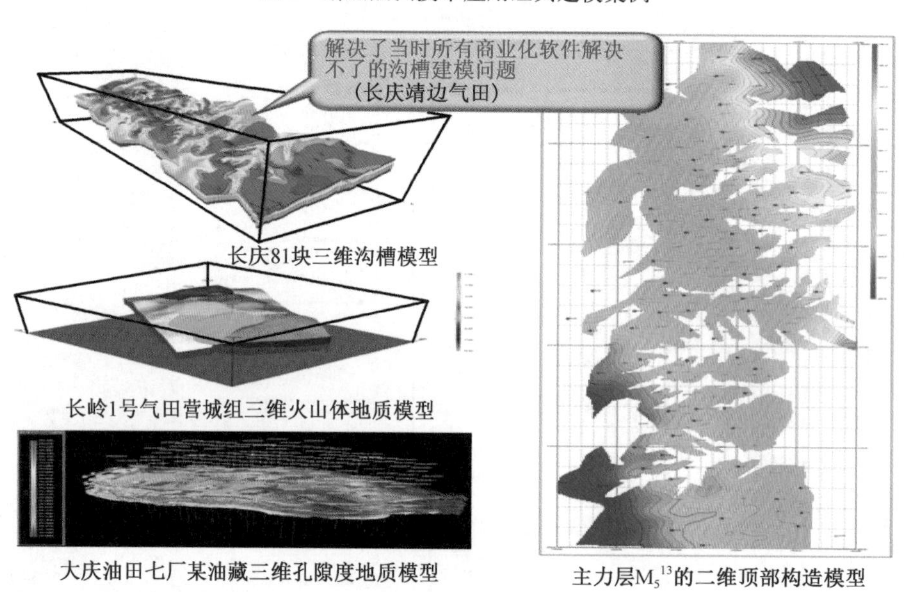

图 3　多边界技术应用经典建模案例

三、应用效果与前景

MGMS1.0 软件系统已在塔里木油田的塔中 4、牙哈、克拉 2，新疆油田的陆梁，青海油田的英东一号，玉门油田的青西，大庆油田的徐家围子，吉林油田的大情字、长岭，长庆油田的靖边、西峰，大港油田的枣园，以及俄罗斯的柯维克金、萨哈林，还有伊朗、叙利亚的数百个油气田的开发方案或概念设计中得到应用，实践证实该软件系统准确可靠，多次获得用户好评。

除了具有同类国外软件的建模功能外，MGMS1.0 还拥有独特处理各种类型复杂油气藏建模难题的功能，且该软件系统对地质模型网格节点数没有限制，可实现老油田地质建模海量数据处理，低渗 / 超低渗油田人工缝网和天然缝分布模拟，其生产服务能力一流，目前国内油田包括采油厂均大量重复引进国外地质建模软件，保守估计不下 300 套，按每套 200 万美元计算，花费至少 20 多亿元，且国外软件不断升级、许可证有使用期限，每年还需缴纳巨额升级维护费。前期应用表明，该软件具有很强的市场竞争力和对国外软件的替代性，应用周期随市场需求定。

2.5 新一代油藏数值模拟软件（HiSim）

一、技术简介

油藏数值模拟软件是现代油气藏开发管理的核心工具。相比于室内和矿场试验、经验和统计方法以及解析理论等研究手段，油藏数值模拟具有不可替代的技术优势。新一代油藏数值模拟软件 HiSim® 在通用软件工具平台（Fortran、C ＋＋等编程环境）的基础上，搭建理论模型库、数值离散库、求解方法库、组装工具库、数据接口库、动态处理库和图形可视化库，通过库与库以及库内部组件之间的动态组装，开发出针对不同性质的模拟器，如黑油模拟器、裂缝油藏模拟器、组分模拟器、化学驱模拟器等，大大提升了软件功能扩展性。

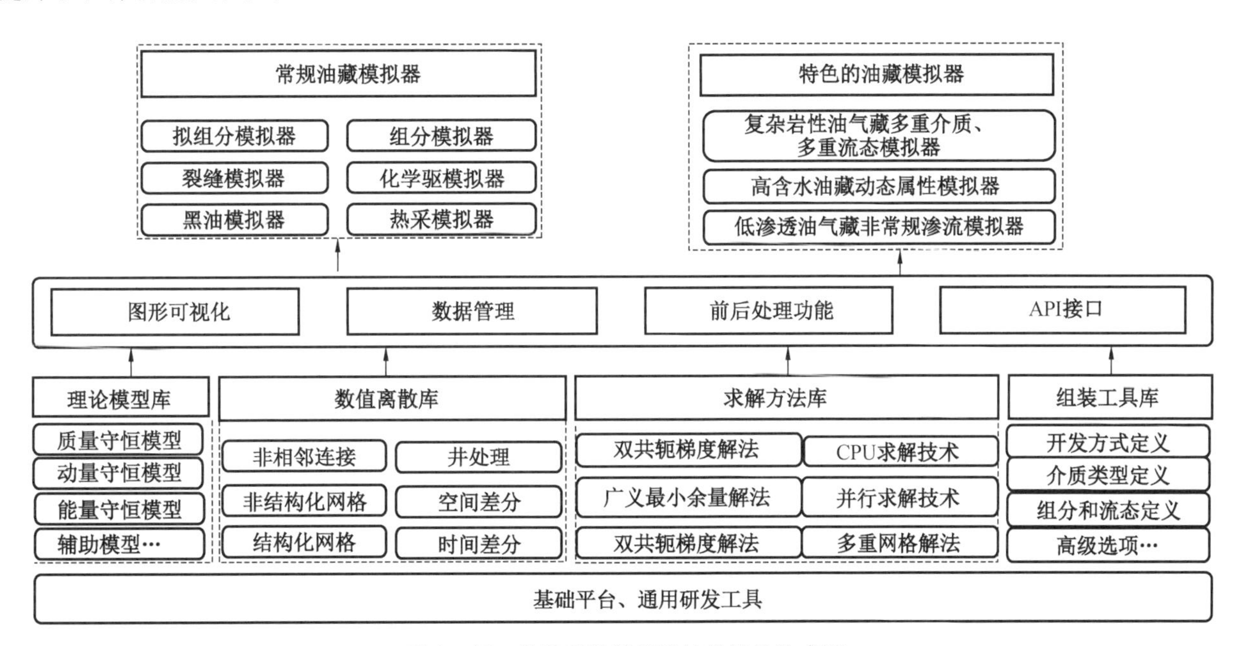

图 1　新一代油藏数值模拟软件模块构成图

二、关键技术

（1）创新发展了复杂油藏水驱深度开发油藏数值模拟模型，解决了高含水油藏、低渗透油藏水驱开发模拟的准确描述问题，填补了高含水优势渗流模拟、低渗透油藏动态裂缝模拟技术空白。

（2）建立了精细化学驱模拟模型，描述了聚合物驱黏弹性机理、多元复合驱乳化机理、多种载体泡沫驱、可动凝胶调驱中关键性物理化学现象和提高采收率机理，丰富了化学驱技术的数值模拟理论，解决了国外商业软件难以模拟复杂化学驱的技术局限。

（3）形成了高精度大规模油藏数值模拟技术体系，解决了精细储层地质刻画条件下复杂非线性渗流数学模型的求解问题，大幅度提升了油藏数值模拟规模 / 速度、精度和稳定性。

HiSim 软件总体达到并超过了国际同类软件的技术水平，获得软件著作权 1 件。

三、应用效果与前景

HiSim 软件已经在大港、冀东、新疆、长庆、大庆、辽河等油田得到应用，解决了高含水油藏、低渗透油气藏和化学驱等领域的开发模拟难题（图 2）。其中代表性的应用案例包括：大庆三角洲前缘精细模拟、国内首个千万节点水驱单机模拟算例、中国石油第一个二元复合驱重大开发试验方案等。

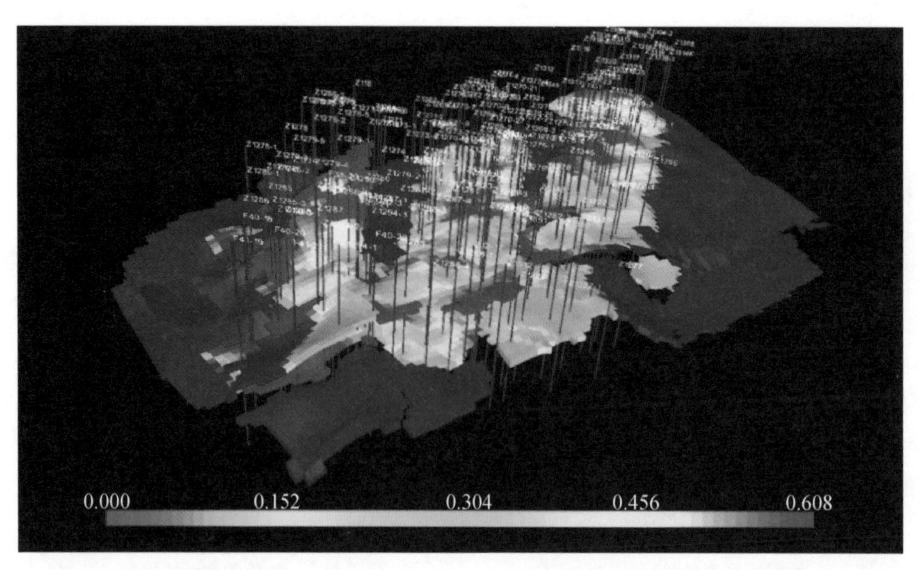

图 2　大港某区块二次开发应用效果图

HiSim 填补了该领域国内商业化软件空白，打破了油藏数值模拟软件长期依赖进口的被动局面，为我国低渗透、中高渗透油藏水驱和化学驱开发模拟提供了核心技术和软件系统，可满足国内可采储量超过 6×10^8t 和年产量超过 3000×10^4t 的油气深度开发模拟技术需求，推广应用前景广阔。

2.6　催化裂化系列催化剂

一、技术简介

以“正碳离子晶内产生、晶外传递、表面裂解”的催化反应新观点和构建的“减少汽油烯烃生成反应模式”创新技术平台为基础，采用稀土离子在Y型分子筛方钠石笼的“定位”技术、超稳Y型分子筛高分散技术、抗重金属污染技术等多项关键技术，开发出降低汽油烯烃、重油高效转化等7个系列40余个牌号的催化裂化催化剂（图1）。催化裂化是原油二次加工的重要手段，而催化裂化催化剂是催化裂化技术的核心（图2）。催化裂化催化剂具有调整产品分布、调节产品质量、维持催化装置稳定运行的重要作用，是炼厂增加收率、提高产品质量、生产高附加值产品的最经济、灵活的手段。

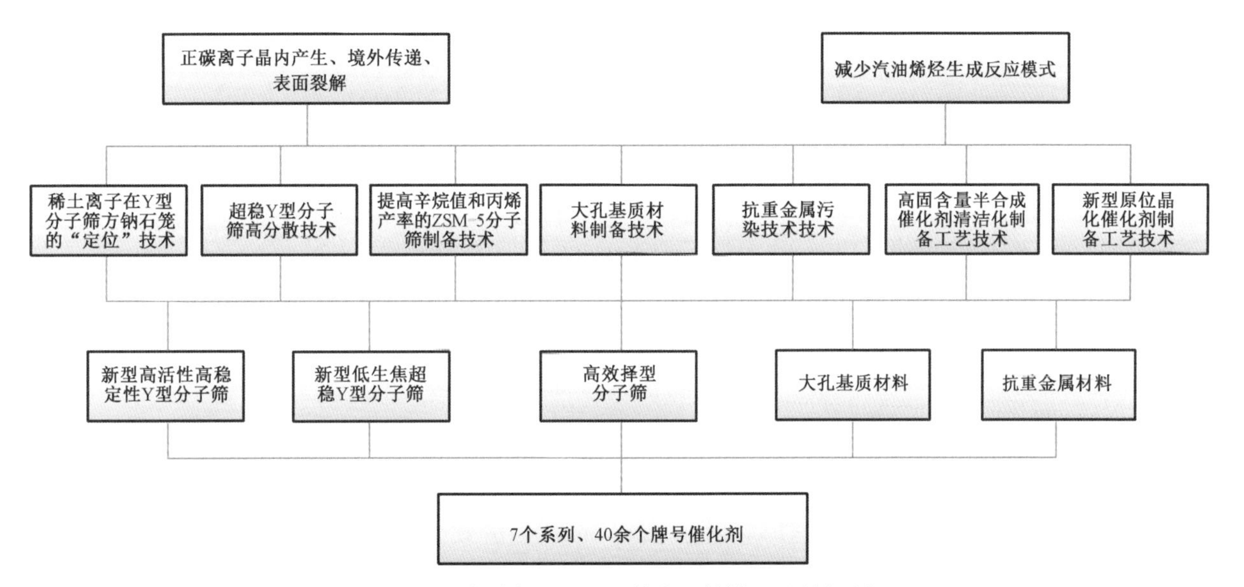

图1　催化裂化催化剂理论、技术、材料及系列产品框图

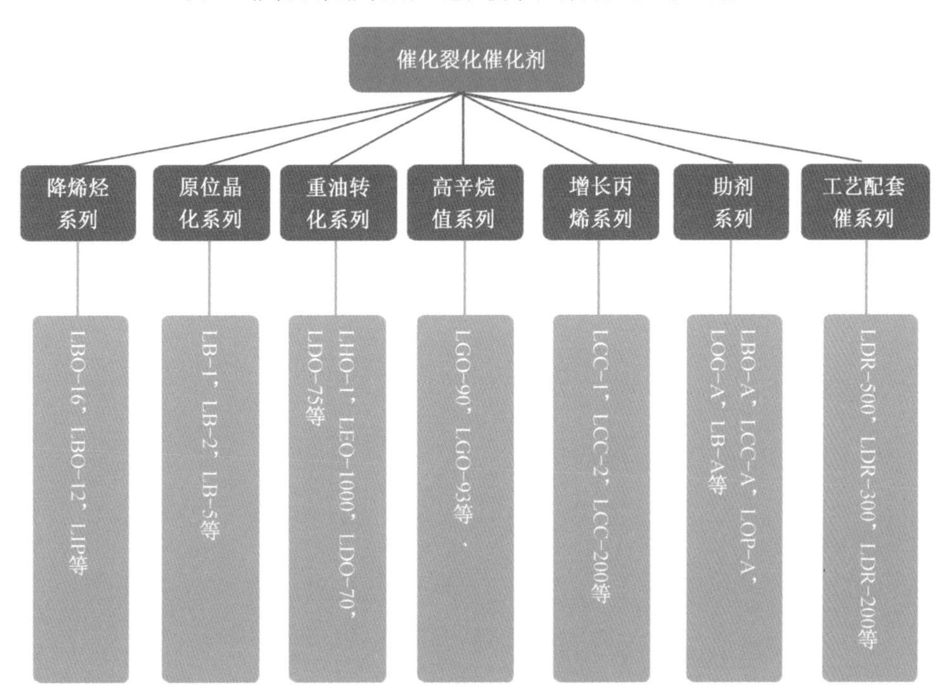

图2　催化裂化催化剂技术框图

二、关键技术

（1）“正碳离子晶内产生、晶外传递、表面裂解”和“减少汽油烯烃生成反应模式”是催化裂化系列催化剂和制备工艺技术理论基础。

（2）突破了稀土离子在 Y 型分子筛方钠石笼的“定位”技术、超稳 Y 型分子筛高分散技术、可提高辛烷值和丙烯产率的 ZSM-5 分子筛制备技术、大孔基质材料制备技术、抗重金属污染技术、高固含量半合成催化剂清洁化制备工艺技术、新型原位晶化催化剂制备工艺技术等多项关键技术。

（3）形成了新型高活性高稳定性 Y 型分子筛、新型低生焦超稳 Y 型分子筛、高效择型分子筛、大孔基质材料、抗重金属材料等多种新型材料及制备技术。

催化裂化系列催化剂和制备工艺技术，整体技术国内先进，部分技术达到国际先进。申请专利 200 余件（表 1），获得国家科技进步奖二等奖 2 项、省部级奖项 20 余项。

表 1　主要技术专利列表

专利名称	专利类型	国家（地区）	专利号
碳纤维用聚丙烯腈原丝纺丝液间歇式聚合釜	发明专利	中国	ZL 200910238558.2
一种碳纤维的表面处理方法	发明专利	中国	ZL 201010246016.2
一种凝固浴复合氨化改善 PAN 基碳纤维表面形态的方法	发明专利	中国	ZL 201310388442.3
多丝束纤维表面处理装置	发明专利	中国	ZL 201120241334.X
…	…	…	…

三、应用效果与前景

累计生产催化剂约 40×10^4t，在兰州石化、辽河石化、宁夏石化，金陵石化、茂名石化、惠州炼化、新海石化等国内 60 余家炼厂进行了推广应用，为炼厂创造经济效益 40 亿元以上。催化裂化系列催化剂业务走向国际市场，已经在苏丹、乍得、新加坡、美国、澳大利亚、印度尼西亚等国家炼厂获得了稳定使用。

目前国内催化裂化催化剂市场需求已超过 20×10^4t/a，全球催化裂化催化剂需求量 90×10^4t/a 左右。国内催化裂化催化剂增长预计将会超过全球平均水平，国内 85% 的催化剂需求将由国内生产商提供。中国石油具有 5×10^4t/a 的催化裂化催化剂产销能力，远景规划将达到 11×10^4t/a。因此，催化裂化系列催化剂具有巨大的市场前景。

2.7 加氢裂化及渣油加氢系列催化剂

一、技术简介

加氢裂化与渣油加氢是重要的重油加工手段之一，中国石油专有分子筛及催化剂技术，形成了 PHT-01/PHC-03 中油型加氢裂化组合催化剂等 3 大类 4 种牌号催化剂（图 1）。工业应用表明，自主加氢裂化技术具有催化剂活性高、原料适应性强以及稳定性好等优点，产品质量优良。

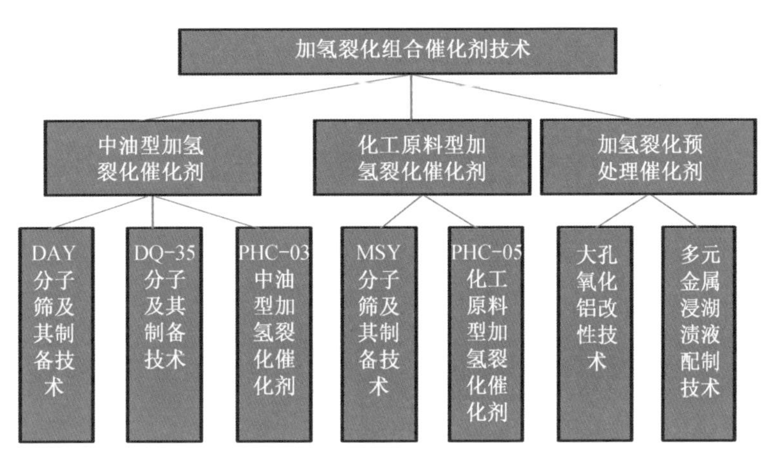

图 1　加氢裂化技术框图

固定床渣油加氢技术是国际上应用最广泛的渣油加氢处理技术，具有装置投资和操作费用低等优点，约占渣油加氢工艺处理能力的 85%。渣油加氢催化剂的核心是载体孔道结构调控技术，关键是复合扩孔、无酸成型及活性组分高效负载技术。依据催化剂承担的不同作用和功能，主要分为保护剂、脱金属剂、脱硫剂和脱残炭剂 4 大类（图 2）。渣油加氢催化剂包含催化剂的形状级配和孔结构及活性级配技术。从催化剂的表面性质和微观结构入手，成功开发出 PHR 固定床渣油加氢系列催化剂。

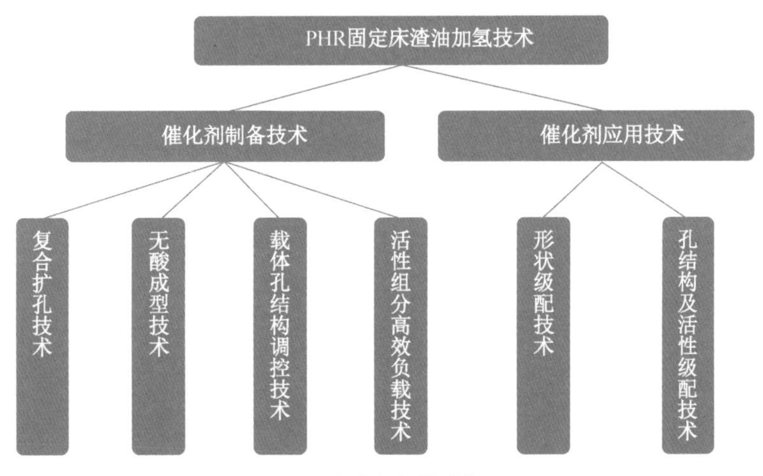

图 2　渣油加氢技术框图

二、关键技术

1. 加氢裂化催化剂

（1）加氢裂化催化剂技术（图 3）：将缓冲体系有机配位脱铝改性 Y 型分子筛、超浓体系一步法合成了高硅 Beta 分子筛与半晶化法合成的规整中孔结构的硅铝氧化物进行合理复配，通过选用具有强加氢功能的Ⅷ、ⅥB 族金属组合，抑制了二次裂化反应，显著提高了催化剂活性中心的利用率，抑制结焦和积炭，延长催化剂使用寿命。

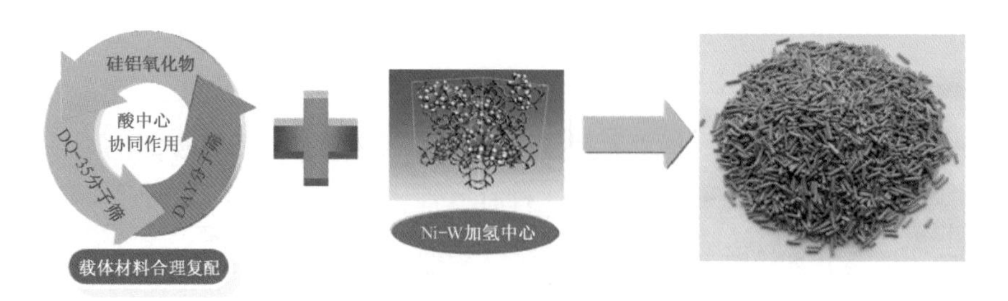

图 3　加氢裂化催化技术流程图

（2）加氢裂化催化剂 / 加氢裂化预处理催化剂组合技术：通过合理级配，利用各催化剂反应活性协同作用，满足炼厂多产高附加值目的产品的生产需求，原料适应性强、活性稳定性好。

2. 渣油加氢催化剂

（1）构建了“毫米—微米—纳米”的多级孔结构，减缓催化剂床层压降上升过快，保护剂的整体容纳铁钙钠杂质能力提高 46%；解决了制约渣油大分子及镍钒杂质扩散、转化、容纳空间匹配的瓶颈问题，促进了沥青质的转化，增强了催化剂的脱金属效果和容纳金属杂质的能力；

（2）采用通畅孔道制备技术和孔径分布高度集中制备技术为核心制备的脱硫催化剂，消除墨水孔、增加了有效反应表面，提高了加氢脱硫的活性，有效降低了催化剂表面结焦积炭；通过活性组分的高效负载技术制备的脱残炭催化剂，有效提高活性金属利用率，促进了活性发挥，提升了催化剂脱杂质性能；

（3）采用催化剂形状级配，有效降低了催化剂床层压降；采用孔结构级配及活性级配组合，最大化发挥了催化剂脱硫、脱残碳等功效，实现了组合性能最优化，延长装置的运转周期。

加氢裂化催化剂技术整体达到国内先进水平，累计申请中国发明专利 40 余件（表 1），获授权 15 件；技术秘密 5 项；制定企业标准 3 项；共获集团公司科技进步奖一等奖 3 项、省部级三等奖 1 项，获中国石油年度十大科技进展 1 项。

表 1　主要技术专利列表

专利名称	专利类型	国家（地区）	专利号
滚搓式干法凝胶机	发明专利	中国	ZL 200810227348.9
溶液聚合体系多元催化剂陈化工艺及设备	发明专利	中国	ZL 200810227348.9
一种合成橡胶脱除挥发分的方法	发明专利	中国	ZL 200710119458.9
稀土顺丁橡胶绝热聚合生产技术发明专利	发明专利	中国	ZL 200310110053.0
…	…	…	…

三、应用效果与前景

PHT-01/PHC-03 中油型加氢裂化技术实现工业应用，装置运行期间，催化剂性能平稳，产品分布合理，产品质量优良，有效地满足了炼厂生产需求。实现了中国石油加氢裂化技术的自主化，打破外部技术垄断，提高了公司整体炼油业务自主创新的核心竞争力，应用前景广阔。

PHR 固定床渣油加氢催化剂是中国石油第一代渣油加氢催化剂，拥有完全的自主知识产权，已在大连西太 200×10^4t/a 渣油加氢装置工业应用，应用效果良好。预计 2020 年，公司渣油加氢能力将超过 3000×10^4t/a，催化剂需求则超过 1×10^4t/a，渣油加氢催化剂技术具有良好的应用前景。

2.8　硫黄回收系列催化剂

一、技术简介

硫黄回收是炼油、化工和天然气净化过程中的重要环节而通过克劳斯（Claus）工艺及尾气处理工艺将含硫化氢等有毒气体中的硫化物转化为单质硫，变废为宝保护环境。硫黄回收催化剂工艺核心，是经过克劳斯反应、有机硫水解反应、选择性氧化反应和加氢水解反应，将酸性气体中硫化氢催化转化为绿色环保的硫黄产品。包括常规及低温克劳斯催化剂 CT6-2B 和 CT6-4B、有机硫水解催化剂 CT6-7 和 CT6-8、选择性氧化制硫催化剂 CT6-9、克劳斯尾气加氢水解催化剂 CT6-5B、CT6-10 和 CT6-11。

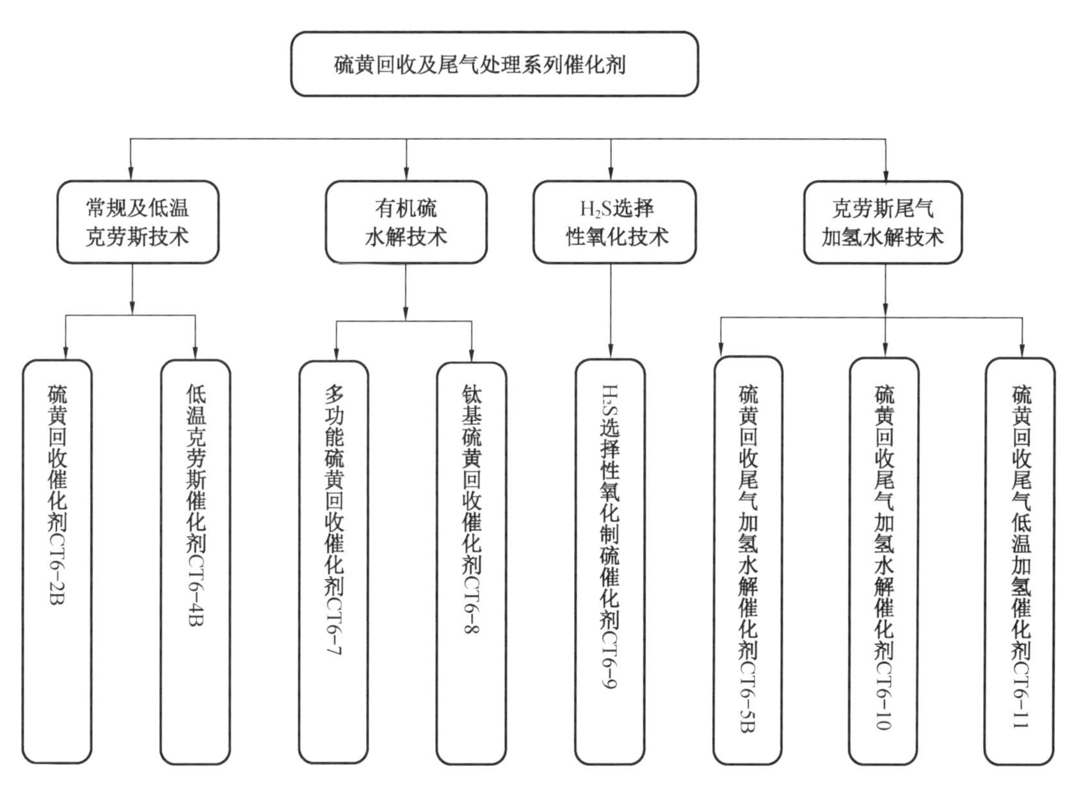

图 1　硫黄回收及尾气处理技术框图

二、关键技术

硫黄回收系列催化剂，运用催化剂微观结构和动力学，建立了催化剂活性与孔结构关系式，能有效指导催化剂制备和工业生产；催化剂载体成型材料及成型技术开发了特殊硅铝氧化物载体和二氧化硅载体，解决了氧化铝载体易硫酸盐化和超细二氧化硅粉体均匀分散的问题；形成了催化剂活性组分负载技术，使活性组分在载体上达到均匀分布，降低催化剂使用温度和提高催化剂活性；发明了低温加氢型尾气处理催化剂和低温水解型尾气处理催化剂，将加氢反应器入口温度从常规的 280℃降到了 220℃，开发了低温加氢 / 低温水解分段实施工艺技术（图 2）。

硫黄回收系列催化剂整体性能居于国内领先、国际先进水平，部分达到国际领先水平。已授权或申请专利 11 件（表 1），技术秘密 7 项；获得国家科技进步二等奖 1 项、中国石油三等奖 1 项；集团公司技术发明一等奖 1 项、科技进步一等奖和二等奖各 1 项；四川省科技进步一等奖 1 项、二等奖 3 项、三等奖 1 项；地区公司级科技进步奖 20 余项。钛基硫黄回收催化剂和硫黄回收尾气低温加氢水解催化剂获

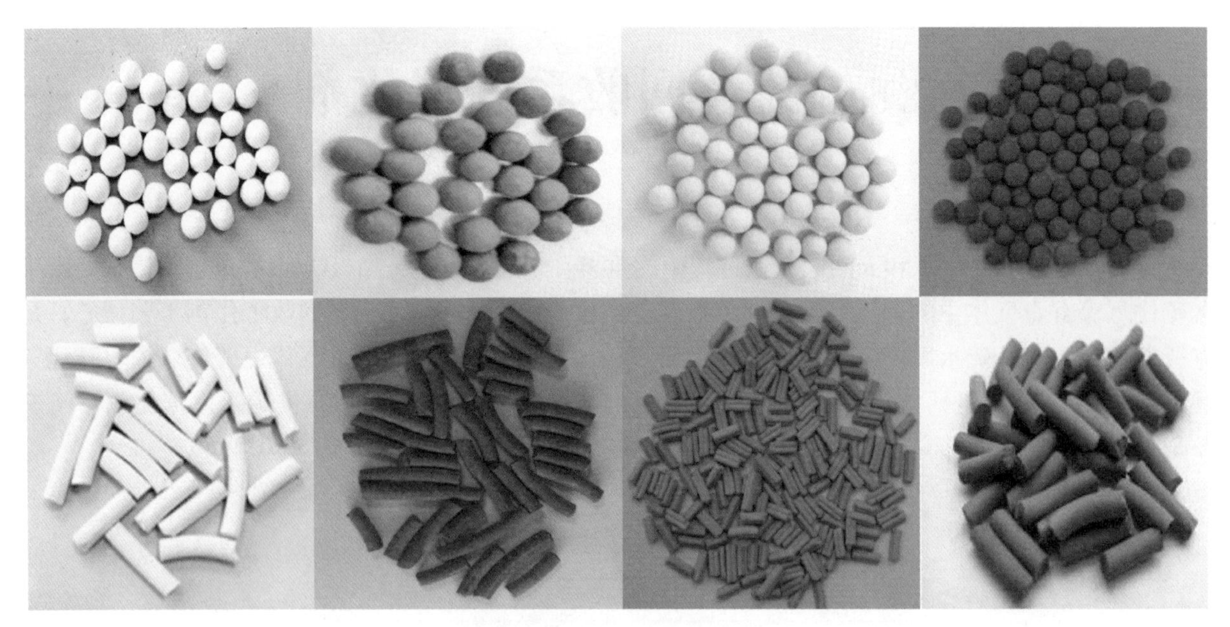

图 2　硫黄回收系列催化剂产品

得中国石油集团公司自主创新产品证书。

表 1　主要技术专利列表

专利名称	专利类型	国家（地区）	专利号
一种中间馏分油型加氢裂化催化剂	发明专利	中国	ZL 200810117102.6
一种大比表面积的 γ-Al_2O_3 材料及其制备方法	发明专利	中国	ZL 200710064671.4
活性金属组分浓度呈梯度增加分布的加氢催化剂及制备方法	发明专利	中国	ZL 200910086745.3
活性金属和酸性助剂浓度呈梯度增加分布的加氢催化剂及制备方法	发明专利	中国	ZL 200910086740.0
…	…	…	…

三、应用效果与前景

硫黄回收系列催化剂产品在国内外 100 余套硫黄回收及尾气处理装置上推广应用，国内市场应用率 75%，内部市场应用率 57.5%，全部实现达标排放，年减排 $SO_2$6000t，硫黄回收装置总硫回收率达到 99.97%，取得了良好的经济和社会效益。

随着高含硫气田开发、加工原油含硫量增加及硫组成复杂化，市场对硫黄回收系列催化剂的需求量也在增加。世界硫黄回收装置估计有 600 余套，国内有 200 余套，预计未来 5 年，催化剂需求量将超过 1500t/a。同时，由于新环保标准 GB 31570—2015 将烟气 SO_2 排放浓度降低到 400mg/m^3（普通地区）和 100mg/m^3（环境敏感地区）的颁布实施，对尾气达标排放将更加严苛，因此，将在硫黄回收软件和工艺包开发、工艺技术和配套催化剂及工程化方面不断创新提升，通过不同工艺的专用催化剂、多功能复合型催化剂、系列催化剂的组合使用全面替代进口催化剂，在保持国内较高应用率基础上，进一步拓展国外市场，前景良好。

2.9 高档润滑油产品及配方技术

一、技术简介

高档润滑油指内燃机油、齿轮油、船用油、变压器油、液力传动油、长寿命汽轮机油等，产品整体与国外先进水平相当，部分性能优于国外先进产品（图 1）。

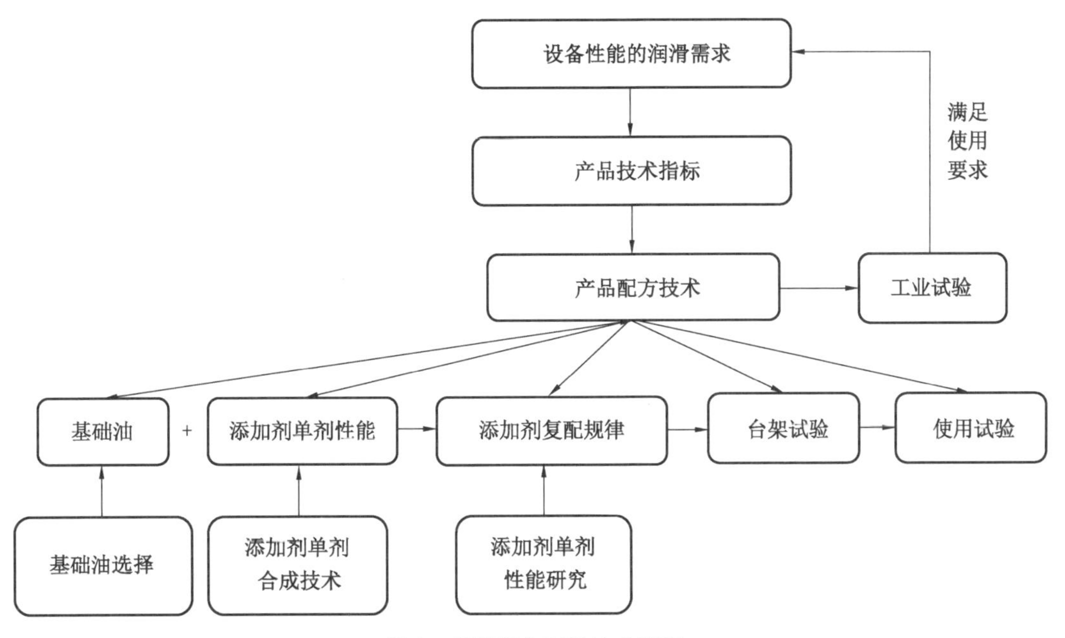

图 1　产品配方开发技术流程

内燃机油系列产品主要包括柴油机油（CF-4 ～ CJ-4）、汽油机油（SL ～ SN、包括 GF-4、GF-5）、重负荷动力传动通用油（军用车辆、装备用油）、燃气发动机油和摩托车油 5 种系列产品。

齿轮油包括车用、工业齿轮油两类。前者用于润滑汽车手动变速箱和齿轮传动轴，产品有 GL-5、MT-1 以及目前最高规格 SAEJ2360 齿轮油；后者用于润滑冶金、煤炭、水泥和化工等各种设备的齿轮装置，润滑不同的正、斜、人字、锥齿轮和蜗轮蜗杆，有闭式、开式齿轮油、蜗轮蜗杆油产品。

船用油系列产品包括船用气缸油、系统油、中速机油、BOB 复合剂（在线调和），可以满足大中型远洋或工程船舶使用要求，为发动机提供保护。

变压器油系列产品包括超高压交 / 直流通用变压器油、与变压器同寿命变压器油、500kV 大容量电力变压器油、220kV 及以下电力变压器油、互感器专用油、电力机车专用变压器油等，符合 GB2536-11 和 ASTMD3487（09）Ⅱ标准，并通过美国 DOBLE 公司、ABB 公司、SIEMENS 公司的质量认证。

长寿命汽轮机油产品涵盖质量等级从低到高近十余种，除了满足 GB 11120—2011 标准，还可生产 KTP 优质抗氧防锈汽轮机油、KTL/KTL（EP）长寿命汽轮机油和 KTG/KTGS 联合循环汽轮机油，广泛应用于电力、冶金、化工、船舶、天然气输送等领域。

液压传动油复合剂调和的系列产品适用于内燃机车及载重矿车、工程机械等的液力传动系统，包括对低温性能有特殊要求的液力传动系统。

二、关键技术

（1）内燃机油烷基水杨酸盐和磺酸盐复配技术，大幅度提高产品高温清净性，具有适当的防锈性能；

引入含硫、磷极压抗磨剂，有效抑制烟炱引起的磨损；极压、减摩添加剂的协同作用，赋予产品优异的减摩节能特性；灰分设计满足发动机要求；较长的换油期适合中国路况，降低运营成本。

（2）惰性反应膜润滑，独特的含磷、含硫添加剂及配方技术，属国内第一个通用齿轮油复合剂和手动变速箱油复合剂，分别解决齿轮油氧化和水解、抗磨与减摩、高温氧化以及极端条件下的抗磨问题。

（3）船用油配方中应用超高碱值清净剂，解决添加剂溶解性问题；气缸油、系统油、在线调和 BOB 复合剂均通过世界两大船用发动机 OEM Wartsila 和 MAN B&W 认证。

（4）得天独厚的环烷基原油资源，是当今世界公认的最优良的电器绝缘液体之一，具有电气绝缘性能优异、传热迅速、热氧化安定性好等特点，且环境友好，不含多氯联苯，性能稳定可靠。

（5）长寿命汽轮机油具有优秀的防锈、分水和空气分离性，TOST 氧化寿命大于 10000h，抗氧化性能优秀，FZG 失效级达 12 级，极压抗磨性优异，满足国家标准及国外先进规格要求，通过 SIEMENS 和 ALSTOM 认证，获得上海汽轮机厂等国内主要 OEM 的技术认可。

（6）液力传动油复合剂解决了基础油适应性问题，应用于Ⅰ/Ⅱ类基础油，大幅度提高产品抗磨性、高温防腐蚀性和氧化安定性，同时降低复合剂成本。

整体与国外先进水平相当，部分性能优于国外先进产品。授权专利 41 件，获省部级科技奖励 12 项，环烷基稠油生产高端产品技术研究开发与工业化应用、高档系列内燃机油复合机研制及工业化应用分别获得国家科技进步一、二等奖，齿轮油极压抗磨添加剂、复合剂制备技术与工业化应用获得国家技术发明二等奖。

图 2　工厂作业图

三、应用效果与前景

内燃机油和齿轮油不仅满足汽车、钢铁、水泥、风电等民用领域的需求，在军用装备上也得到成功应用；船舶配套油的年销售量大约 2500t，用户遍及国内外主要船运公司，应用地域覆盖世界范围，在国际船运航线的重要港口供应并随船应用。汽轮机油年产量约 3×10^4t，占据国内汽轮机油市场的 30% 左右，核电专用 KTL 长寿命汽轮机油、KTL（EP）极压型长寿命汽轮机油已成为首款应用于核电的国产汽轮机油产品；KTGS 极压型联合循环汽轮机油作为国产 20MW 级大型电驱离心式压缩机组的配套用油，在天然气长输管线得到成功应用。

随着政府对环保和节能要求日益严格，环保、节能、长寿命是未来润滑油市场的发展趋势。本技术研制的产品与国外先进产品满足同样的标准，其产品仍是适应市场需求的主流，预计很长一段时间内应用前景稳定看好。

2.10 高等级沥青及石蜡系列新产品

一、技术简介

1. 高等级沥青

（1）硬质沥青。硬质沥青指针入度为 20 ～ 50（0.1mm）的道路沥青，具有针入度低、软化点高及高温稳定性好等特点。

（2）极寒水工沥青。极寒水工沥青材料具有突出的低温性能，同时兼顾高温抗流淌特性。在 50000-80000 的 SBS 产品对沥青进行改性。

（3）机场跑道沥青。机场沥青是道路沥青中的高端产品。辽河石化以稠油作为主要原料生产的“昆仑—欢喜岭”机场沥青替代外国品牌沥青广泛应用于国内机场跑道，以质量稳定、性能优良，赢得了民航建设部门的信赖。

2. 石蜡

（1）食品级石蜡。适用于食品和药物组分的脱模、压片、打光等直接接触食品和药物的用蜡，与食品接触的容器、包装材料的浸渍用蜡，以及药物封口和涂覆用蜡。

（2）70 号高熔点蜡。产品可广泛应用在橡胶防护、热熔胶、食品包装、精密铸造等行业。

（3）微晶蜡。微晶蜡以其分子量大、针状结晶、异构含量高、熔点高、黏度大、附着力好等特性，大量应用于橡胶防护、热熔胶、食品包装、精密铸造、金属防锈、炸药等行业。

二、关键技术

1. 高等级沥青

（1）硬质沥青。本技术利用南美玛瑞原油和波斯坎原油为原料，通过对比调和法和直接蒸馏法得到 30 号、50 号硬质沥青，并进行混合料配合比设计，确定最佳制备方案，铺筑 30 号硬质沥青和 50 号硬质沥青实验路。利用克拉玛依环烷基原油生产的脱油沥青具有胶质含量高、蜡含量低的特点，优化沥青的烃组成，提高了沥青胶体的内聚力和抗车辙性能；同时开发适宜的沥青低温延伸性改进助剂，较好地解决了硬质道路沥青产品普遍存在的高温稳定性与低温延伸性相矛盾的技术难题。其高温性能达到 SBS 改性沥青（SBS Ⅰ–B 可达到 PG70）的水平，低温性能达到 90 号重交通道路沥青的水平。

硬质沥青产品 2009 年获中国石油和化学工业协会科技进步二等奖，2010 年获新疆维吾尔自治区科技进步三等奖；形成企业标准 1 项。

（2）极寒水工沥青。极寒水工沥青材料性能明显优于目前水利工程普遍采用的 SBS 改性沥青，具有突出的高低温性能，在 70℃条件下不流淌，满足 −45℃冻断试验的要求。产品胶体结构均匀稳定，离析试验满足相关技术要求。

产品获得国家发明专利 2 件。“极寒水工改性沥青的开发与应用”技术合并获得 2014 年集团公司科技进步一等奖。

（3）机场跑道沥青。发现了组成调节基质沥青与 SBS 相容性和同时改善基质沥青高、低温性能的规律，通过调整不同沥青质含量的原料组成比例，匹配基质沥青组成结构，指导开发出了 4F 级机场跑道沥青生产技术；产品具有较高的软化点、低温延度和 SBS 改性性能，满足民航部门在 2-4 气候地区新建机场跑道的技术要求，完成国内首条 4F 级全幅沥青混凝土机场跑道工程应用。

获国家实用新型专利 2 件，“劣质重油生产高端沥青和特种润滑油技术开发与工业应用”获得了 2014 年度中国石油天然气集团公司科学技术进步奖一等奖。

2. 石蜡

（1）食品级石蜡。利用了抚顺石蜡高品质优势，结合了独有的精制技术；产品品种涵盖国家标准中所有石蜡牌号；抗氧化、抗紫外线保质添加剂符合最新国家食品添加剂使用标准；食品级石蜡质量达到最新国家标准；产品附加值高。

（2）70号高熔点蜡。利用适合生产石蜡润滑油的蒸馏装置新技术，严把原料质量关；酮苯脱蜡脱油装置技术先进，结合新型助滤剂技术，降低了过滤难度，保证了产品质量和收率。

（3）微晶蜡。渣油丙烷脱沥青精制技术上采用超（亚）临界工艺，提高了微晶蜡原料收率，降低了能耗；酮苯脱蜡脱油技术结合新型助滤剂，降低了过滤难度，保证了产品质量和收率；采用高压加氢技术和微晶蜡加氢催化剂结合，使微晶蜡质量达到食品级标准。

三、应用效果与前景

石蜡系列新产品成果越来越深入到实际生产中，优化了抚顺石化公司高含蜡原油加工方案，显著提高了石蜡产量、品种和质量，高附加值特色产品实现了装置生产。2015年石蜡月产量首次突破4×10^4t，实现了石蜡年产量超40×10^4t目标，稳居国内第一。随着各项技术的全面实施，装置技术、产品质量必将更上一个台阶。

在未来几十年内，随着我国高速公路和高等级公路建设的快速发展以及20世纪90年代建成的高速公路将进入翻新、维修高潮期，以及国内民航事业的发展和机场跑道建设的增加，硬质道路沥青、机场跑道沥青将具有良好的应用前景。

2.11 乙烯裂解馏分加氢系列催化剂

一、技术简介

乙烯工业是石油化工的龙头，我国乙烯需求量及产量不断增长，2015 年乙烯年产量达到 1800×10^4t。石油烃经高温蒸气裂解在制取乙烯、丙烯的过程中，还副产大量的 C_4、裂解汽油及 C_9 等馏分。乙烯裂解产物精制技术是乙烯工业的关键技术之一，裂解产物必须经过加氢精制，才能变成可用的基本有机化工原料，如乙烯、丙烯、丁烯、丁二烯、苯、甲苯、二甲苯等，而加氢精制催化剂是乙烯产物精制技术的核心技术。

中国石油经过多年的攻关和不断的技术改进，开发出的乙烯裂解 C_2、C_4、C_5 馏分、裂解汽油馏分以及 C_9 馏分等 5 大系列 8 个品种的加氢催化剂的开发并成功应用（图 1）。乙烯裂解馏分加氢系列催化剂已在国内 24 家企业的 52 套装置上成功应用。

图 1　乙烯裂解馏分加系列催化剂

二、关键技术

适用于蒸气裂解制乙烯过程中的 C_2、C_4、C_5 馏分，裂解汽油馏分以及 C_9 馏分的加氢精制，开发的系列催化剂加氢性能优异、选择性高、抗杂质能力强、操作能耗低，技术经济性好。同时，还可针对不同厂家的原料特点及工艺要求，为其选择适宜的保护剂和催化剂组合，形成最佳的级配技术，为厂家提供了定制化的解决方案，研制了乙烯裂解馏分加氢系列催化剂，攻克了催化剂选择性低、稳定性差、抗杂质性脆弱、易结焦的技术难题。

（1）总结出了选择性加氢催化剂的活性组分对烃类分子的吸附 / 反应性能与其电子特性之间相互作用的关联规律，发明了静电微扰抑制催化副反应和催化剂中毒的新技术，大幅提升了催化剂的加氢选择性、抗杂质性能。

（2）发明了氧化铝载体助剂嫁接专用技术，培植出新性能的载体活性位，同时使氧化铝粒子趋向微粒化、均匀化分布状态，提高了载体活性位密度和电子亲和性能，从而提高了活性组分在载体上的附着性和分散性。

（3）发明了碱金属络合物或碱性的金属络合物浸渍液负载技术，替代了传统的酸性金属浸渍液负载方法，解决了催化剂引发聚合反应，易生成绿油、易结焦的技术难题。

乙烯裂解馏分加氢系列催化剂整体性能达到国际先进水平，获得集团公司特等奖 1 项、省部级技术进步奖、发明奖 14 项；共获发明授权专利 43 件（表 1），其中获国外授权专利 11 件。

表 1　主要技术专利列表

专利名称	专利类型	国家（地区）	专利号
便携式炼化企业安全检测盒	发明专利	中国	ZL 201120240833.7
…	…	…	…

三、应用效果与前景

乙烯裂解馏分加氢系列催化剂已在中外合资、中国石油、中国石化、煤化工、军工、大型民企等 24 家企业的 52 套装置上得到了推广应用，其中在 7 套新建装置上被选为首装剂，在 12 套装置上成功替代了在用的进口催化剂，技术成熟度高，获得厂家的一致好评。

随乙烯装置操作技术的不断进步及煤制烯烃行业的快速发展，对综合性能优异的加氢精制催化剂及催化剂组合技术的需求会愈来愈迫切。乙烯裂解馏分系列催化剂的开发及工业应用，提高了乙烯裂解馏分加氢精制领域的研究实力，可促进石脑油裂解乙烯及煤制烯烃副产 $C_2 \sim C_9$ 馏分精细化利用的可持续发展，提高产品附加值，为企业挖潜增效，应用前景十分广阔。

2.12 高附加值聚乙烯新产品

一、技术简介

聚乙烯是最重要的合成树脂产品之一。PE100管材专用料，可广泛用于城市煤气供气管、建筑给排水管、村镇供水的塑料管及各种工业用管等，在深入剖析聚乙烯结构与性能关系的基础上，优选催化剂，优化聚合工艺和添加剂配方，开发出PE100管材专用料、IBC桶专用料、汽车油箱专用料等系列高附加值聚乙烯新产品（图1）。

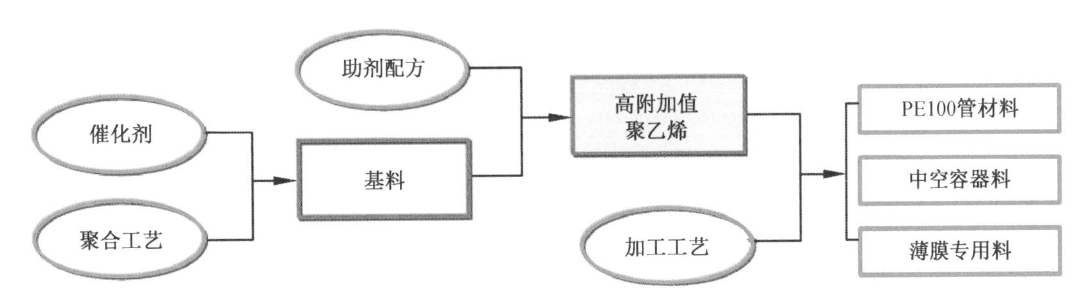

图1 高附加值聚乙烯新产品开发流程

二、关键技术

（1）在30×10^4t/a Innovene S双环管淤浆聚乙烯装置上开发了PE100管材专用料TUB121N3000。从分子结构设计入手，结合Innovene S双环管反应器，设计了双峰分子量分布，其中，在第一反应器中由Ti系催化剂制备较低分子量高密度PE聚合物以提高产品的加工性能，在第二反应器中制备较高分子量的中低密度PE聚合物，并将已烯（C_6）作为共聚单体均匀接枝在长链分子上，以提高产品的力学性能，通过调节两个反应器聚合产率比例达到材料力学性能和加工性能的平衡；通过主辅抗氧剂、中和剂、色母料等形成的添加剂体系的协同效用，达到材料长期使用的要求。在30×10^4t/a Hostalen淤浆聚乙烯装置上开发了PE100管材专用料JHMGC100S。通过双釜串联聚合工艺，得到了加工性能优异的双峰聚乙烯PE100级管材料（图2）。在挤出造粒过程中，添加了必要的复合助剂以外，还添加一定量的氟弹性体，用以改善制品的加工性能。

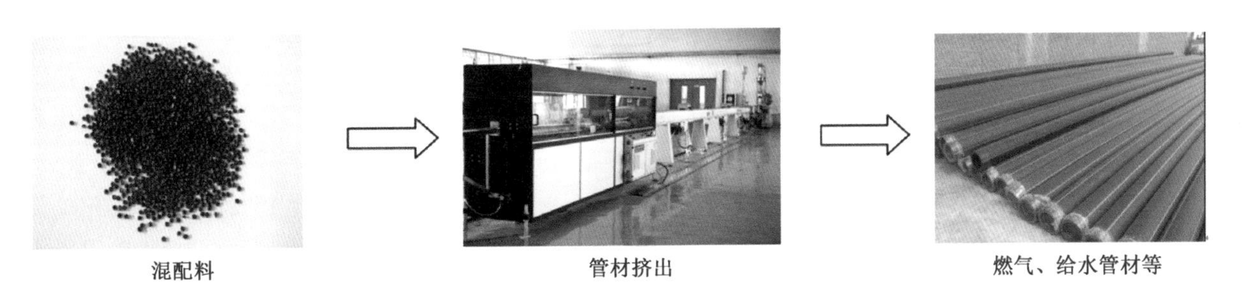

图2 PE100管材合成流式图

（2）通过对铬系催化剂制备技术的创新和聚合工艺的优化，掌握分子量调控、共聚单体分布控制、低聚物含量限制等关键技术，实现对共聚单体分布、分子链支化和分子量分布等的调控优化，解决产品刚韧失衡，低聚物含量高，长期使用性差等技术瓶颈，开发IBC桶专用料DMDB4506生产技术，在25×10^4t/a全密度聚乙烯装置实现工业化生产，产品具有冲击强度高，刚韧平衡性、耐环境应力开裂性、耐紫外光老化性好等特点，综合性能达到进口产品水平。

（3）在 Unipol 气相聚乙烯装置上开发出汽车油箱专用料 DMDA6045。通过对铬系催化剂负载和还原技术的创新，利用其产品端基具有不饱和双键的特点，使其在聚合过程中形成长链支化，改善产品的聚集态结构，从而提高产品的抗熔垂性能和力学性能；通过氢气浓度、氧气浓度和反应温度的优化控制，降低气相工艺中产品低聚物含量。本产品采用气相聚合工艺，具有流程短、生产成本低等优点，产品加工性能、力学性能和制品使用性能与进口同类产品相当。

本技术整体达到国际先进水平。共获省部级科技奖励 3 项，授权发明专利 4 件（表 1），桶制品通过了国标 GB/19161—2008 规定的各项性能测试，并取得了美国 FDA、欧盟 ROSH 指令等 11 项国际认证。2014 年 5—6 月委托（天津）国家轿车质量监督检验中心按照 GB18296—2001 标准要求进行检测，通过了油箱制品的耐压、耐热、震动、冲击和耐火全部五项检测，取得了油箱制品的第三方检测认证。

表 1　主要技术专利列表

专利名称	专利类型	国家（地区）	专利号
一种用于制备易开口聚乙烯薄膜专用料复合助剂及其制备方法	发明专利	中国	CN103694525A
一种改性滑石粉及其制备方法	发明专利	中国	ZL 201010033816.6
一种农用聚乙烯树脂组合物	发明专利	中国	ZL 200810102245X.2
过氧化物交联聚乙烯管材及其加工方法	发明专利	中国	ZL 200910242448.3

三、应用效果与前景

PE100 管材专用料 TUB121N3000（B）产品已实现规模化稳定生产，累计生产超过 40×10^4t，在沧州明珠、伟星管业、中油管业、淄博洁林、甘肃宏洋等国内多家大型管材生产加工企业实现燃气、给水管道生产并被终端用户应用于城市燃气管网、给排水建设。自 2008 年以来，吉林石化公司已经累计生产 PE100 级聚乙烯管材专用料超过 110×10^4t，产量质量稳定，得到广大用户的认可。

IBC 桶专用料 DMDB4506 在大庆石化公司全密度一装置实现了工业化生产，至 2015 年共生产合格产品 9845t，分别在天津福将、镇江金山、淄博洁林等 IBC 桶生产企业进行了加工应用试验并进行了推广应用，获得了企业认可。

汽车油箱专用料 DMDA6045 产品已在 25×10^4t/a 全密度聚乙烯装置实现了工业化生产，产品经中国石化北京燕山石化分公司树脂应用研究所进行了全面的第三方检测，与进口产品 4261AG 相当；产品在山东海德威机械有限公司完成了加工应用试验，通过了厂家的出厂产品质量检测；依托国内产能庞大的汽车产业，国产化的汽车油箱专用料市场前景广阔。

我国城镇化建设的快速推进以及国家加大对农业、水利、城市管网等基础设施建设的投入，拉动了塑料管道行业的快速增长，PE100 级管材料性价比高，市场潜力很大。随着聚乙烯产品性能的不断提高，已可用于制造汽车油箱、IBC 桶等大型中空容器，具有重量轻、耐腐蚀、运输方便等优点，发展前景广阔。近几年国内 IBC 桶的生产发展很快，每年需求量在 150 万～200 万只，并且保持 15%～25% 的年均需求增长，未来五年对 IBC 桶原料年需求量预计将达到约 15×10^4t。国内 IBC 桶的研发尚处于起步阶段，需求量将持续快速增长。

2.13 高附加值聚丙烯新产品

一、技术简介

聚丙烯是最重要的合成树脂产品之一。国内聚丙烯产能的迅速增长，市场竞争日益激烈，开发可用于制造高档薄膜、热水管材、汽车及家电部件的高附加值聚丙烯新产品，是提升聚丙烯业务核心竞争力的关键。PPR 管材广泛用于建筑行业、给水系统等室内冷热水输送与供暖系统，高清晰双向拉伸聚丙烯（BOPP）薄膜专用料，应用于生产珍珠标签膜、高清水晶膜和高档包装复合膜等 BOPP 薄膜制品。

在深入剖析研究聚丙烯结构与性能关系的基础上，优选催化剂，优化聚合工艺和添加剂配方，开发出高清晰 BOPP 薄膜专用料、热水管 PPR 专用料、汽车和家电用抗冲共聚专用料等系列高附加值聚丙烯新产品（图 1）。

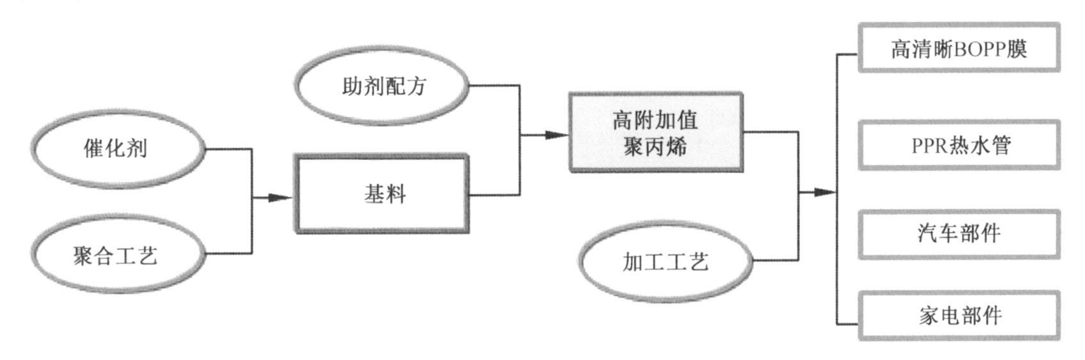

图 1　高附加值聚丙烯新产品开发流程

二、关键技术

（1）在本体聚合工艺 Spheripol PP 装置上开发出 PPR 管材专用料 PA14D，在气相聚合工艺 Innovene PP 装置上开发出 PPR 管材专用料 T4401（图 2）。克服了原引进工艺包的技术局限，创新了 PPR 管材料的分子量分布控制技术，在研究催化剂的聚合性能、专用料分子量分布及包覆状态的基础上提出了用氢调法控制分子量分布，解决了管材专用料加工性能和使用性能的矛盾；攻克了原引进工艺包中抗氧化体系的不耐长期氧化、不耐水萃取、加工过程有异味、卫生性能不过关、不能辅助提高材料加工性能等问题，开发了新的抗氧化体系，提高了管材料耐热、耐压等性能；优化了产品造粒工业技术。解决了造粒过程中物料降解，易有粘连料的难题。

图 2　PPR 管材合成流程图

（2）首次在 Unipol PP 装置上开发出高清晰 BOPP 薄膜专用料 L5D98D 新产品。优选高活性催化剂，建立了聚合工艺、聚丙烯产品结构特征与 BOPP 薄膜清晰度的对应关系；针对不同抗氧剂及抗氧剂体系对聚丙烯抗老化和抗色变能力的作用，开发了高清晰 BOPP 专用料专用的助剂配方技术。在 Spheripol PP 装置上开发了 BOPP 薄膜专用料 T28FE，选择乙烯单体分布较为均匀的催化剂体系，引入少量乙烯精确控制等规度；优选抗氧剂和吸酸剂，形成 BOPP 薄膜专用助剂体系；在分析测试方面采用熔流比快速表征技术，大大提升了产品质量稳定性。

（3）采用新型催化剂助剂，提高催化剂的氢调敏感性，在气相聚合工艺 Innovene PP 直接生产高流动聚丙烯新产品 K9928H，用于制造汽车部件、洗衣机内桶等，克服了过氧化物降解法制品易发黄、气味残留大的缺点。使用自主研发的低成本添加剂体系，通过细化聚合物晶粒，控制晶型，提高结晶度等技术进行调控，改善其收缩率及翘曲性能、刚韧平衡性，提升了 K9928H 在车用高端聚丙烯材料领域的应用空间。通过优选催化剂、优化聚合工艺及专有助剂配方，在 Spheripol PP 装置上开发了汽车保险杠专用料 SP179。

（4）在 Hypol PP 装置上开发了耐热聚丙烯专用料 H8020，广泛应用于耐热家电部件，替代部分工程塑料。采用新型专用催化剂体系，得到高等规、宽分布的聚丙烯基础树脂，满足高热变形温度、高模量和高抗冲三种特性；优选高性价比成核剂，降低了生产成本；产品通过了 UL 认证。

高附加值聚丙烯新产品整体达到国内先进水平，其中 PA14D 被授予"中国石油和化学工业知名品牌产品"荣誉称号，达到国内领先水平（表 1）。

表 1　主要技术专利列表

专利名称	专利类型	国家（地区）	专利号
附聚后聚丁二烯胶乳与苯乙烯和丙烯腈的聚合方法	发明专利	中国	ZL 200410070448.7
小粒径聚丁二烯胶乳的制备方法	发明专利	中国	ZL 200410080805.8
制备小粒径聚丁二烯胶乳的反应温度控制方法	发明专利	中国	ZL 200410080804.3
用于接枝后 ABS 胶乳凝聚成粉的方法	发明专利	中国	ZL 200510066111.3
…	…	…	…

三、应用效果与前景

PPR 管材专用料 PA14D 产品已经占领国内 40% 的市场份额，主要分布华北，华东，华南，东北、西南五大销售区域，几乎覆盖全国，自 2009 年至今销售 PA14D 产品约 53×10^4t。T4401 已初步实现规模化稳定生产和应用。随着国内建筑行业的飞速发展，市场对 PPR 管材专用料的需求迅速扩大，约 40×10^4t/a。

高清晰 BOPP 薄膜专用料 L5D98D 产品综合性能优良，加工成型后的 BOPP 制品薄膜雾度为 0.1%，整体性能达到国内领先水平。自 2014 年，累计生产 L5D98D 产品 4757t。此外，高清晰 BOPP 薄膜专用料可应用于生产标签膜、消光膜、包装复合膜和镭射膜等多种 BOPP 薄膜制品，市场需求旺盛，应用前景十分广阔，具有非常好的经济价值和社会效益。

K9928H 专用料自 2010 年 7 月在独山子石化公司首次试产，并在各大区化工销售公司所辖范围内 20 余家生产厂家开展技术服务及产品推广使用工作，取得了广大用户和各大区化工销售的普遍肯定，目前已累计规模化生产应用超过 30×10^4t，创造了巨大经济效益。目前国内市场该专用料年需求量在（90 ~ 100）$\times10^4$t/a，且呈增长均势，主要是作为汽车改性基料及洗衣机内桶的专用料，是国内家电大型注塑件企业的主要原材料。该专用料在华东、西南、华北、西北等市场持续应用，得到了下游用户的充分肯定。

耐热聚丙烯 H8020 自 2014 年开发生产以来，产量超过 10000t，美的等知名下游用户试用反应良好。

同国内主流 PPR 管材专用料相比，PA14D 和 T4401 产品的综合性能、加工性能、生产稳定性、市场占有率及市场认可度均高于国内同类产品，具有很强的市场竞争力，可以替代进口产品，能够满足在 70℃，1MPa 条件下输送热水 50 年使用寿命的要求。BOPP 薄膜专用料 T28FE 具有拉伸速度快，薄膜透明性好，厚度均匀等优点，成为王牌产品。H8020 产品全国市场容量超过 16×10^4t/a，且 90% 以上依赖进口，售价比普通聚丙烯高出 200 ~ 400 元 /t，具有广阔的市场前景和良好的盈利能力。随着人民生活水平的不断提高，汽车、家电等产品消耗量巨大，处于成本和环保考虑，许多零部件改用聚丙烯生产，所需特定性能的注塑聚丙烯专用料成为高附加值产品，市场需求旺盛。

2.14 ABS 树脂成套技术及新产品

一、技术简介

ABS 树脂是一种通用型热塑性工程塑料，是丙烯腈（AN）、丁二烯（BD）、苯乙烯（ST）的三元共聚物，兼具有 PAN 的刚性和耐介质性、PS 的光泽和加工流动性、PB 的抗冲击性，在汽车、电子电器、建材等领域获得了广泛应用。ABS 树脂成套技术采用的是双种子乳液接枝—本体 SAN 掺混法工艺路线。其与传统乳液接枝—本体 SAN 掺混法的主要区别是：首先制备大小两种粒径的 PBL，再将二者的混合物作为“双种子”进行乳液接枝聚合，得到橡胶粒径呈现双峰分布的 G-ABS，相应地，制得的产品为“双峰分布 ABS 树脂”（图 1）。双峰分布 ABS 树脂因大小两种橡胶粒子的协同作用，打破了 ABS 树脂原有的韧性和刚性矛盾与平衡，具有比橡胶粒径单峰分布 ABS 树脂更高的性能。

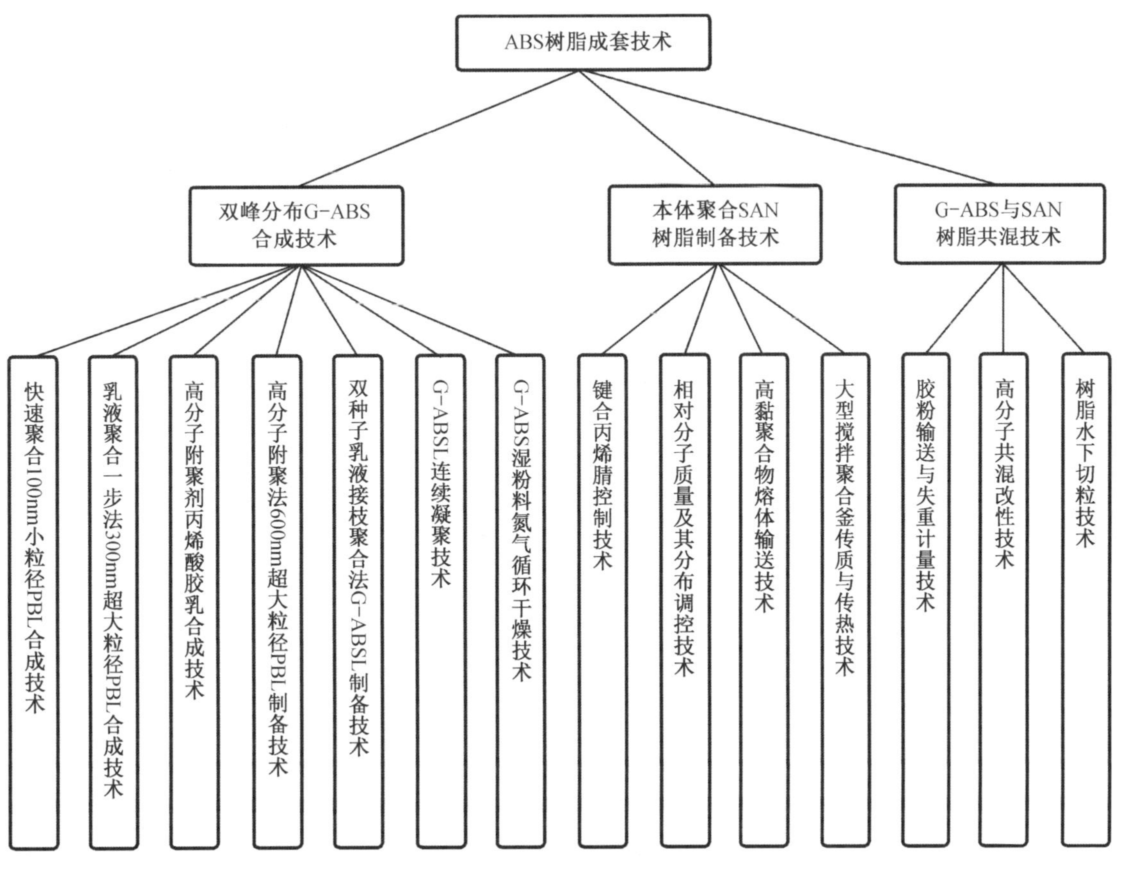

图 1　ABS 树脂成套技术框图

二、关键技术

PBL 单元集成高分子附聚法超大粒径 PBL 制备技术，接枝聚合单元采用双种子乳液接枝技术，湿粉料采用氮气循环干燥技术，SAN 单元采用两级聚合一级脱挥的改良本体聚合工艺，混炼造粒单元采用干法挤出、水下切粒技术，并以高档通用级双峰分布 ABS 为主导产品，开发成功 ABS 树脂成套技术工艺包，形成 ABS 树脂成套技术。

ABS 树脂成套技术明显优于原有老装置，经济技术指标达到 ABS 行业国内领先水平和国际先进水平，具有完全自主知识产权，填补了我国 ABS 树脂成套技术空白，打破了国外对 ABS 生产技术垄断，既可为国内 ABS 装置改扩建提供技术支持，又可向国外转让技术。主导产品双峰分布 ABS 树脂，性能明显优于具有橡胶粒径单峰分布的传统 ABS 树脂（图 2）。授权专利 5 件。

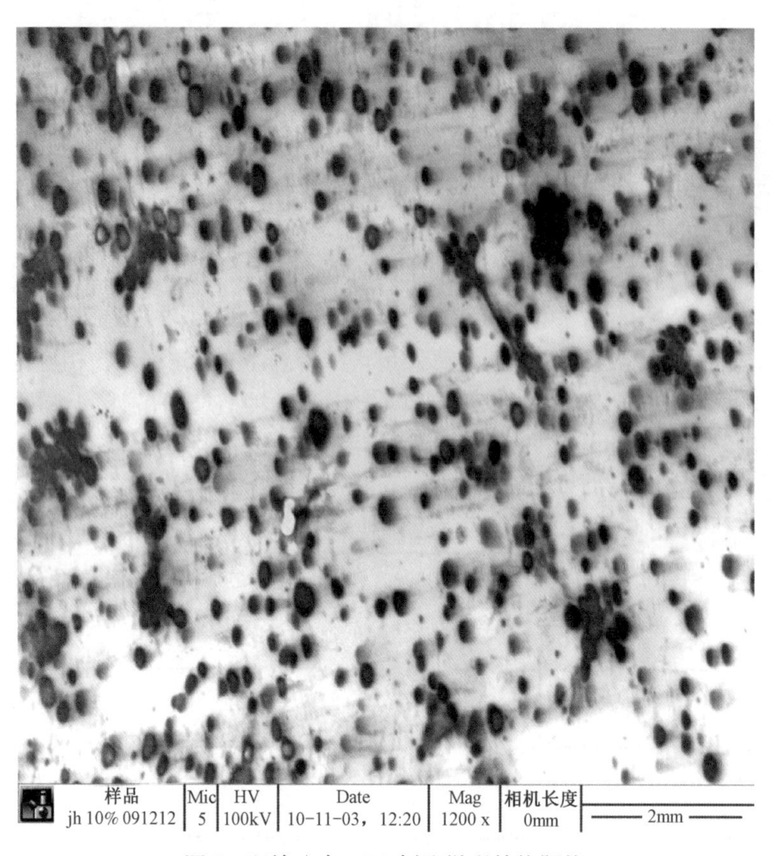

图 2　双峰分布 ABS 树脂微观结构照片

三、应用效果与前景

ABS 树脂成套技术在吉林石化公司实现工业化应用：2013 年 10 月，40×10^4t/a ABS 项目二期工程—20×10^4t/a ABS 通用料装置建成投产，实现一次开车成功，并很快实现了达产达标，新产品质量全面超过吉林石化老产品 0215A。截至 2015 年 12 月，共生产新产品 265557t，新增产值 24.77 亿元，创效 3.72 亿元，利润 10.53 亿元，利税 5.26 亿元。

ABS 树脂成套技术具有完全自主知识产权，可为国内其他公司 ABS 装置改扩建提供技术支持，还可向国外转让技术。

2.15 溶聚丁苯橡胶和稀土顺丁橡胶产品

一、技术简介

溶液聚合丁苯橡胶（简称 SSBR）是以丁二烯—苯乙烯为聚合单体，以有机锂化合物为引发剂，用醚胺类等极性有机化合物为聚合链微观结构调节剂，于脂肪烃有机溶剂中通过阴离子溶液聚合反应到成的无规共聚物，属于第一大合成胶种（图 1）。SSBR 混炼胶收缩小，挤出物表面光滑，模压流动性好，硫化胶花纹清晰且色彩鲜明，大量用于轮胎胎面胶、制鞋工业及其他橡胶工业制品。

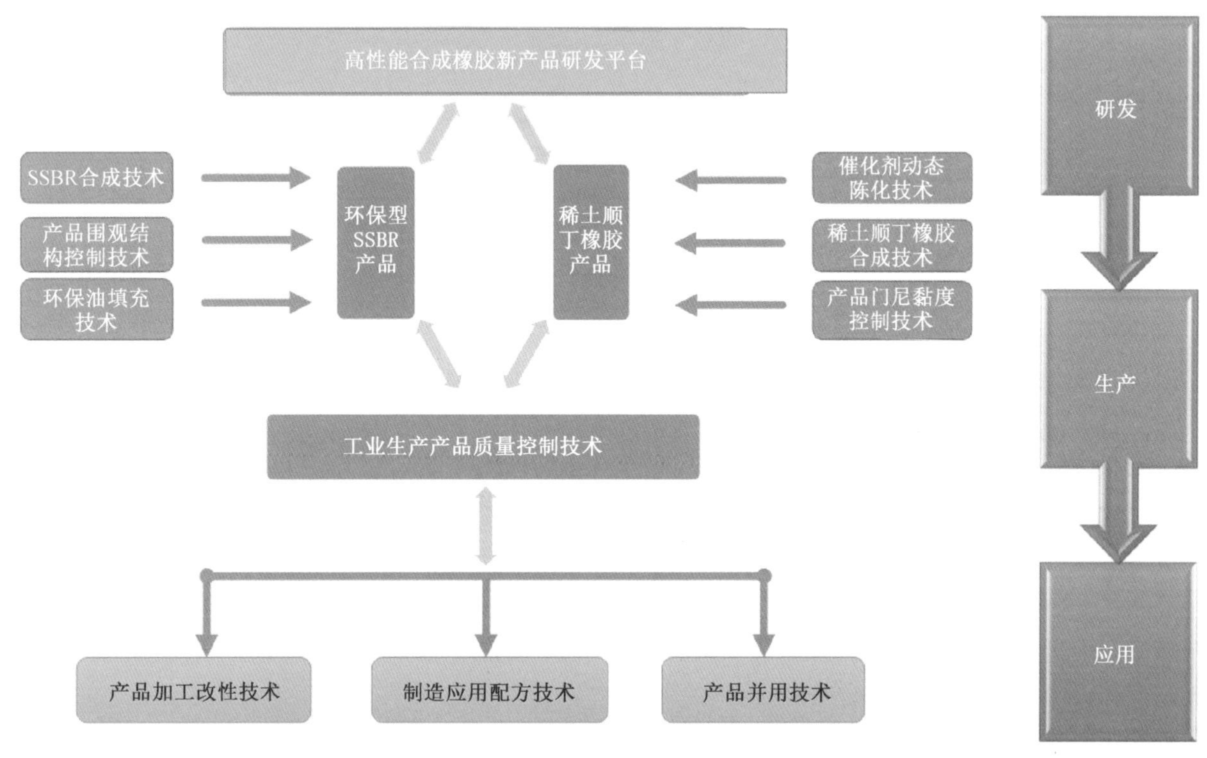

图 1　高性能合成橡胶新产品

稀土顺丁橡胶是聚丁二烯橡胶系列中的一员，以稀土化合物为主催化剂制得的高顺式聚丁二烯橡胶，具有链结构规整，线性好、平均分子量高、分子量分布可调的结构，在耐磨、抗疲劳、耐老化等方面优于传统的镍、钛、钴系顺丁橡胶，符合高性能轮胎在高速、安全、节能和环保，属当今发展最快的顺丁橡胶品种。

二、关键技术

（1）SSBR 产品具有较高的乙烯基含量，玻璃化转变温度较低，抗湿滑性能及滚动阻力低性能，满足欧盟标签法规的高性能轮胎生产要求，符合绿色轮胎行业发展趋势；如开发的稀土催化剂体系具有选择性高、催化活性高、稳定性好等特点，在宽范围调节稀土顺丁橡胶的分子量及其分布，稀土顺丁橡胶产品性能与国际主流产品性能相当。

（2）环保型溶聚丁苯橡胶产品、稀土顺丁橡胶产品生产与质量达到国际先进水平，客户反应良好，产品性能与国际领先产品性能相当，部分轮胎企业已将其应用于高端出口轮胎生产（图 2）。

溶聚丁苯橡胶产品、稀土顺丁橡胶产品共获得省部级奖励 2 项，授权专利 10 余件（表 1）。

图 2　高性能子午线轮胎产品

表 1　主要技术专利列表

专利名称	专利类型	国家（地区）	专利号
滚搓式干法凝聚机	发明专利	中国	ZL 200810227348.9
溶液聚合体系多元催化剂陈化工艺及设备	发明专利	中国	ZL 200810227773.8
摆动型滚搓式干法凝聚机	发明专利	中国	ZL 200820124164.5
磨盘型滚搓式干法凝聚机	发明专利	中国	ZL 200820124168.3
…	…	…	…

三、应用效果与前景

环保型溶聚丁苯橡胶产品已广泛应用于国内杭州中策、山东金宇、山东森麒麟、山东盛泰、华南轮胎、四川川橡等国内主要轮胎企业，在国内轮胎市场获得良好的口碑。环保溶聚丁苯橡胶在欧美国家使用量占丁苯橡胶总用量的 20% ～ 30%。2014 年国内丁苯橡胶总用量约 118×10^4t/a，按照国外环保 SSBR 应用经验，预计环保 SSBR 用量在近年将超过 25×10^4t/a。目已实现年产（4 ～ 5）$\times10^4$t 环保型 SSBR，占国内需求的 15% 左右，最大产量可增至 10×10^4t。国产环保型 SSBR 产品的开发与生产在国内市场占有率具有较大提升空间。

稀土顺丁橡胶形成 5×10^4t/a 稀土顺丁橡胶生产工艺包，实现稀土顺丁橡胶产品工业化稳定生产，生产牌号：稀土顺丁橡胶 BR9101（门尼黏度为 45）。预计到 2017 年，我国对稀土顺丁橡胶的实际总需求量将达到（6.0 ～ 6.5）$\times10^4$t。在高性能轮胎应用中采用稀土顺丁橡胶取代传统顺丁橡胶品种是轮胎制造业发展的必然趋势。

随着欧盟 REACH 法规、轮胎标签法，美国、日本及韩国绿色轮胎法规的相继出台，国内《绿色轮胎技术规范》也呼之欲出，届时环保型 SSBR 产品、稀土顺丁橡胶产品的用量将会呈现井喷式增长。中国石油溶聚丁苯橡胶产品和稀土顺丁橡胶产品在国内具有广阔的应用前景和较强竞争力。

2.16 乙丙橡胶成套技术及新产品

一、技术简介

乙丙橡胶成套技术包括催化剂配制、二烯烃和稳定剂配制、聚合、失活洗涤、闪蒸提浓、挤出脱挥、产品造粒、溶剂回收，以及未反应的第三单体回收等工艺单元，采用溶液聚合法，在齐格勒—纳塔催化剂的作用下，乙烯、丙烯、第三单体聚合生成乙丙橡胶，以氢气作为链终止剂控制聚合物相对分子质量，再经失活洗涤和挤出干燥等后处理工艺，得到乙丙橡胶产品（图 1）。该技术具有催化剂活性高、聚合稳定性好、反应时间可控、能耗低、凝胶含量少、产品性能稳定等特点；还具有生产可控性好、安全环保等特点，可以保证装置安全、稳定、长周期、满负荷运行。该技术能生产多种牌号乙丙橡胶产品，产品综合性能好，可与进口同类产品相媲美，广泛用于汽车工业、建筑工业、工业橡胶制品、电线电缆、塑料改性、轮胎工业、油品添加剂等各种橡胶制品领域。

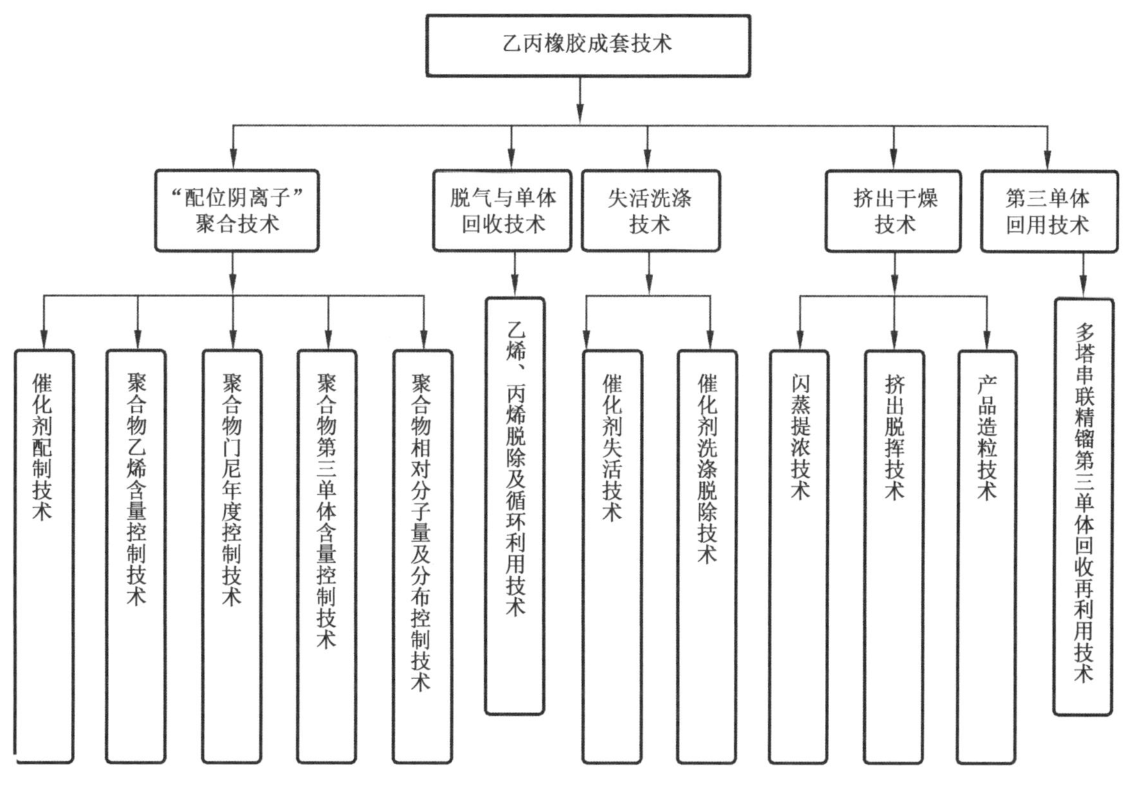

图 1　乙丙橡胶技术框图

二、关键技术

（1）“配位阴离子”聚合技术。采用齐格勒—纳塔催化体系，三氯氧钒作为主催化剂，乙基氯化铝作为助催化剂，形成双金属配位化合物，该催化剂能够很好地调控乙烯、丙烯及第三单体无归共聚合反应过程，获得性能优异的弹性体聚合物。

（2）脱气与单体回收技术。采用多塔串联精馏工艺脱除气相中未反应的乙烯、丙烯，并可回收继续参与聚合反应，脱气效果好（图 2）。

（3）失活洗涤技术。采用甲醇失活、碱洗、水洗除催化剂技术，采用特殊的装置，具有水洗后胶液含水量低、催化剂脱除彻底、产品外观颜色好的特点。

图 2　乙丙橡胶工业装置

（4）挤出干燥技术。采用真空闪蒸、挤出脱挥和挤出干燥技术脱除胶液中的溶剂己烷，通过控制闪蒸罐的闪蒸压力和挤出机的温度、转速来控制脱溶剂效果，具有挂胶少、闪蒸速度快、脱挥效率高、闪蒸效果好的特点。

(5)第三单体回用技术。可有效地回收第三单体，降低原料成本，避免环境污染，控制了“三废”的排放。

乙丙橡胶成套技术整体达到国内领先水平，共申请专利 6 件，其中授权专利 3 件（表 1），获得科技进步奖 3 项。

表 1　主要技术专利列表

专利名称	专利类型	国家（地区）	专利号
一种闪蒸提浓乙丙橡胶胶液的方法	发明专利	中国	ZL 201110315141.9
一种乙丙橡胶聚合反应单体的回收方法	发明专利	中国	ZL 201110401980.2
…	…	…	…

三、应用效果与前景

1996 年以来，吉林石化公司一直致力于溶液法乙丙橡胶的研究与生产，形成了具有国内领先水平、产品种类齐全，独具特色的乙丙橡胶成套技术。拥有乙丙橡胶 A/B/C 三套生产装置，总产能达到 8.5×10^4t/a。

4×10^4t/a 乙丙橡胶 C 装置，于 2014 年实现一次开车成功，陆续生产出 J-3080P、J-4090、J-3072E 牌号乙丙橡胶新产品，累计生产不同牌号乙丙橡胶产品 2×10^4t 以上。还在 200t/a 乙丙橡胶中试装置上开发出双峰分布、长链支化、海绵条系列、充油型系列多个牌号乙丙橡胶新产品，为新产品开拓应用市场夯实了基础。

乙丙橡胶成套技术成熟可靠，工艺流程合理，在生产成本控制、产品系列化方面具有优势。国外乙丙橡胶生产商仍然坚持乙丙橡胶成套技术不转让原则，国内市场对乙丙橡胶成套技术及新产品需求度很高，尤其是乙烯资源丰富的东部地区，急迫需要乙丙橡胶成套技术。中国石油的乙丙橡胶成套技术是国内仅有的一套较为成熟的工业化成套技术，应用前景比较乐观。

2.17 聚丙烯酰胺等系列驱油剂产品工业化成套生产技术

一、技术简介

保障油田稳产及高效开发，挖掘油层潜力和提高采收率为目标的三次采油技术已被国内石油行业广泛应用，其中有以碱 / 表面活性剂 / 聚丙烯酰胺三元复合驱为代表的化学复合驱。以驱油用聚丙烯酰胺、驱油用石油磺酸盐、驱油用烷基苯系列驱油剂产品工业化成套生产技术是中国石油自主研发的重大核心技术（图 1），在国内油田提高油田原油采收率、环境保护等方面创造了巨大的经济效益和社会效益。

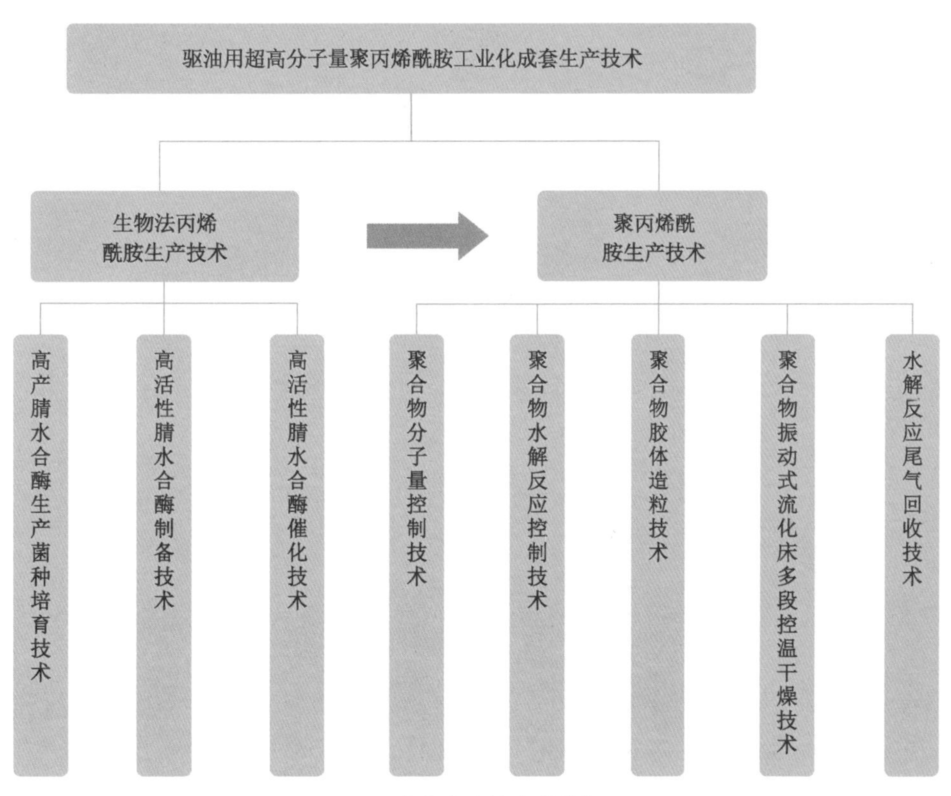

图 1　成套生产技术总体框图

驱油用聚丙烯酰胺工业化成套生产技术是以丙烯腈为原料先合成丙烯酰胺单体，再通过高分子聚合生产出聚丙烯酰胺产品的一整套生产技术。其核心是聚合配方和引发体系技术，控制反应速度，避免副反应；利用聚合反应热调控技术实现可控聚合反应，并可按要求调整产品的相对分子质量及各项性能指标。

驱油用石油磺酸盐工业化成套生产技术包括连续膜式法和喷雾法生产石油磺酸盐，利用炼油厂馏分油作为原料，采用原料预处理技术，优选出结构合理的磺化组分，通过磺化、中和、复配等一系列过程，生产出表面活性剂。该技术包括原料预处理、喷雾磺化、生产过程控制、防腐蚀控制、产品分析检验、“三废”处理等。

驱油用烷基苯生产技术，首先将 C_{10}—C_{13} 正构烷烃经脱氢反应生成烷烯烃混合物，再与苯进行烷基化反应，主反应生成直链烷基苯，经异构化、重排、聚合、环化等副反应生成副产物重烷基苯，再精馏得到驱油用烷基苯；其次，可将 C_{16}—C_{19} 正构烷烃经脱氢反应生成烷烯烃混合物，再与苯进行烷基化反应，主反应产物即为驱油用烷基苯。

二、关键技术

（1）驱油用聚丙烯酰胺工业化成套生产技术中采用聚合物相对分子质量控制技术首次提出可调控利用聚合反应热的技术路线，使分子链稳定增长，聚合反应速度平缓，从而实现聚合产品相对分子质量最高可达到4000万以上。驱油用聚丙烯酰胺生产技术能够提供相对分子量2000万～4000万的系列化产品，产品主要用于油田三次采油，能够实现油田采出污水的配制与回注。

（2）特别适合石油磺酸盐生产的连续膜式和喷雾磺化成套工业化生产技术及设备，在国内首家实现了连续膜式和喷雾法石油磺酸盐规模化工业生产（图2）。采用该技术生产的石油磺酸盐产品性能优异，具有界面活性好、乳化性能优越、与油藏配伍性好、产品普适性强、体系界面张力稳定性好、适用于弱碱体系等优点，可广泛应用于油田三次采油领域。

图2　成套工业化设备

（3）驱油用烷基苯生产技术整体处于国内领先水平，尤其是重液蜡脱氢—烷基化生产驱油用烷基苯技术处于国际先进水平。该技术适用的重液蜡碳数范围为C_{14}—C_{20}、正构率在95%以上。通过脱氢—烷基化合成的驱油用烷基苯对大庆油田等既适合作为强碱体系，又适合作为弱碱体系主表面活性剂的原料。

技术达到国际先进水平，获得国家科技进步奖二等奖，获得发明专利12件，实用新型专利8件。

三、应用效果与前景

聚丙烯酰胺等系列驱油剂产品工业化成套生产技术，已经陆续建成了4套丙烯酰胺装置、22条聚丙烯酰胺生产线、4套石油磺酸盐装置和1套烷基苯装置，驱油用聚丙烯酰胺、石油磺酸盐、烷基苯生产规模分别达到17×10^4t/a、15×10^4t/a和6×10^4t/a。自2002年在大庆油田推广应用以来，创造了连续10年聚合物驱年产油量超过千万吨、累计产油1×10^6t以上的良好效果。聚丙烯酰胺、石油磺酸盐、烷基苯磺酸盐等系列驱油剂产品已成功应用于国内的大庆、辽河、冀东、大港、新疆等各大油田，以及哈萨克斯坦、印度尼西亚、俄罗斯等国家和地区。

在油田稳产方面，三次采油原油产量占总产量的比重将越来越大。三次采油技术从目前的以聚合物驱为主转向以三元复合驱技术为主发展，同时，随着三元复合驱项目的推进，国内各油田的三元复合驱的先导性实验区块和工业化实验区块逐年增多，驱油剂的需求将逐年增长，以聚丙烯酰胺、石油磺酸盐、烷基苯为代表的驱油剂产品市场前景广阔。

2.18 焦化塔底（顶）阀、蝶阀等特种阀门

一、技术简介

焦化塔底（顶）阀是一种全密封、易操作，具有可靠密封性能的全自动设备，属于特大口径、高温、金属硬密封平板闸阀类型，适用于高低温交变工艺场合。DN900 焦化塔顶阀安装在焦炭塔顶部，生焦阶段处于关闭状态用于密封 450℃左右高温油气，清焦阶段处于开启状态，用于钻杆、切焦器等进入焦炭塔进行清焦作业；DN1500 焦化塔底阀安装在焦炭塔底部，在生焦阶段处于关闭状态，用于密封 500℃左右的高温渣油和反应生成的焦炭；清焦阶段处于开启状态，将粉碎后的焦炭排放至溜焦槽和焦池（图 1）。

三偏心硬密封高温蝶阀是由轴向偏心、径向偏心和密封面圆锥轴线相对阀体轴线角度偏心形成的三偏心结构，具有调节精度高、密封等级高、启闭速度快等特点，应用于炼油化工装置的高温管线需要调节和切断的部位。DN1200—DN1800 大口径三偏心硬密封高温蝶阀安装于大型催化裂化装置能量回收机组烟气轮机入口管线，烟气温度在 650℃以上，含有微量的催化剂颗粒。三偏心硬密封高温蝶阀包括双筒体热态膨胀补偿结构和配套的快速关闭带缓冲电液执行机构，耐高温、耐磨蚀、零泄漏，正常工况时调节流量精准，事故状态下快速关闭（图 2）。

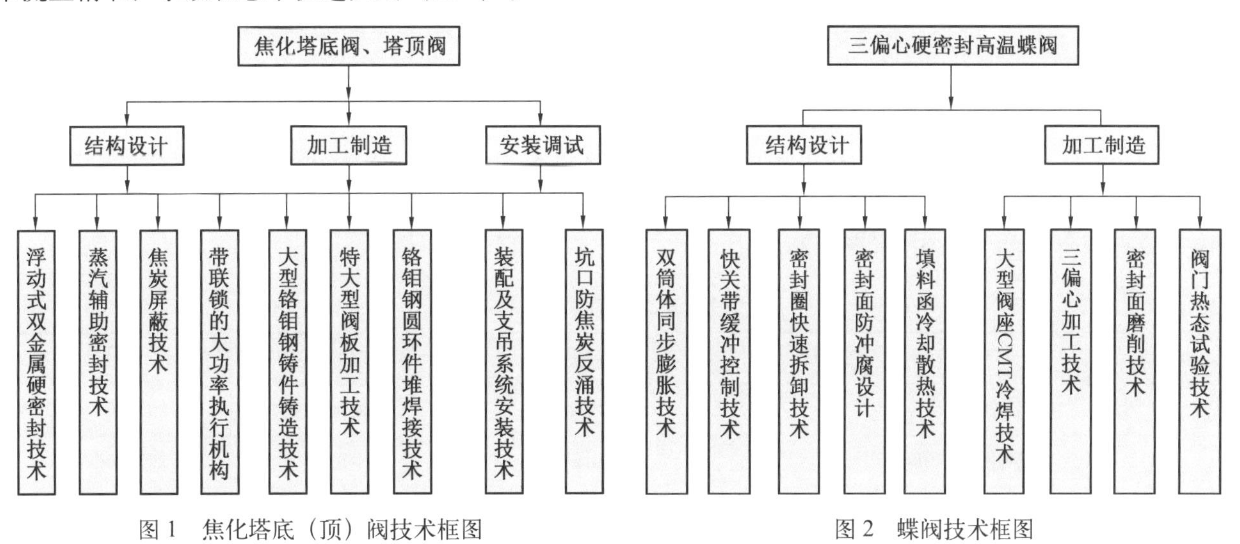

图 1　焦化塔底（顶）阀技术框图　　　图 2　蝶阀技术框图

二、关键技术

焦化塔底（顶）阀主要采用了浮动式双金属硬密封 + 蒸汽辅助密封技术，可自动吸收膨胀与补偿收缩，工作时阀腔通蒸汽起辅助密封作用。同时焦炭屏蔽罩结构，可防止在开阀过程中焦炭粉末进入阀盖中腔。带联锁的大功率电液执行机构能够实现塔底（顶）阀安全可靠地开关动作（图 3）。

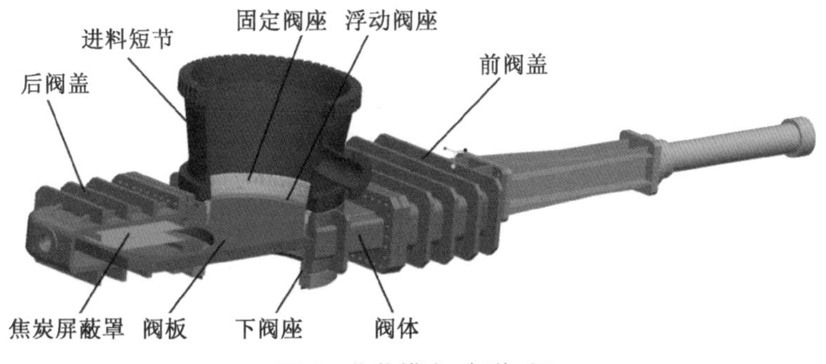

图 3　焦化塔底（顶）阀

三偏心硬密封高温蝶阀采用独创的双筒体结构，使内筒体、阀座圈和阀板同步膨胀，三偏心蝶阀的自补偿特性，能够实现高温下密封面全贴合。电液执行机构能够实现快速关闭，防止阀板和阀座圈快关过程冲击密封面影响阀门使用寿命。阀门热态试验技术，能模拟实际工况进行型式试验，确保三偏心高温阀门的投用性能（图 4）。

图 4　三偏心硬密封高温蝶阀

焦化塔底（顶）阀整体达到国内领先水平，入选中国石油自主创新产品目录，DN1500 焦化塔底阀获得 2010 年中国石油科技进步奖三等奖，塔底（顶）阀累计获得国家实用新型专利 5 件（表 1），制定集团公司企业标准 Q/SY 1708—2014《延迟焦化用塔底（顶）阀通用技术条件》。

三偏心硬密封高温蝶阀 2008 年获得甘肃省科学技术进步奖三等奖，2009 年获得中国石油集团公司科学技术进步奖一等奖。授权实用新型专利 3 件（表 1），制定集团公司企业标准“Q/SY 1707—2014”《催化裂化用三偏心硬密封高温蝶阀技术条件》。

表 1　主要技术专利列表

专利名称	专利类型	国家（地区）	专利号
一种新型焦化塔顶阀	实用新型	中国	ZL 201020128583.3
一种焦化塔顶阀	实用新型	中国	ZL 201220624636.x
一种延迟焦化装置进料管线防焦炭堵塞的装置	实用新型	中国	ZL 201320086520.x
三偏心硬密封蝶阀	实用新型	中国	ZL 200520129387.2
蝶阀用带缓冲快速电液执行机构	实用新型	中国	ZL 200520129387.7

三、应用效果与前景

焦化塔底（顶）阀已经在兰州石化公司、锦州石化公司、克拉玛依石化公司、辽河石化公司等单位得到应用，获得近 4000 万元的销售收入。

三偏心硬密封高温蝶阀已经在国内近十家民营炼油厂和广东石化、大庆炼化得到应用，实现近 2000 万元的销售收入。

焦化塔底（顶）阀和三偏心硬密封高温蝶阀拥有从售前咨询，到产品设计、制造、测试、现场安装和售后服务全套技术，实现了炼油专用设备的国产化。凭借国内领先的技术水平，融入产品的“一站式服务”理念，中国石油愿为国内炼油厂的催化裂化装置和延迟焦化装置改造、新上装置提供优质产品和服务，为炼油装置“长稳安满优”运行提供设备支持。

2.19 高效换热器和加氢反应器制造技术及装备

一、技术简介

高压螺纹锁紧环换热器、加氢反应器是油品加氢精制、重油深加工、油品升级等装置的重要装备。随着环保理念的深入、清洁油品加工规模的发展，市场对高压螺纹锁紧环换热器、加氢反应器设备的需求潜力巨大。

高压螺纹锁紧环换热器制造技术集螺纹锁紧环换热器主体材料焊接、内构件加工、整体组装及检验试验等，涵盖带极堆焊、螺纹锁紧环加工、回火脆化倾向性评定试验等 11 项关键技术，使中国石油率先具备了加氢装置用高压螺纹锁紧环换热器设计、工厂制造、现场安装、检维修一体化的服务能力（图 1）。

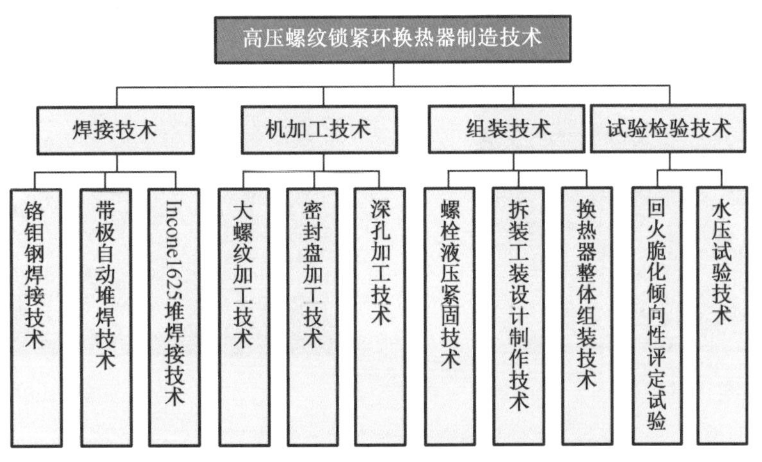

图 1　高压螺纹锁紧环换热器制造技术框图

加氢反应器成套制造技术是指运用多种冷、热制造加工技术以及制造与检验设备，结合相应的检验检测技术，生产制造的加氢反应器设备，涵盖中厚板卷板控制技术、窄间隙埋弧焊接技术、设备内壁耐蚀层带极堆焊技术、小直径接管内壁堆焊技术、马鞍形焊缝埋弧焊焊接技术等 4 大系列，12 项特色技术（图 2）。具备制造单台重量 700t、厚度 200mm 的板焊结构加氢反应器制造能力。

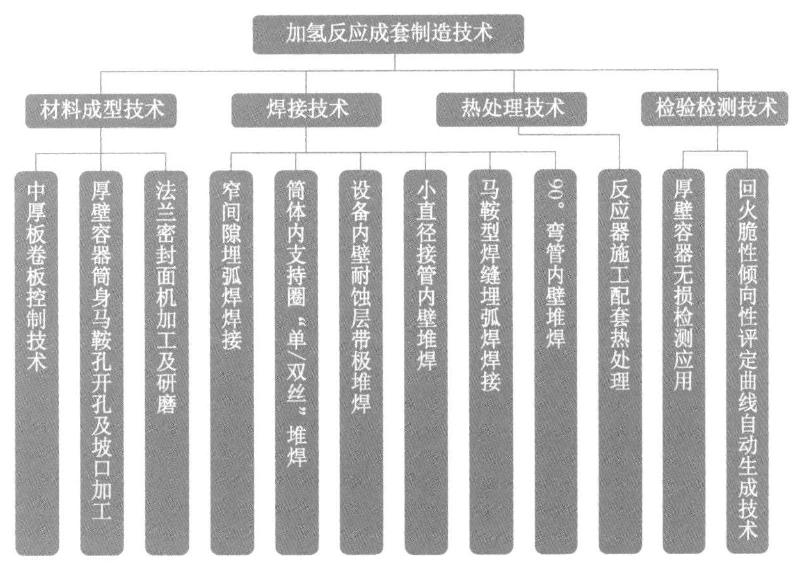

图 2　加氢反应器成套制造技术框图

二、关键技术

加氢反应器具有设备精度高、使用寿命长、产品质量稳定、制造成本低、施工周期短等优势。填补了集团公司加氢反应器制造业务的空白，实现了集团公司装备制造资质的飞跃。

（1）高压螺纹锁紧环换热器制造技术拥有先进的带极堆焊焊接设备、数控机加工设备、热处理设备、液压紧固设备及各类高端检验试验设备，支撑了加氢装置用高压换热器的制造精度及质量。

（2）中厚板卷板控制技术。利用大型卷板机，采用数控技术调整辊轴压制力的大小，自动纠偏，采用精准的冷热卷温度控制技术，保证筒体卷圆精度高、两端无错口。

（3）窄间隙埋弧焊焊接技术。与常规的坡口埋弧焊相比，具有焊缝金属填充量少、热输入量较低、焊接效率高、焊接热影响区小等优势，节省焊材 25%，缩短施工周期 30%，焊接合格率高。实现厚度 50 ～ 300mm 范围的焊接，焊缝成形宽度小于 24mm。

（5）90°弯管内壁整体堆焊技术。实现 90°弯管的内壁不锈钢耐蚀层一次整体堆焊成型，堆焊过程全部自动化。代表了目前国内弯管堆焊的最高水平（图 3，图 4）。

图 3　小管内壁堆焊

图 4　接管内壁堆焊

图 5　高压螺纹锁紧环换热器产品

（6）回火脆化倾向性评定曲线自动生成技术。通过对采用多种不同函数作为数学模型拟合回火脆性曲线进行比较，使试验结果能够更准确、真实地反映材料的回火脆化倾向性。

加氢反应器成套制造技术整体达到国内先进水平，高压螺纹锁紧环换热器制造技术整体达到国内先进水平（图 5），获省部级科技进步奖 2 项（其中一等奖 1 项），形成发明专利 2 件，专有技术 5 项；共获得 4 件专利（其中发明专利 1 件），获得中国施工企业管理协会科技创新成果一等奖 1 项，获得集团公司科技创新成果三等奖 1 项，获得工程建设焊接协会“全国优秀焊接工程”奖 1 项。

三、应用效果与前景

在四川石化、兰州石化、四川盛马、云南石化、广西石化等地顺利完成了 60 余台螺纹锁紧环换热器的制造、现场检修时拆、组装等任务，设备运行良好。

成功应用于山东天弘化学工程有限公司柴油加氢精制装置加氢精制反应器制造、大港石化公司油品质量升级改造 220×10^4t/a 年柴油加氢精制反应器制造等项目，共制造各类反应器 59 台，加工重量超过 6000t。

该技术已成为中国石油在国内外高端换热装备制造领域中具有核心竞争力的利器之一。随着环境保护法的发布实施，油品质量标准的不断升级，炼油装置大型化及高参数化，加氢装置中高效换热器、加氢反应器需求量巨大，成果应用前景广阔，市场空间巨大，应用前景良好。

2.20 炼化企业综合管网三维地理信息系统

一、技术简介

炼化企业综合管网三维地理信息系统是以炼油化工厂区管网管理为目标，企业空间地理信息为基础，地下管线、桥架上管线的空间数据为核心，开发的炼化企业厂区及周边二三维一体化的综合管网地理信息系统。系统直观地展现地上地下综合管线现状，具有三维场景浏览、三维测量、信息查询、图形选择、地图绘制、二三维联动等功能。实现了管网资料的查询、统计和分析，建立了地理信息技术与炼化企业安全生产管理相结合的新模式。

综合管网三维 GIS 系统利用计算机网络技术、空间数据库技术、网络通信技术，集成遥感影像、地形数据、厂区设备、设施数据，以 Arc GIS Server 为数据管理和开发平台，以 Oracle 数据库为数据存储，搭建的一个展示炼化厂区管网分布、设备信息、地籍管理等应用的网络平台，集成了厂区地下管网、装置、罐区、桥架、桥架上管线、厂房、道路的空间和属性信息，为企业的规划、机动、生产、安全、环保等管理提供综合管网位置及属性信息的查询等服务，提高了管道的专业管理水平。

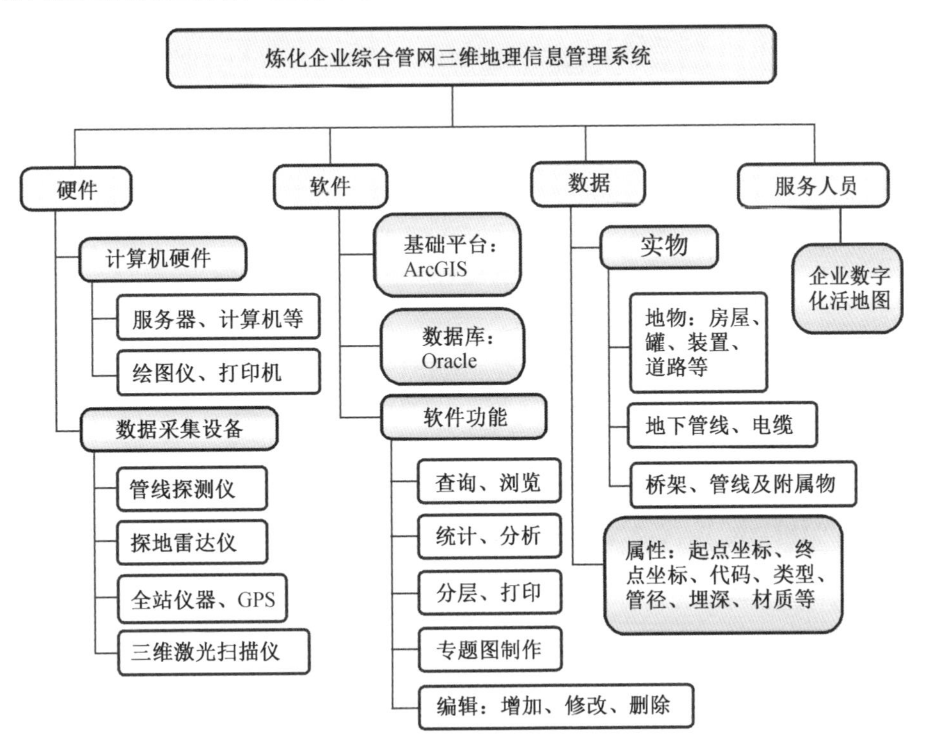

图 1　综合管网三维地理信息系统组成

二、关键技术

形成了炼化企业地下管网探测、测量、成图成套技术，地理信息数据处理、数据优化、数据集成成套技术。总结了炼化企业地下管网探测、测量技术流程，包括厂区地理信息数据采集安全作业方法等。

炼化厂区动土动态实现了综合管网管理，制定了由管网系统服务于动土作业管理的流程，实现管网系统的动态维护。

炼化企业厂区复杂环境下的地下管网泄漏检测成套技术，解决了复杂环境和装置区漏水检测技术问题，一次开挖发现漏点，漏点的定位在 1m 以内，测量的准确率达到了 90%。

提供炼化企业厂区三维地理空间数据高效率、高质量采集作业和工作流程，形成了炼化企业管架及其管线、管件、附属物的三维专用模型库和通用模型库。

应用 GIS 技术的炼化企业规划、机动、安全、环保等的专业化定制服务模块应用于总图管理，可提供厂区总体平面实时分布图和地下管网分布图，为总图管理部门提供查图、出图、区域综合分析等技术支持；为企业动火、有限空间、高空作业等特种作业提供相关信息，为管道突发事件应急指挥提供技术支持，提供地下管网、地上管线的位置、信息等。

技术达到国内先进水平，共获省部级奖励 4 项。取得实用新型专利 8 件，软件著作权 2 件。

三、应用效果与前景

兰州石化通过多年的地理信息技术应用，建成了完善的炼油、化工区域和生活区综合管网地理信息管理系统，在独山子石化、喀土穆炼油有限公司、塔西南石化厂等中国石油海内外炼化企业进行了推广应用（图 2）。

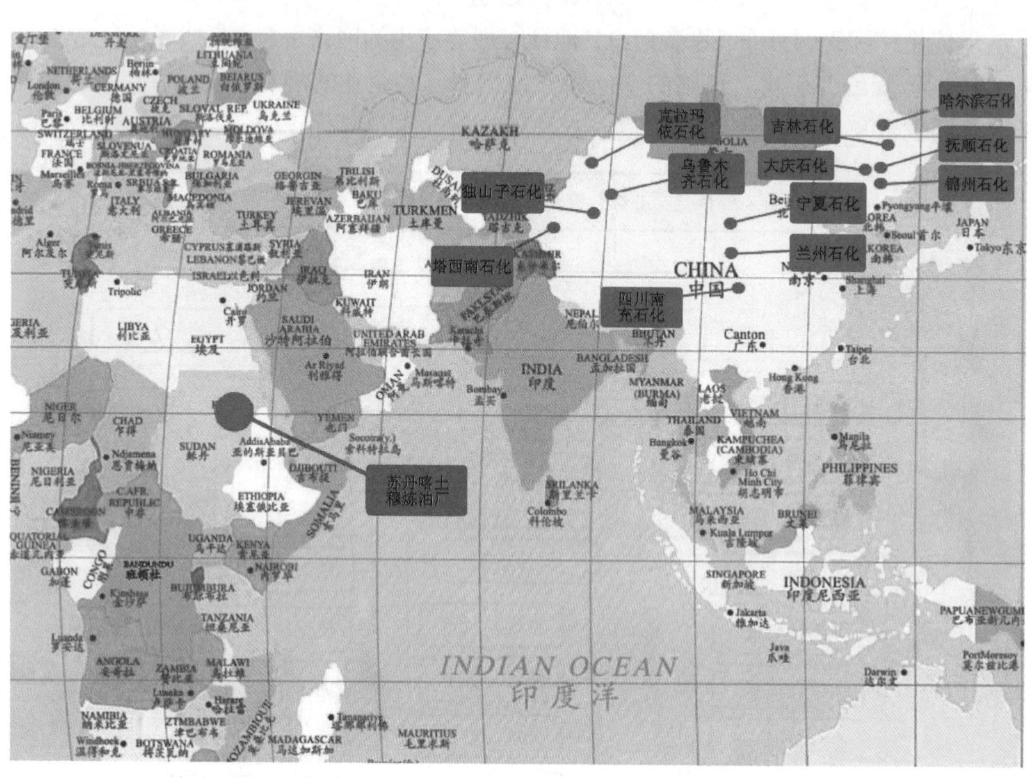

图 2　炼化企业综合管网三维地理信息系统应用分布图

（1）为企业规划、机动、生产、安全、环保等管理提供技术支持。

（2）形成了由地理信息为企业动土服务的管理模式，自 2000 年以来为兰州石化厂区动土提供技术服务 4100 多起，为实现电缆零事故提供了有效的技术支持；将动土管理与地下管网泄漏检测、总图管理相结合，进行厂区地下供水管线普查与检测，年节水 50×10^4t。

（3）在兰州石化生活区建设地下管网与天然气管道三维 GIS 系统，实现生产、生活区管网系统全覆盖。

（4）青岛“11 • 22”爆炸事故后，为兰州石化及宁夏石化等西北 6 家地区公司厂外烃类管道排查提供支持。兰州“4 • 11”水污染事件后，为应急指挥小组提供了周边设施和地下管道信息查询。

“炼化企业综合管网系统”具有先进、实用、可靠、能复制等特点，实现了综合管网的动态管理；在当前炼化企业安全、环保面临的严峻形势下，较好地解决了企业尤其是老企业综合管网日常管理和维护中存在的基础资料缺失、信息失真、无法动态更新等问题。该系统在炼化企业推广，对于提高管道的管理水平、降低事故发生率具有积极意义。

2.21 炼油及乙烯装置防腐监测与评价软件

一、技术简介

炼油及乙烯装置防腐监测与评价软件，针对炼油及乙烯生产装置工艺流程、运行工况、设备材质、腐蚀流，参照腐蚀与防护技术标准及规范，采用 HAZOP、RBI、LEC 等技术进行分析和关联，识别重点生产装置腐蚀系统及腐蚀部位，合理设置各类腐蚀监测技术监测方式，创建腐蚀流程图，进行炼油及乙烯装置防腐监测与评价（图 1）。

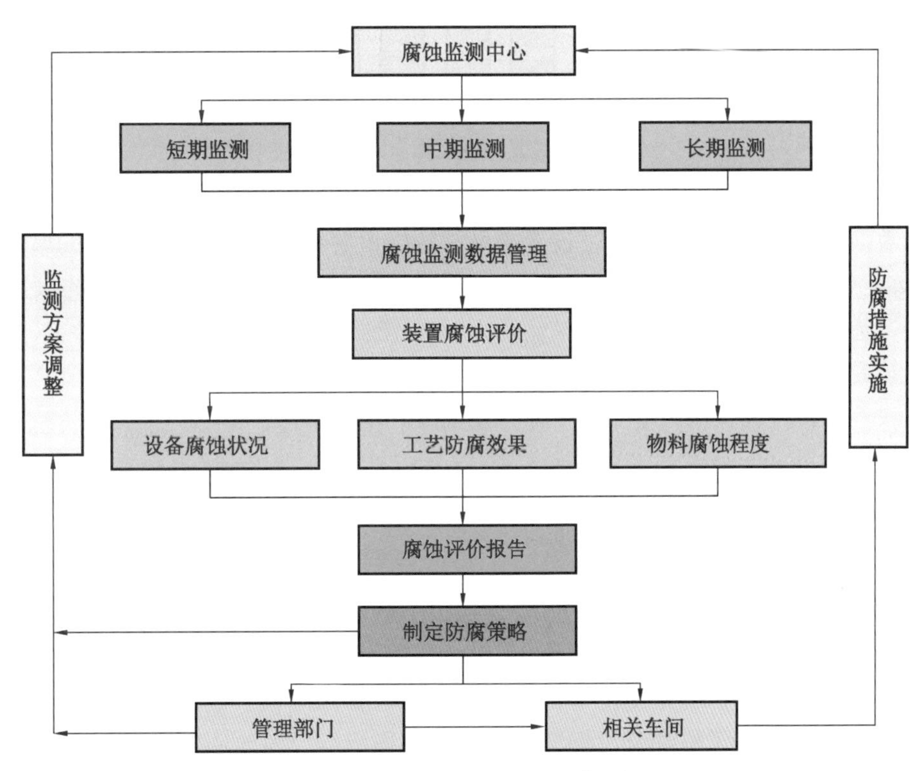

图 1　腐蚀监测及评价体系运转流程图

该技术以长、中、短期腐蚀监测方法为手段，以腐蚀监测数据为基础，以数据库软件为平台，以腐蚀评价标准规范为指导，以装置腐蚀状况评定为核心，以制定装置防腐策略为目标，实现装置防腐监测工作动态响应、闭环管理，为易腐蚀装置提供准确、及时、全面的腐蚀监测数据，科学评价装置腐蚀程度及腐蚀变化趋势，对掌握装置生产运行状态下的腐蚀状况、发现腐蚀问题、找出腐蚀原因、采取有效的防护措施、保障安全生产具有重大意义。

二、关键技术

炼油及乙烯装置防腐监测与评价软件在国内首次实现“全面监测、完整评价、动态响应和闭环处理”创新了四项关键技术（图 2）。

（1）在线旁路釜监测技术为炼化装置腐蚀系统的材质优选提供科学依据。

（2）管道定点测厚技术准确地获得运行工况下易腐蚀管道剩余壁厚，并计算腐蚀速率，为管道安全等级评定及检维修提供依据；在其他腐蚀监测技术发现腐蚀异常的情况下，快速验证腐蚀影响程度，防止突发腐蚀泄漏事故的发生。

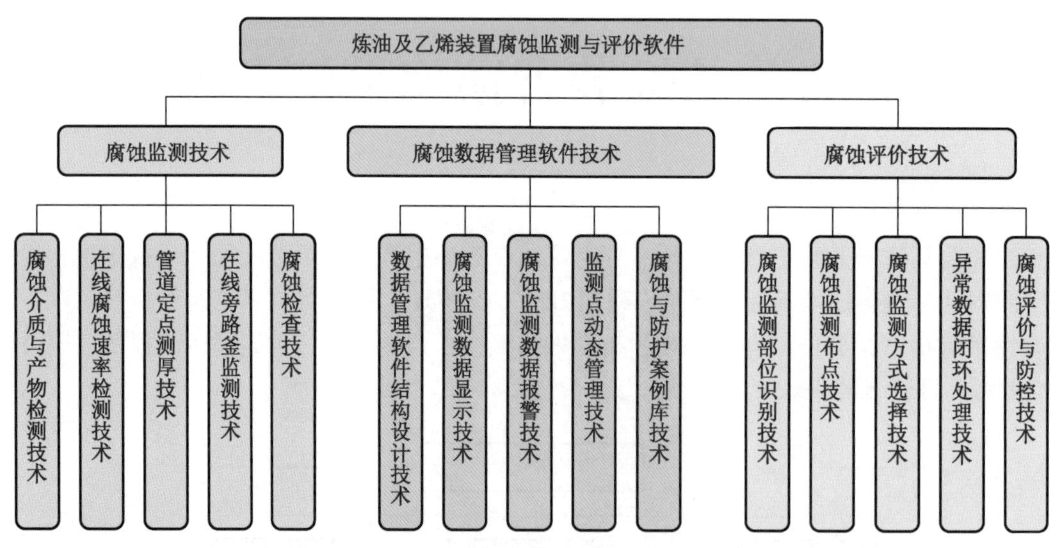

图 2　炼油及乙烯装置防腐监测与评价软件技术框图

（3）实现对炼油与乙烯易腐蚀生产装置腐蚀监测数据的长期保存，进行腐蚀监测点的动态管理，显示监测部位腐蚀数据的历史腐蚀变化趋势；设置有异常数据报警功能，及时发现装置的腐蚀隐患。

（4）实现炼化装置腐蚀监测数据的有效利用，全面、客观评价装置易腐蚀系统的腐蚀状况，准确把握腐蚀变化趋势，为装置防腐措施调整及腐蚀监测方案优化提供科学依据。

炼油及乙烯装置防腐监测与评价软件整体达到国内领先水平，获省部级二等奖 2 项，三等奖 1 项，获计算机软件著作权 5 件，授权实用新型专利 1 件，发明专利受理 2 件。

三、应用效果与前景

炼油及乙烯装置防腐监测与评价软件在独山子石化 1000×10^4t/a 炼油、100×10^4t/a 乙烯、22×10^4t/a 乙烯生产系统的 20 余套重点生产装置进行了成功应用，为独山子石化大规模加工哈萨克斯坦原油提供了准确、及时的腐蚀监测数据；及时、准确监测了 1000×10^4t/a 蒸馏装置减三线、焦化装置分馏塔底、硫黄回收装置急冷水塔底等腐蚀较重部位腐蚀变化情况，在快速发现腐蚀问题、确保装置安全生产方面发挥了积极、有效的作用，有力地保障了炼油及乙烯装置的安全平稳运行。对于中国石油炼化企业、中国石油其他相关腐蚀的企业（油气田、化工）或国内同行业具有重要的借鉴意义，可在中国石油及国内同行业推广应用。

2.22 采油工程优化决策软件（PetroPE1.0）

一、技术简介

采油工程优化决策软件（简称 PetroPE1.0）是在对油气藏产能、井筒流体和设备受力及地面抽油设备运动规律一体化分析基础上，优选油气井生产设备和优化工作参数，结合生产动态变化和生产测试数据，进行油气井系统工况诊断和生产管理的软件系统。采油工程优化决策软件具有抽油机井、螺杆泵井、电动潜油泵井、气举井及排水采气井的优化设计、工况诊断、日常管理、生产决策的功能，通过优化决策实现油气井提效降耗，延长检泵周期，提高管理水平。与同领域软件对比，软件方法先进，首次实现三维力学仿真等 PetroPE1.0 功能全面，满足所有举升方式优化决策。采油工程优化决策软件 1.0 版含四大工作包（图 1）。

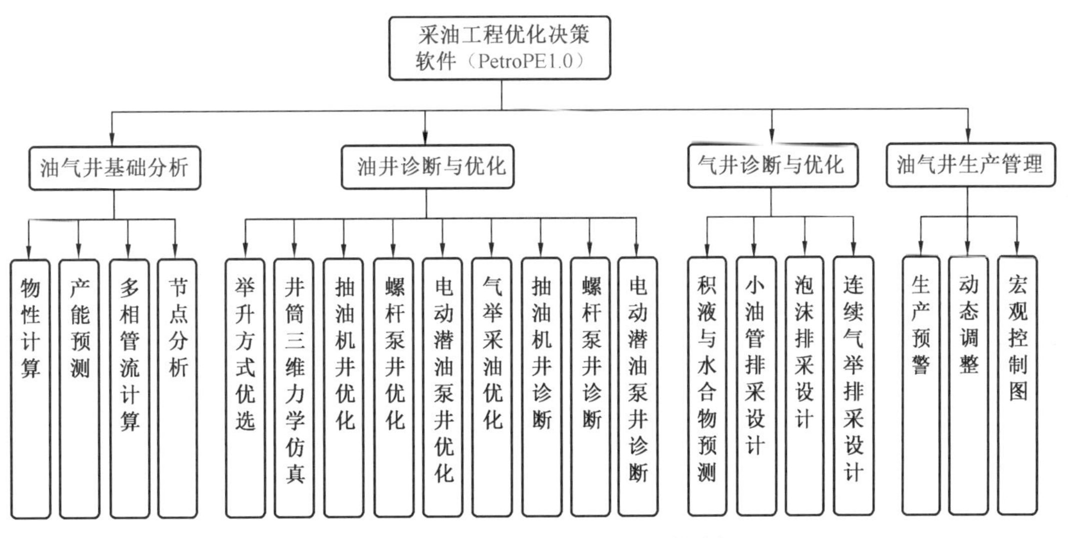

图 1　采油工程优化决策软件 1.0 版技术框图

二、关键技术

（1）全面性：满足国内 90% 以上油气井的优化、决策和生产管理的需要，构建了设备库，国内外同行软件均无该功能。

（2）先进性：PetroPE1.0 创新突破了油气井优化和决策的四大核心技术。① 科学、量化的举升方式优选方法；② 井筒三维力学仿真模型；③ “产量—能耗—寿命”三者协调的设计方法；④ 当量系统效率概念，系统效率评价（图 2）。

（3）网络化：推出首套基于 Web 的采油工程优化与决策网络软件，实现了在线设计和联网即用，开发数据桥实现了与中国石油数据平台的动态链接，解决了数据共享问题。

（4）智能化：采用神经网络智能诊断方法，对油气井进行实时精确的工况分析，利用网络数据优势，批处理功能，能够对整个区块或采油厂进行批量诊断、批量设计，并把结果推送给用户，大幅提高了工作效率。

采油工程优化决策软件达到国际先进水平，其中井筒三维力学仿真、产量—能耗—寿命协调设计方法处于国际领先水平，获得软件著作权 1 件，制定采油采气行业标准 1 项，申请发明专利 10 件（表 1），获得中国石油科技进步一等奖 1 项，被评为集团公司自主创新重要产品。

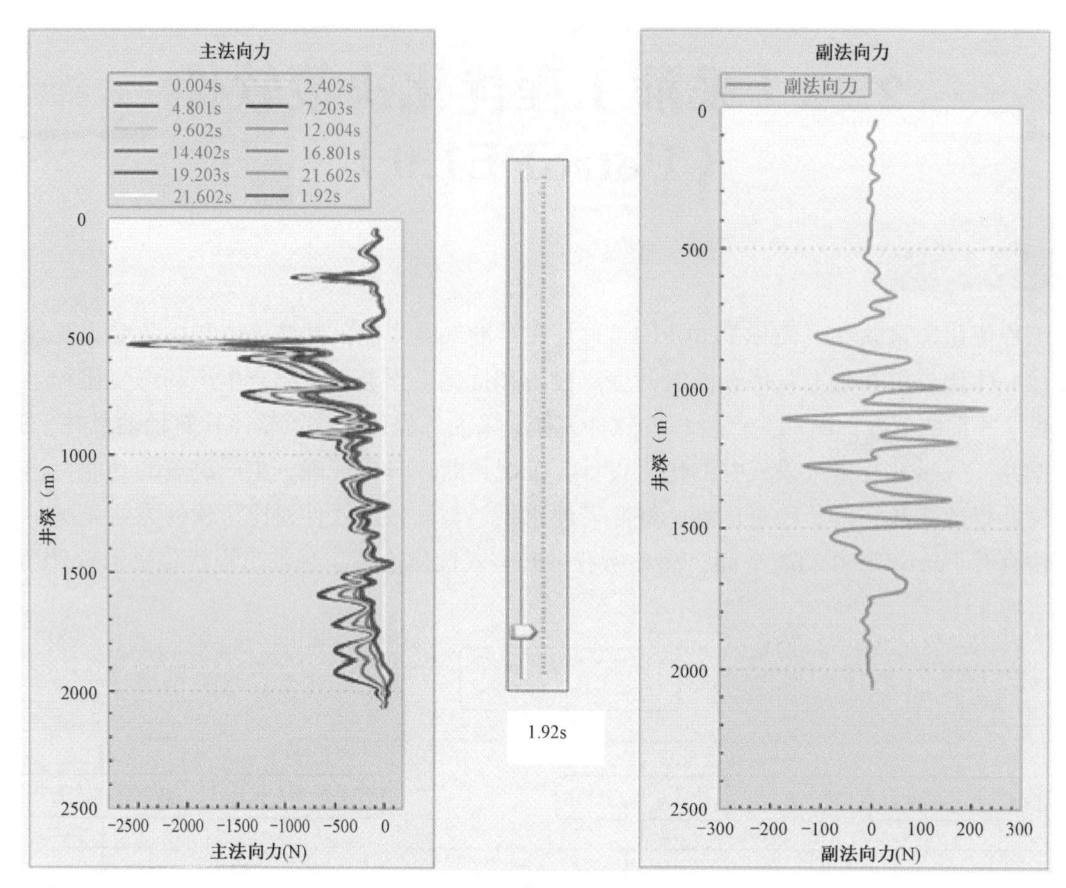

图 2　某井三维侧向力分布

表 1　主要技术专利列表

专利名称	专利类型	国家（地区）	专利号
一种获取抽油机井井下系统特性曲线的方法及装置	发明专利	中国	ZL 201410344270.4
油井测试与分析系统	发明专利	中国	ZL 201410157773.0
一种采油井生产特性的评价方法	发明专利	中国	ZL 201310728028.2
一种提高抽油机井系统效率的参数调整方法及系统	发明专利	中国	ZL 201310412540.6
油气井生产系统优化设计与诊断决策软件 V1.0	软件著作权	中国	ZL 2010SR040666
…	…	…	…

三、应用效果与前景

采油工程优化决策软件 1.0 版已在大庆、华北、冀东、大港、吉林、新疆、塔里木 7 个油田推广应用，累计应用近 3 万井次，平均提高系统效率 2.93%，折合年节电 1.6 亿千瓦时，大斜度井平均延长检泵周期 78.6 天。

随着节能型企业建设的全面实施和精细化管理的不断推进，采油工程优化决策软件具有不可替代的作用，并且软件应用贯穿于油气井的全生命周期，其用户量将会不断增多，利用率将会不断增大，PetroPE1.0 将为推动油气业务发展和采油工程技术进步贡献力量。

2.23 万道地震仪

一、技术简介

地震仪器是地球物理勘探技术发展最重要的装备，包括有线地震仪和节点地震仪，地震仪器的好坏直接决定地震数据采集质量及野外施工效率。中国石油依托国家油气科技重大专项支持，在具有自主知识产权的ES109地震仪基础上，成功研发G3i有线地震仪及Hawk节点地震仪，其具有十万道以上的实时采集能力、支持可控震源高效采集、兼容模拟检波器及数字检波器、适应各种复杂地表条件高效施工等特点，能够满足“宽方位、宽频带、高密度”勘探技术要求（图1）。

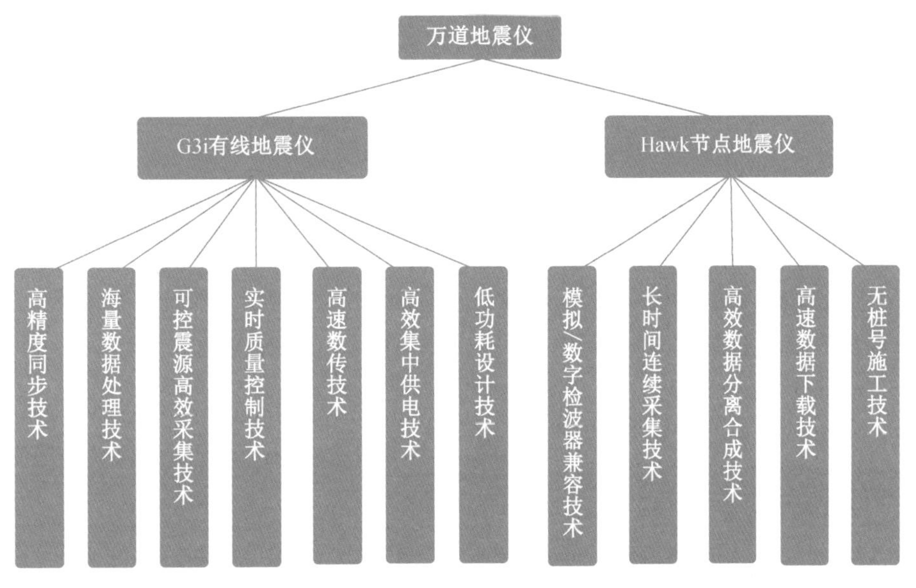

图1　万道地震仪技术框图

二、关键技术

（1）G3i有线地震仪在系统同步、集中供电、高速文件传输方面优势明显，具有突出特点（图2）。① 系统实时道能力强：排列实时道能力达到1800道（2ms采样），采用数据压缩技术达到2400道；交叉线实时道能力达到60000道（2ms采样），采用数据压缩技术达到10万道；系统实时道能力达到24万道；

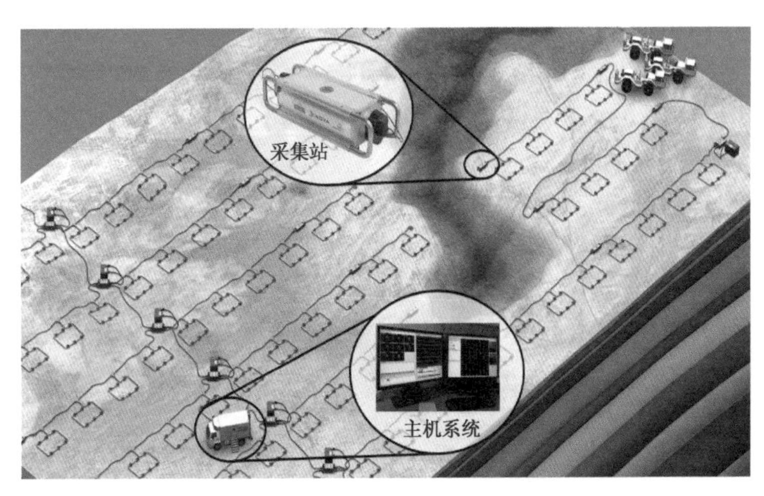

图2　G3i有线地震仪结构示意图

② 单道平均功耗低：单道平均功耗约为235mW；③ 支持各种可控震源高效采集技术：slip-sweep、V1、DSSS、ISS及动态滑动扫描等；④ 兼容模拟检波器及MEMS数字检波器；⑤ 支持多种激发方式：炸药震源、可控震源、气枪及重锤等。

（2）Hawk节点地震仪数据处理、野外采集，具有优异性能。① 单站3道：（1/2/3道可选）；② 同一采集站支持常规模拟检波器及MEMS数字检波器；③ 支持无桩号施工；④ 功耗低，连续工作时间长；⑤ 数据下载及合成效率高。

（3）G3i有线地震仪和Hawk节点地震仪在复杂地表勘探时可混合施工（图3，图4）。

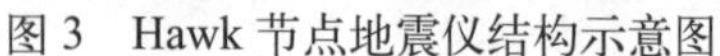
图3 Hawk节点地震仪结构示意图

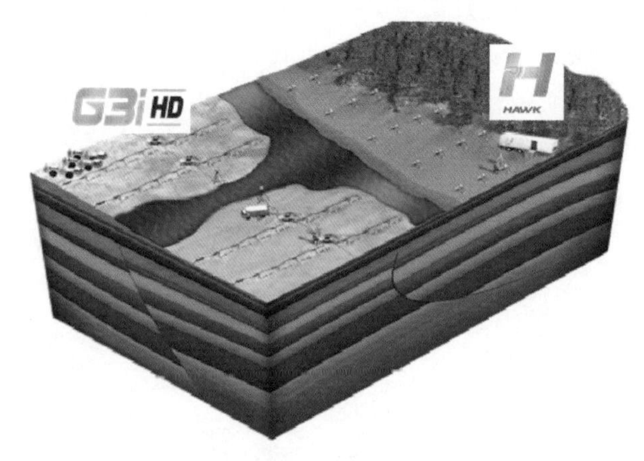

图4 G3i有线地震仪和Hawk无线地震仪混合施工图

万道地震仪整体功能及性能达到国际先进水平，获集团公司科技进步二等奖1项，授权专利发明18件（表1）。

表1 主要技术专利列表

专利名称	专利类型	国家（地区）	专利号
用于线性拓扑的线缆网络的高精度时间同步	发明专利	中国	ZL 201310006644.5
高效地震文件传输	发明专利	中国	ZL 201510284944.0
具有无线通信单元和无线电力单元的地震数据采集单元	发明专利	中国	ZL 201510264279.9
…	…	…	…

三、应用效果与前景

万道地震仪广泛应用于国内外勘探市场，用户分布在中国、北美、俄罗斯、中亚、北非等地区，全球累计销售近40万道。其中，G3i有线地震仪销售超过24万道，在35个高密度三维项目中实现规模化应用，实施满覆盖面积达9572km^2，累计生产215万多炮，为准噶尔盆地玛湖凹陷富油高产区、柴达木盆地英东油田等储量落实提供了物探装备支撑。Hawk节点地震仪销售超过15万道，在鄂尔多斯盆地黄土塬地区开始规模化应用，取得了良好的经济效益，成为复杂地区的物探利器。

随着物探技术的发展，特别是“宽方位、宽频带、高密度”物探技术的发展推广，地震数据的连续实时采集能力从“十二五”初的万道级发展到“十二五”末的十万道级，预计在“十三五”期间发展到几十万道甚至百万道级，万道地震仪已成功地满足“宽方位、宽频带、高密度”的技术要求，并向着海量数据、全数字化的方向发展，将成为现代物探技术重要的装备技术支撑。

2.24 GeoEast V3.0 地震数据处理解释一体化软件系统

一、技术简介

GeoEast V3.0 地震数据处理解释一体化软件系统（以下简称“GeoEast”）是一套统一数据平台、统一显示平台、统一开发平台、可动态进行系统组装的地震数据处理与解释协同工作的一体化软件系统（图 1）。以数据共享为核心，通过数据和通讯两大平台的支持，实现处理解释一体化应用的迭代，利用共享的近地表和地下构造、速度等信息，实现构造形态约束下处理与解释过程的迭代，提高地震数据处理和解释的精度。GeoEast 系统包含一体化应用平台、处理及解释三大子系统，近 400 个处理解释功能及配套模块，以及 GeoEast-Diva、Tomo、Beam、Lightning、EasyTrack 等多个独立功能软件包。实现从时间域到深度域、从陆上到海上、从地面到井中、从纵波到多波、从构造到储层的五大跨越，可以满足常规和高效采集的现场处理、大规模室内处理、解释中心的生产需求。

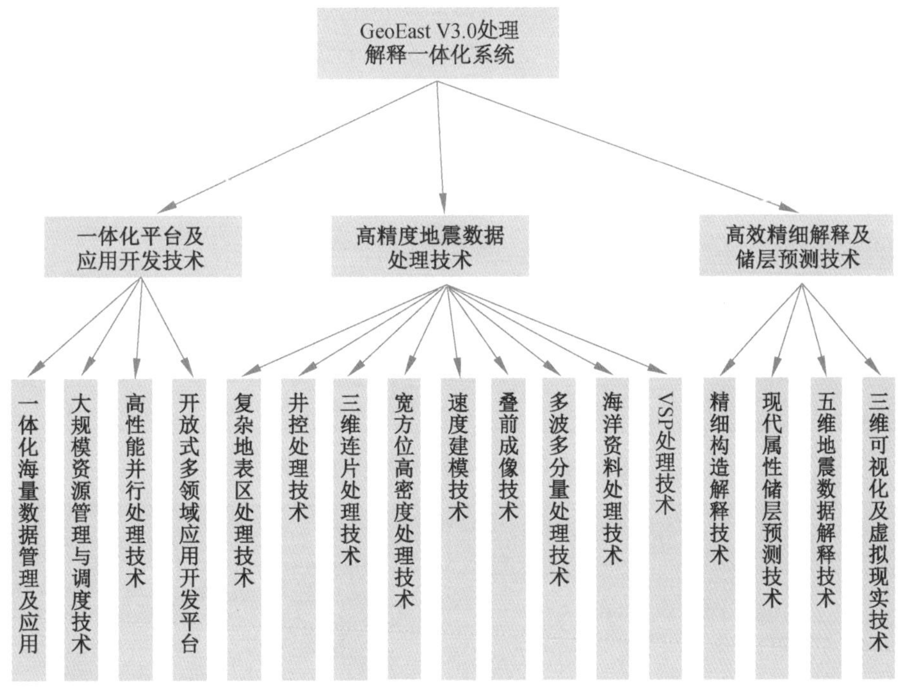

图 1　GeoEastV3.0 地震数据处理解释一体化软件系统技术框图

二、关键技术

（1）具备从陆上到海洋、从地面到井下、从单纵波到多波的处理能力；具备从叠后到叠前、从时间到深度、从简单水平地表到复杂起伏地表的叠前偏移成像能力；具备从构造到储层、从单井到多井、从时间域到深度域的解释能力。

（2）支持上百 TB 数据的处理与管理、上千 CPU/GPU 集群规模的并行处理以及 2D 与 3D 资料的联合解释和盆地级解释；可以满足常规和高效采集的现场处理、大规模室内处理、解释中心的生产需求。

GeoEast 软件整体功能达到国际先进水平，先后获得中国石油科技进步一等奖、国家科技进步二等奖，授权发明专利 69 件，计算机软件著作权 21 件（表 1）。

表 1　主要技术专利列表

名称	专利类型	国家（地区）	专利号
一种有效衰减三分量地震记录中面波的极化滤波方法	发明专利	中国	ZL 201010231478.7
一种地震数据子波相位转换处理的方法	发明专利	中国	ZL 201010197068.5
一种叠前地震数据地层弹性常数参数反演的方法	发明专利	中国	ZL 201010535949.3
…	…	…	…

三、应用效果与前景

GeoEast 已在中国石油内部全面推广安装，在国内八大盆地、海外五大合作区得到广泛应用（图 2，图 3）。“十二五”期间，GeoEast 软件对外销售 43 套、实现销售收入 1.54 亿元，内部安装 635 套、替代进口软件节约费用 12.9 亿元。

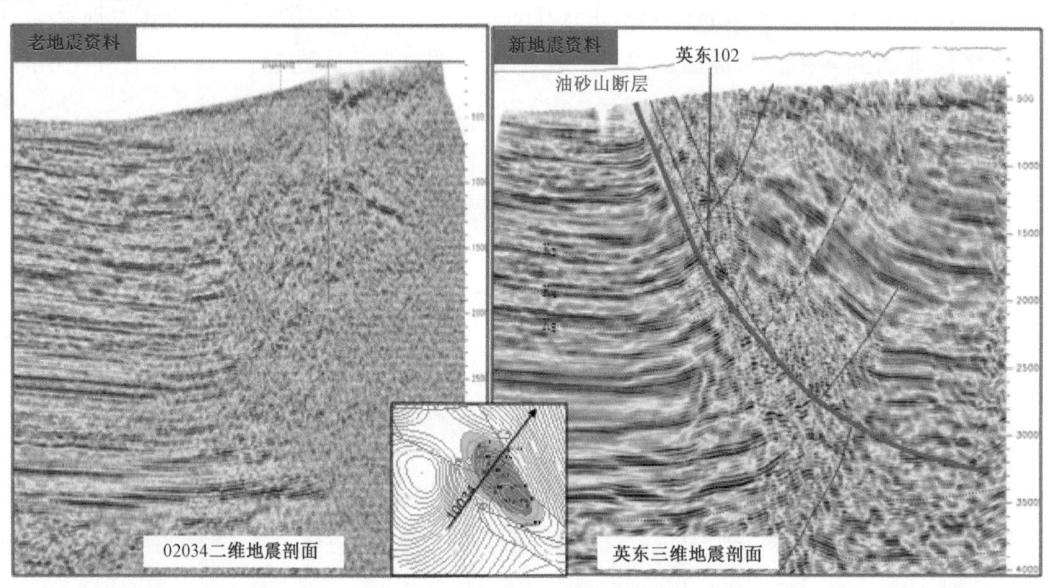

图 2　柴达木盆地英雄岭地区应用图

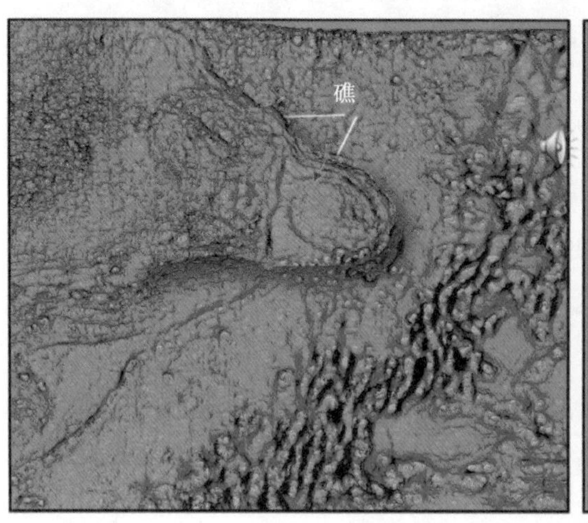

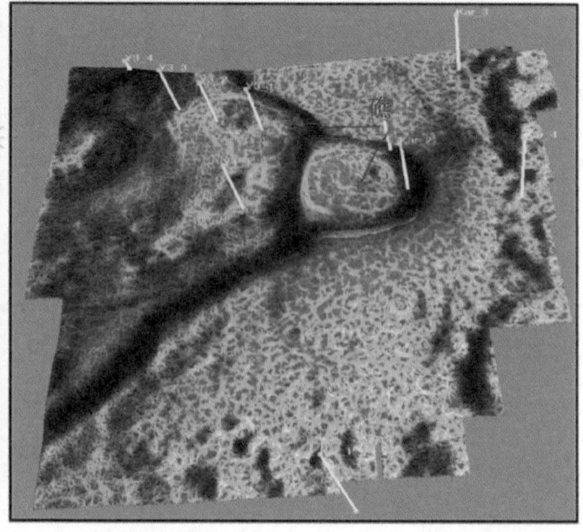

图 3　土库曼斯坦阿姆河气田勘探应用

GeoEast 软件系统正在研发新的功能应对勘探市场的变化，预计在“十三五”末形成新一代综合性、可满足勘探生产一体化需求的国际一流软件系统，替代国际同类软件，为提高中国石油的国际竞争力提供技术支撑。

2.25 GeoMountain 山地地震采集处理解释一体化软件

一、技术简介

GeoMountain 山地地震采集处理解释一体化软件是山地复杂构造精确地震成像和气层有效识别的技术利器，具有采集优化设计、地震资料处理、地震资料解释、储层预测及流体识别一体化功能，能够满足了国内外山地复杂构造油气资源勘探需求。软件系统包括精确地震成像和气层识别 7 项核心技术（图 1），通过研发的软件模块对技术的采集和协同可全自动集成、高效动态控制执行。

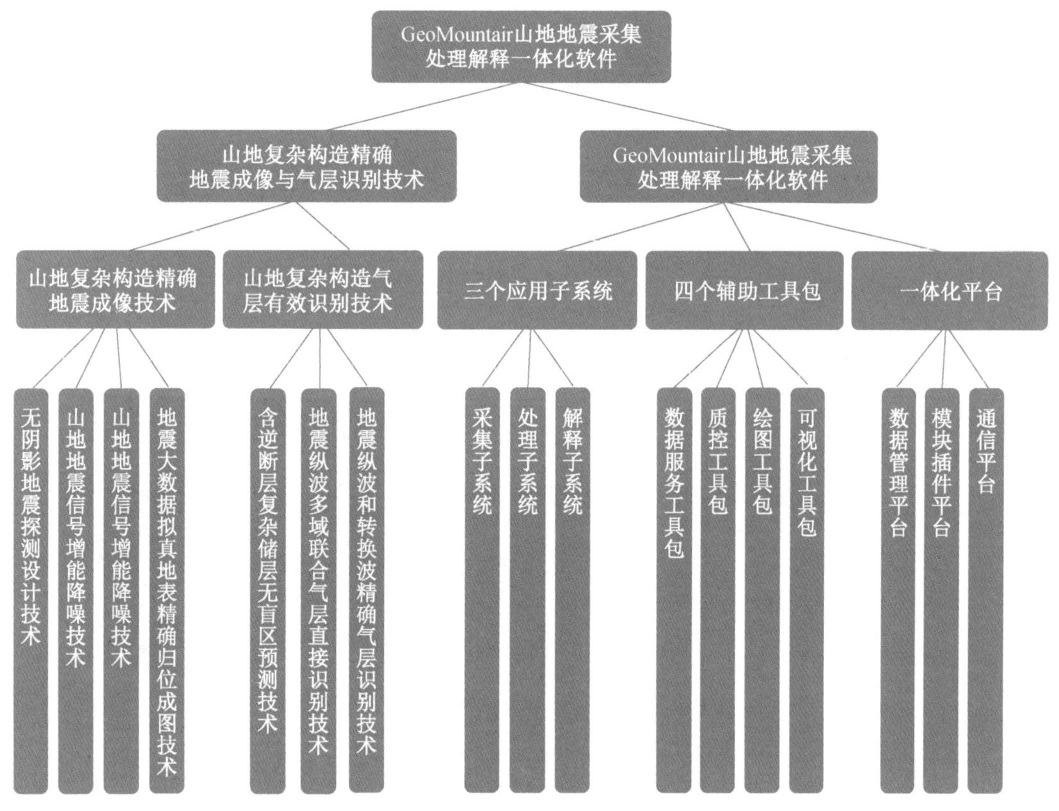

图 1　GeoMountain 山地地震采集处理解释一体化软件技术框图

二、关键技术

（1）转换波时变子波层位标定方法，实现了 P 波和 PS 波的高效、高精度联动解释，层位匹配精度、解释效率分别提升 20% 和 30% 以上；基于阻尼最小二乘解的 P 波和 PS 波广义线性联合反演等技术，精度高，反演稳定；气层识别成功率由地震纵波多域联合气层直接识别的 85% 提高到 93%。

（2）创新实用新技术包括：无阴影地震探测设计、山地地震信号增能降噪、地下复杂构造精确速度建模、地震大数据拟真地表精确归位成图、含逆断层复杂储层无盲区预测、地震纵波多域联合气层直接识别、地震纵波和转换波精确气层识别。

GeoMountain 山地地震采集处理解释一体化软件总体达到国际领先水平，获省部级以上科技奖励 3 项，授权发明专利 48 件（表 1）。

表 1　主要技术专利列表

专利名称	专利类型	国家（地区）	专利号
基于复杂地质构造的自适应三维射线追踪方法	发明专利	中国	ZL 201010589157.4
用于地震勘探的照明度计算方法	发明专利	中国	ZL 201110424517.X
地震勘探资料采集中精确定位干扰源位置的方法	发明专利	中国	ZL 201110198687.0
…	…	…	…

三、应用效果与前景

山地地震采集处理解释一体化软件已在国内 7 大盆地和缅甸、土库曼斯坦等海外 12 个国家的山地复杂构造油气勘探中应用（图 2），共获国内外商业服务合同 466 个。近 3 年来，已支撑探明山地复杂构造天然气储量 $9977\times10^8m^3$，创造间接经济效益 873.73 亿元。该软件已安装 154 套、更新 276 套，创直接经济效益 5.7 亿元。

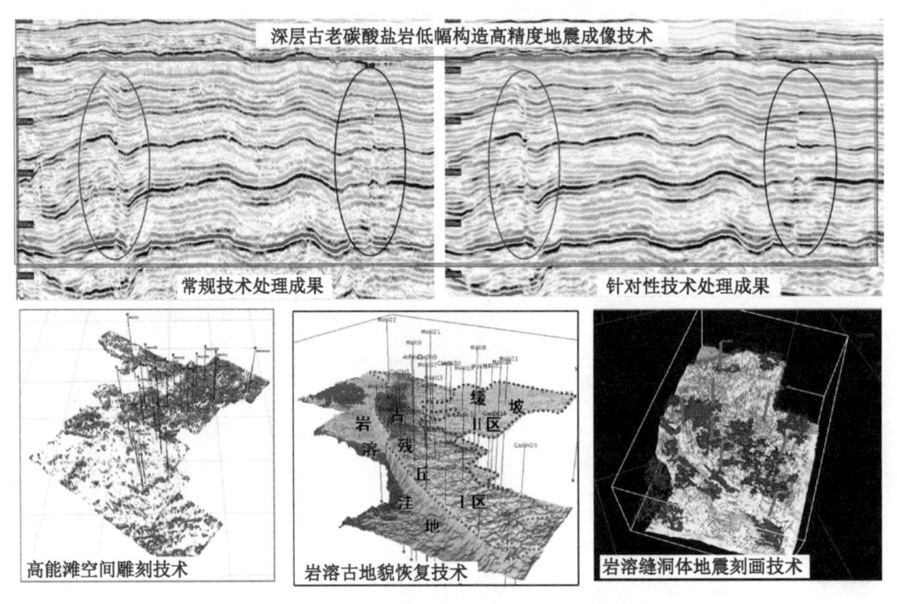

图 2　四川盆地复杂山地三维应用

GeoMountain 作为中国石油在山地复杂构造地震勘探的利器之一，能够适用于国内外山地复杂构造地区的石油与天然气勘探、煤矿勘探和地热资源勘查，我国陆上 8 大山前带、海外中亚—南里海山前带、扎格罗斯山前带、西北非山前带等 5 大山前带等重点油气勘探领域油气资源丰富，急需复杂山地地震勘探的关键技术和配套软件；同时，该套软件也可以应用于水文、工程、环境地质调查、工程检测等工程物探领域，其应用领域、潜力巨大。

2.26 GeoSeisQC 地震采集质量分析与评价软件

一、技术简介

GeiSeisQC 是我国第一套地震采集质量分析与评价软件系统，可为地震野外采集质量监控提供“科学、实时、自动、定量、远程、全面、高效”一体化解决方案。系统具有“地震记录实时炮质量分析、辅助数据分析、地理信息评价、三维仿真、地震记录品质定量分析、地震资料自动监理评价、综合分析、远程监控”等多项关键技术（图 1）。并针对不同用户需求，形成了“现场实时监控版、监督版、运程监控版”等三个特色版本和三套地震采集监控流程。

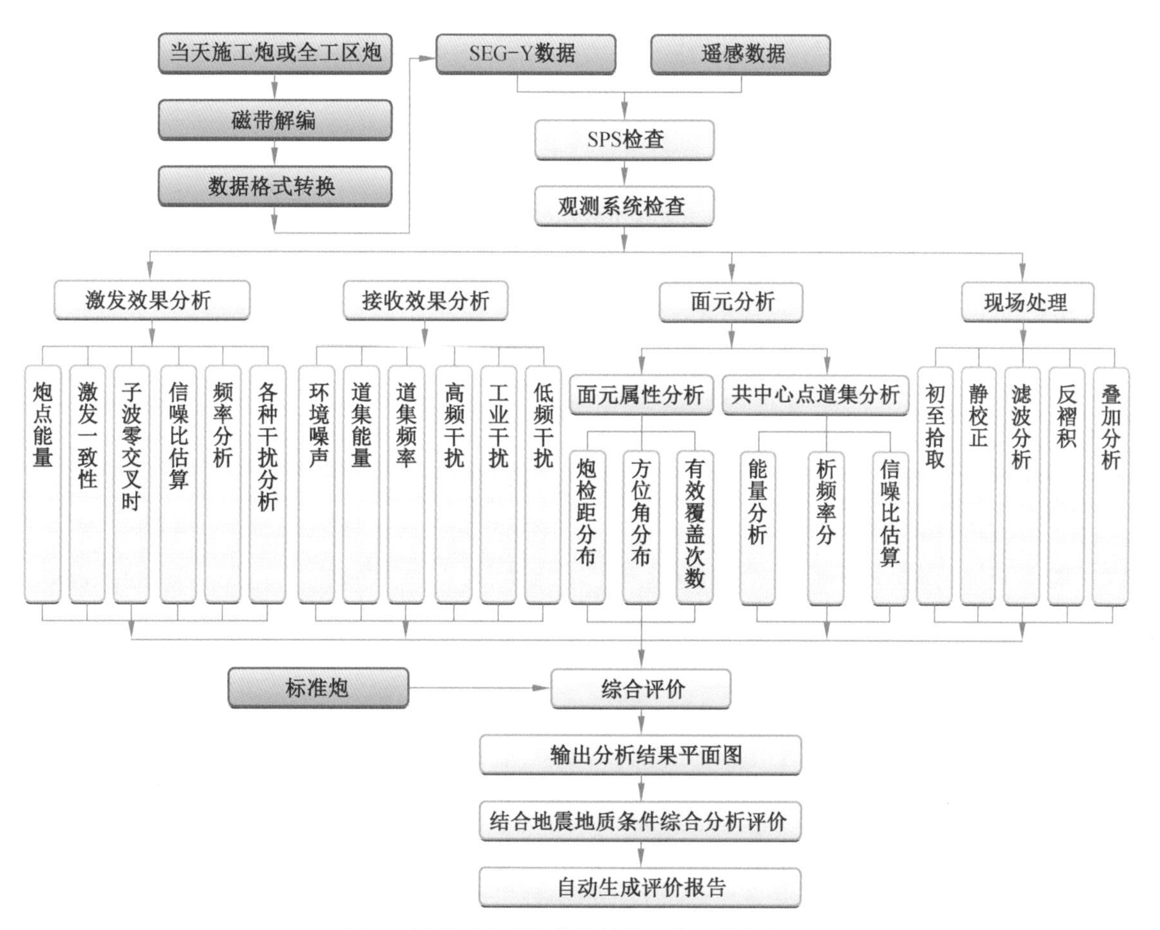

图 1　地震采集质量监控软件系统工作流程图

二、关键技术

（1）实现了地震采集软件与主流地震采集仪器的实时连接，为现场施工队伍、油田监理和管理部门构建了实时监控现场地震采集质量、监控施工进度的统一平台，实现了地震野外采集质量远程监控。

（2）基于快照和模板技术，解决了现场恢复、分析流程构建、多级联动、交互操作、视觉布局、流程参数、快速分析流程搭建以及分析流程中各组件自动更新难题。

（3）综合应用多属性分析、地理信息与 3D 仿真等技术，通过引入遥感、DEM 高程、坡度、地表条件、湿度等地表信息构建复杂三维模型，还原真实地表、地质状况，实现了地震采集质量三维定量分析与评价，进一步提高监控结果的准确性。

(4) 针对不同施工环境、地表、地形条件，定制符合区域特点的评价标准，科学、合理地分区域自动分析和评价地震采集质量，提高了地震采集记录质量监控的科学性。

(5) 系统可对监控过程进行记录，并自动排版、编辑，生成最终监控报告，极大地降低了提高了监控效率，节约监控成本（图 2，图 3）。

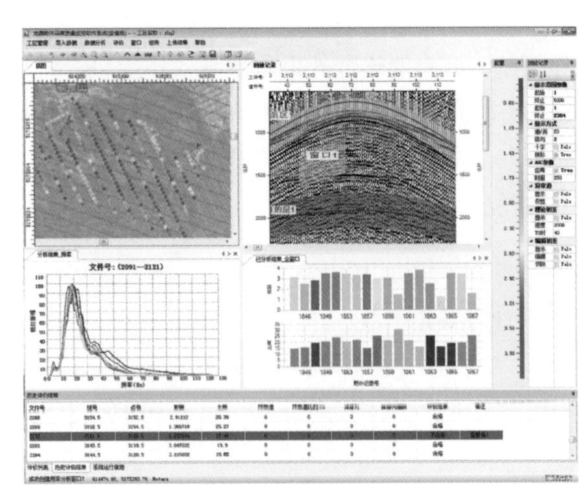

图 2　系统监控界面

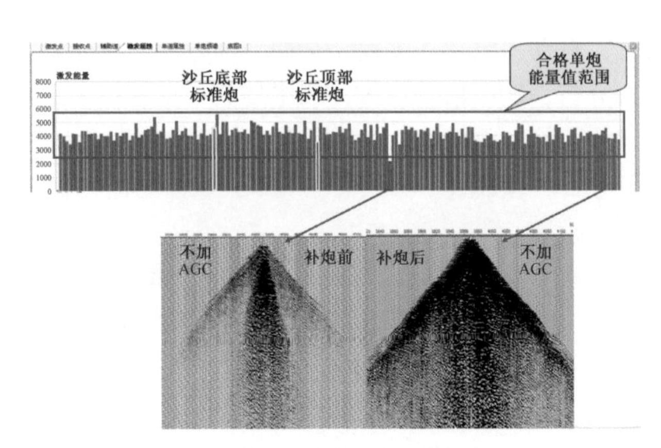

图 3　某个区监控补炮前后对比

GeoSeisQC 地震采集质量分析与评价软件整体达到国际先进水平，获得多项国家、省部级奖，授权发明专利 7 件、软件著作权 13 件（表 1）。

表 1　主要技术专利列表

专利名称	专利类型	国家（地区）	专利号
基于炮点叠加映射的地震采集质量分析技术	发明专利	中国	ZL 201010548313.2
基于三维真地表仿真的地震资料野外采集质量监控技术	发明专利	中国	ZL 201010588367.1
基于地理信息系统（GIS）的地震采集质量综合分析评价方法	发明专利	中国	ZL 201010553707.7
…	…	…	…

三、应用效果与前景

软件已累计在集团公司推广 374 套，基本覆盖中国石油地震采集施工队伍。该软件的研发与推广应用，使地震野外采集质量监控效率提高了 8 ～ 10 倍，为地震野外采集提供了科学、高效的质控手段。该系统已与集团公司 A1 系统实现无缝连接与数据推送，为未来大数据分析和管理提供数据支撑。

GeoSeisQC 系统的成功研发与推广应用，为集团公司提升质量管理水平，为油气勘探开发成功率的提高打下坚实基础，为控制资料采集成本、推行无纸化办公等提供技术手段，推进采集处理一体化进程。是公司推行“人文物探”，倡导“绿色勘探”的又一重要利器，具有良好的应用前景。

2.27 EILog 快速与成像测井技术装备

一、技术简介

EILog 快速与成像测井技术装备是通过测井方法、硬件、软件与工艺技术突破和集成创新而形成的成套装备，能够提供裸眼井测井、套管井测井、生产井测井和射孔取心作业等全系列电缆测井功能。EILog 测井装备由集成化常规测井仪器、系列化成像测井仪器和综合化采集与传输平台构成（图 1）。主要根据声、电、核、核磁等物理原理，综合应用阵列传感器、高速实时传输和可视化处理技术，在井眼中测量地层参数，用于油气勘探生产过程中精准划分油气层、精确评价油气、有效预测油气产能。已经建立了产品标准和生产线，形成了批量生产能力，EILog 已在国内外规模应用，并替代进口，成为中国石油的标志性测井产品，是油气勘探开发重要技术支撑。

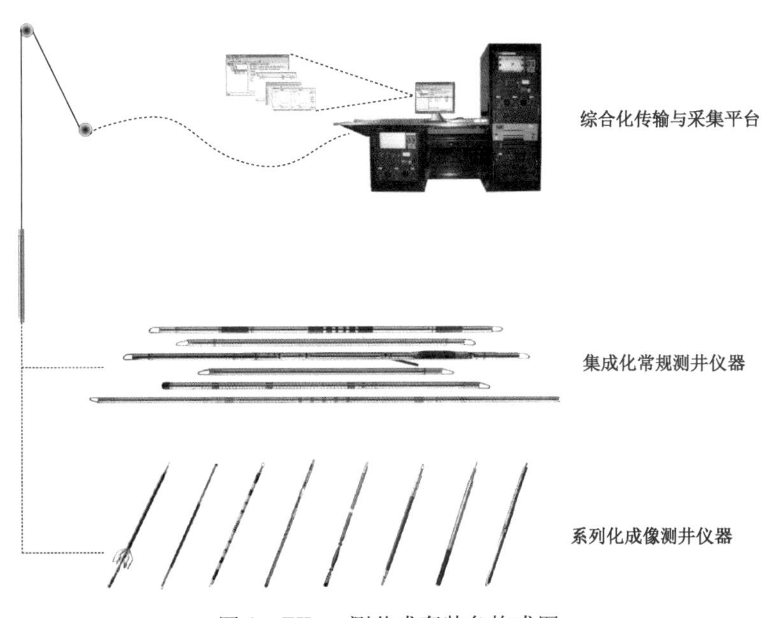

图 1　EILog 测井成套装备构成图

二、关键技术

（1）集成化常规测井技术：实现探测器共用、电路公用、结构模块化和总线接口标准化，缩短了仪器串长度，提高了系统可靠性和可维护性。通过刻度检测装置和环境校正图版配套，一次下井即可准确测量深、中、浅电阻率，声波、中子、密度孔隙度以及自然伽马、自然电位等 26 个地层参数，作业时效平均提高 42%，满足了油田“提速、提效、降成本”需要。

（2）系列化成像测井技术：包括微电阻率成像、阵列感应、阵列侧向、多极子阵列声波、井壁超声成像、多频核磁共振成像、地层元素和地层测试器 8 种仪器。地层分辨率达到 5mm 的近井眼地层精细成像、从井眼到原状地层的井周径向剖面成像、井眼外 30m 范围内地质构造的井旁远探测成像技术、成像综合应用计算油气含量等特色技术，有效解决了复杂储层的岩性识别、储集空间评价、油气含量计算等难题，显著提升了油气精细评价能力（图 2）。

EILog 快速与成像测井技术整体达到国际先进水平，获国家战略性新产品和重点新产品 7 项，集团公司自主创新产品 5 项，省部级科技进步奖 12 项，中国石油十大科技进展 5 项，申请发明专利 86 件，其中授权专利 29 件（表 1），软件著作权登记 10 件，形成行业标准和规范 45 项。

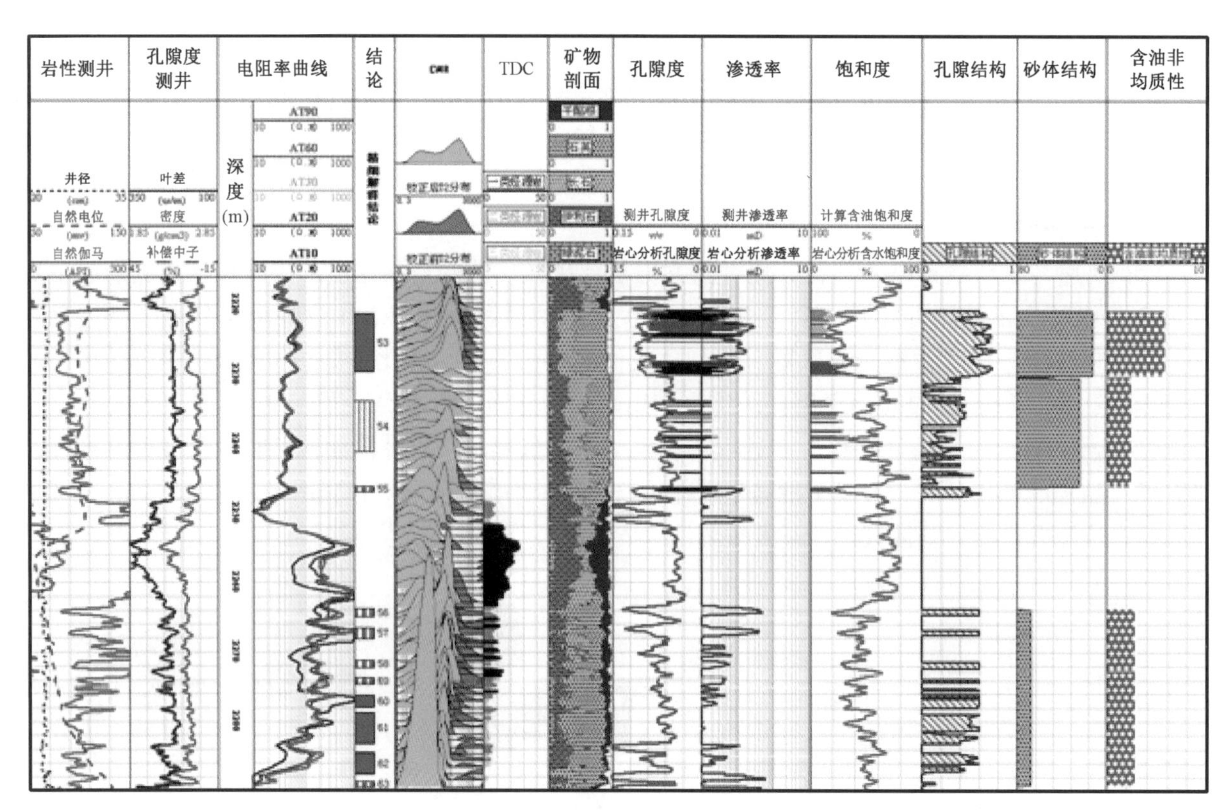

图 2 综合应用成像测井精细评价长庆油田特低渗透—致密油气

表 1 主要技术专利列表

专利名称	专利类型	国家（地区）	专利号
高温高压微电阻率扫描成像测井仪极板	发明专利	中国	ZL 200699116390.7
利用全波列、偶极横波测井资料确定疑难气层的方法	发明专利	中国	ZL 200610000623.4
一种用于石油测井地面系统的 WTC 编码采集器	发明专利	中国	ZL 200710099155.5
一种测量地层电阻率的阵列感应测井线圈系	发明专利	中国	ZL 200910235768.6
…	…		…

三、应用效果与前景

EILog 测井技术与装备实现了中国测井技术由常规测井向成像测井的重大跨越，推广地面系统 223 套、下井仪器 8965 支，节约引进费用 40 多亿元，已成为中国石油测井的主力装备，推动了测井产业转型升级，结束了我国测井先进装备长期依赖进口的历史。已在长庆、塔里木、新疆、华北等 12 个油气田推广应用，测井 8 万余口，有力保障了中国石油增储上产。在乌兹别克、伊拉克等“一带一路”经济带 6 个国家开展技术服务，仪器销售到俄罗斯、伊朗等国家，实现了从进口到出口的转变。

EILog 将进一步发挥油气探测的“显微镜、望远镜”作用，更加精确探测油气含量、油气分布、渗流特性和地层压力，并与互联网 +、机器人、大数据等新技术进行融合，创造“互联网 + 测井”的新业态，更好地服务油气勘探开发全过程。

2.28 大型一体化网络测井处理解释软件 CIFLog

一、技术简介

CIFLog 实现了国内众多先进测井数据处理和解释评价方法的优势集成创新发展，具备强大的数据格式转换、数据管理、资源管理、测井资料预处理、成果绘图、数据处理、应用开发和集成、多井预处理、多井地层对比、多井处理、参数等值预测、工区三维显示、井震综合显示等工具和评价模块。专业功能方面 CIFLog 提供全套常规处理、多矿物最优化、元素俘获能谱、微电阻率成像、核磁共振、远探测声波成像等测井处理解释方法。集火山岩、碳酸盐岩、低阻碎屑岩和水淹层等复杂储层评价于一体，实现了从均质常规储层评价到非均质复杂储层评价的重大技术跨越。形成了七大测井处理解释评价应用板块（图 1）。

图 1　CIFLog 七大测井处理解释评价应用板块

二、关键技术

（1）CIFLog 不仅可以对单井进行精细评价，也可以对区块进行综合评价，将单井解释与多井评价相结合，为解释人员提供更多储层信息。

（2）平台具有结构化、模块化、组件化和标准化特点，实现了高效的代码复用及快捷资源共享，使 CIFLog 既成为全方位测井处理解释应用平台，也成为标准开放的测井专业软件开发平台，用户仅需投入最小工作量，就可以快速形成高质量的扩展应用系统。已经形成多套属地化油田特色应用系统，推动了测井软件国产化发展（图 2，图 3）。

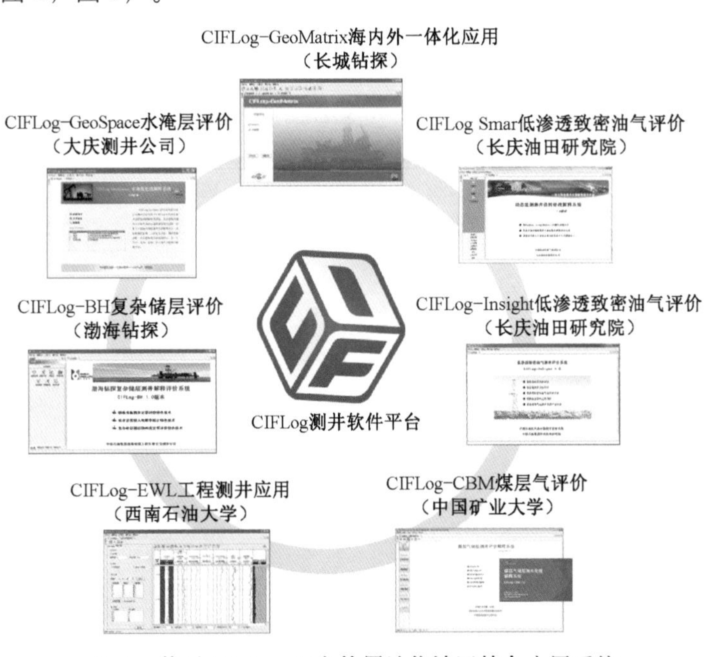

图 2　基于 CIFLog 开发的属地化油田特色应用系统

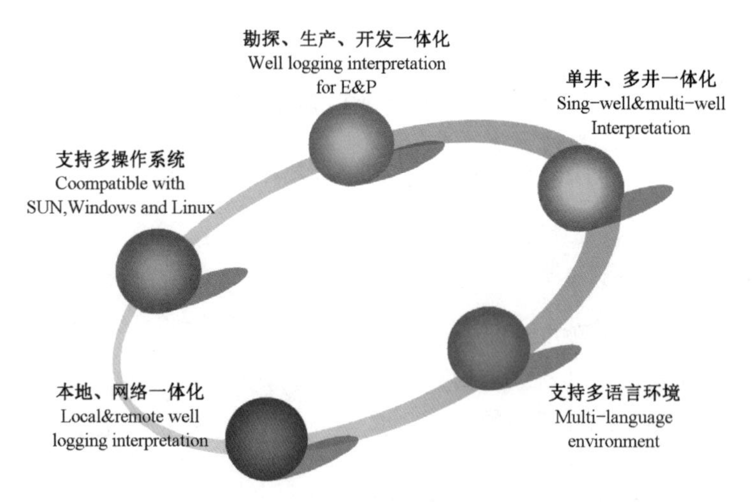

图 3　CIFLog 软件平台模块图

CIFLog 软件整体处于国际先进水平。获国家科技进步二等奖 1 项，集团公司科技进步一等奖 1 项，集团公司自主创新重要产品 1 项，授权发明专利 12 件，软件著作权 43 件（表 1）。

表 1　主要技术专利列表

专利名称	专利类型	国家（地区）	专利号
一种测井曲线数据的检索方法及装置	发明专利	中国	ZL 201010506077.8
裂缝储层含油气饱和度定量计算方法	发明专利	中国	ZL 200910087474.3
一种三维空间火山岩岩性识别方法	发明专利	中国	ZL 200910238565.2
一种基于电成像测井的储层有效性识别方法	发明专利	中国	ZL 201010134720.9
…	…	…	…

三、应用效果与前景

CIFLog 已经实现工业化应用，在长城钻探、大庆钻探、大庆测试、长庆油田等全面覆盖，年处理一万余井次。在海外哈萨克斯坦、伊朗、苏丹、伊拉克、土库曼斯坦、乍得和尼日尔等 7 个国家 41 个作业区投产，扭转了没有自主知识产权软件海外测井作业受阻被动局面。同时，国内外已有 16 所大学将 CIFLog 应用于科研与教学，培养了的大批测井专业人才，取得了明显的社会效益。

随着油气勘探开发对象的日趋复杂，国内外油气勘探技术、钻井技术以及测井采集技术的不断进步，CIFLog 正不断扩大应用规模，探索新的应用领域，多井、水平井以及随钻等前沿测井领域方面方法研究发展也将持续升级完善测井处理解释方法。因此 CIFLog 软件将推广应用到更多的主力油田，为油气勘探开发发挥更大的作用。

2.29 FELWD 地层评价随钻测井系统

一、技术简介

FELWD 地层评价随钻测井系统具有地质导向、地层扫描成像、地层评价和远程监控决策等功能。系统能在钻井过程中及时指导井眼轨迹调整，保证井眼轨迹控制在储层的最佳位置，减少钻井占用时间，降低成本，提高储层钻遇率；系统可根据随钻测井资料快速识别油气层、精确判断油水、油气界面，计算储层参数、预测产能，解决复杂储层的导向和评价问题。系统建立了远程传输、监控和决策平台，能充分发挥地质、钻井、地质、油藏等方面专家作用，实现实时、快速地质导向决策和地层评价。FELWD 地层评价随钻测井系统以网络化地面系统（采集处理、解释评价、远程监控决策）、高速钻井液遥测为平台，配接伽马、超声井径、三电阻率（感应 / 电磁波 / 侧向电阻率）、三孔隙度（密度 / 可控源中子 / 声波）、两种成像（伽马成像 / 电阻率成像）等随钻井下仪器（图 1）。形成包含 4.75in、6.75in 和 8in 三种尺寸的随钻常规测井系列和随钻成像测井系列。

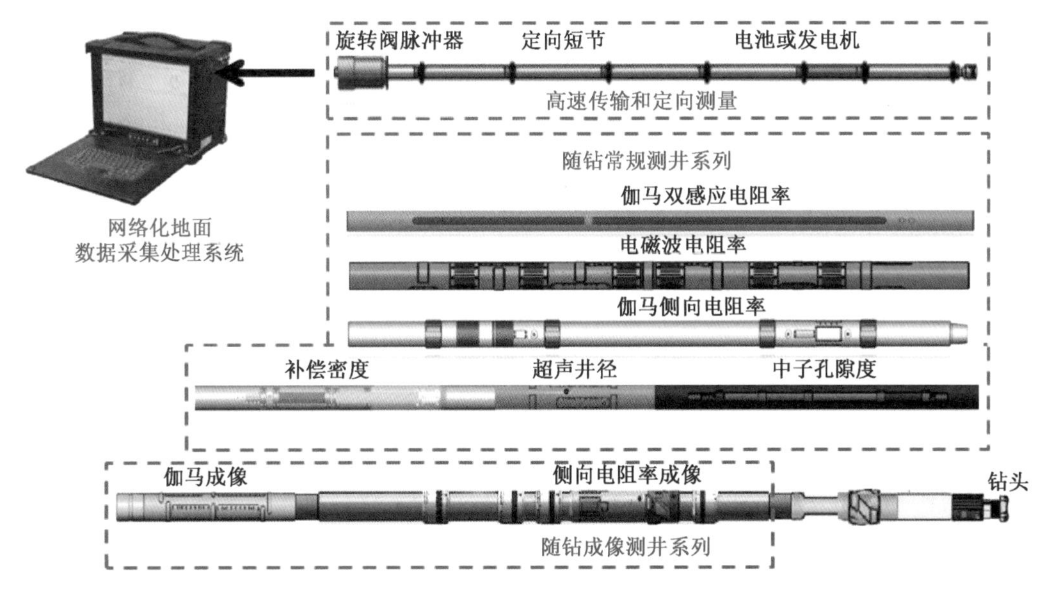

图 1　FELWD 地层评价随钻测井系统构成

二、关键技术

（1）测量参数齐全。不仅能提供井斜、方位、工具面等钻井工程参数，还能提供伽马、井径、电阻率、孔隙度、密度等地层评价参数（图 2）。

（2）数据传输快速可靠。采用高速旋转钻井液脉冲发生器和密勒码编解码技术，从井下到地面的传输速率达到 5bit/s，为实时地层评价和地质导向提供更加丰富的井下信息。

（4）放射性测井绿色环保。中子孔隙度测井采用可控源，实现绿色、无源测井，避免采用化学源测井带来的安全、环保问题。

（3）复杂储层精确导向和评价。伽马、电阻率两种随钻成像测井仪器能够直观获取丰富多样的地层信息，通过三维扫描成像和地层界面探测，实时识别裂缝、断层等复杂储层地质结构，能够解决大斜度井 / 水平井和裂缝、薄层等复杂油气藏的精细地层评价和精确地质导向问题。

FELWD 地层评价随钻测井系统整体处于国际先进水平，获省部级科技奖 3 项，再获中国石油十大科技进展，部分指标达到了国际领先水平。授权专利 25 件（表 1），发布行业标准 3 项、公司标准 17 项。

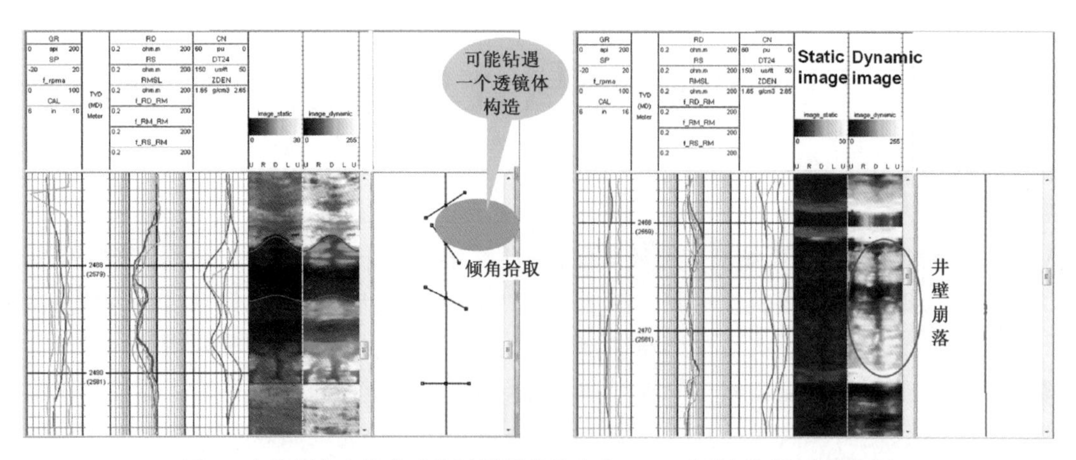

图 2 方位侧向电阻率成像随钻测井仪在高 XXX 井地层评价中的应用

表 1 主要技术专利列表

专利名称	专利类型	国家（地区）	专利号
一种井下随钻测量泥浆中油气的系统	发明专利	中国	ZL 201010236513.4
一种密度测井仪刻度高密度值标准模块的制备方法	发明专利	中国	ZL 201110108540.8
一种随钻声波测井的声系模块	发明专利	中国	ZL 201210382818.5
…	…	…	…

三、应用效果与前景

该系统已在长庆、玉门、吐哈、吉林、青海、冀东等 11 个油田完成随钻测井 300 余口，作业进尺超过 30×10^4m，实现服务产值超过 2 亿元。现场应用效果显著，实现了无导眼水平井实时导向关键层位卡层、长水平井段高效安全测井、复杂井况测井施工作业等，提高了钻井时效和储层钻遇率，节约了勘探开发成本。

具备年产 10 套随钻测井系统、30 套随钻测量系统生产能力。仪器已销售到美国、阿塞拜疆等国家，提高了国际竞争力。随钻测井技术已形成系列化产品，具有较广阔的应用前景，随钻测井技术将向高精度成像、远探边、前视探测等方向发展。

2.30 LEAP800 测井系统

一、技术简介

LEAP800 测井系统是中国石油面向国际市场自主研发的新一代测井系统，以网络化、模块化和平台化为特点，能够提供常规、成像以及地层测试等多种测井技术服务。LEAP800 测井系统增强了测井仪器的组合能力和兼容性，完善和丰富了测井校正图板，具有迅速简单集成各类井下仪器的功能，支持测井现场远程操控等。LEAP800 测井系统由测井地面平台和井下仪器两部分构成，测井地面平台包括测井遥传系统、仪器总线系统和采集软件等，井下仪器包括常规测井仪器、阵列感应成像测井仪（AFIT）、相控阵列声波成像测井仪（PAAT）等。系统构成如图 1 所示。

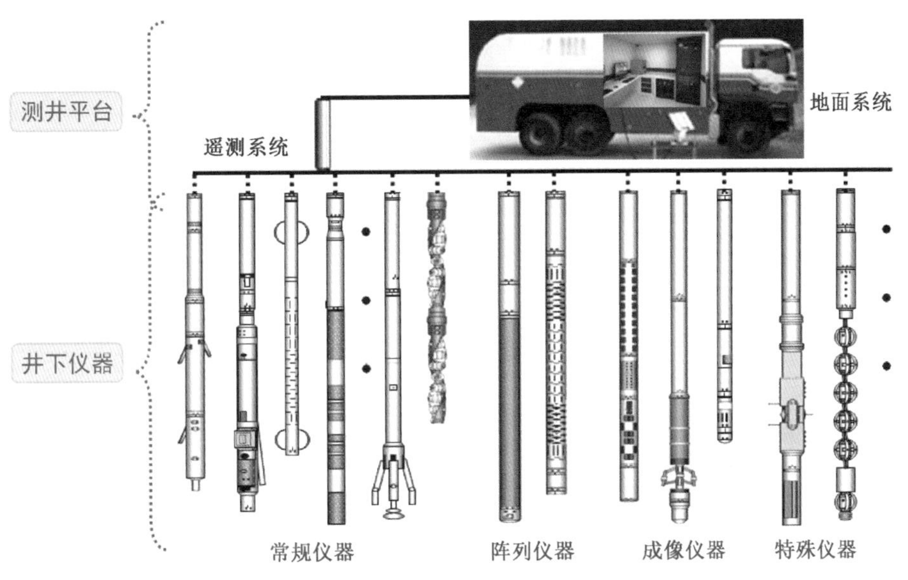

图 1　LEAP800 测井系统构成图

二、关键技术

（1）兆级测井遥传系统突破了测井装备技术的通信瓶颈，为大数据量测井仪器的应用提供了数据传输保障（图 2）。

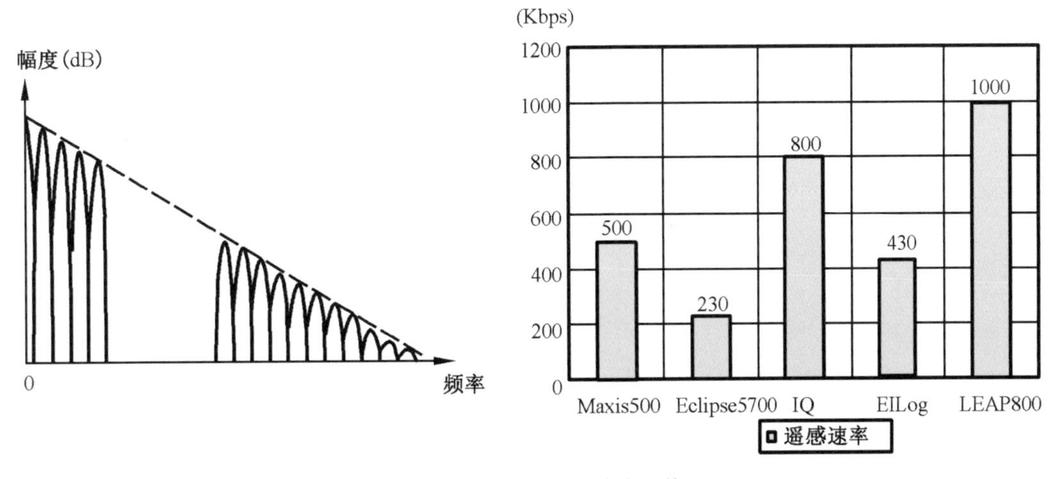

图 2　高速井下仪器总线系统

(2) 测井系统采集软件基于“.Net”平台，采用分层结构设计，支持仪器动态挂接、远程操控、多单位体系以及国际标准的资料提交格式。

(3) 仪器总线系统基于以太网通信技术，实现了计算机与井下仪器的直接互联，支持远程控制、远程诊断和在线升级等功能。

(4) 阵列感应测井仪采用噪声抑制、实时温度补偿、自适应井眼校正等技术确保了测量精度，分辨率和动态范围优于国外同类仪器。

(5) 相控阵列声波测井仪采用相控发射、全波采集、时间—慢度相关等技术，提高了作业效率，具有测量套后地层声波特性的能力。

LEAP800 测井系统整体达到国际先进水平，具有进入国际测井市场作业能力。系统获省部级科技进步二等奖 1 项、三等奖 2 项，申请发明专利 73 件，授权专利 5 件，授权实用新型专利 70 件（表 1），授权计算机软件著作权 5 项。

表 1　主要技术专利列表

专利名称	专利类型	国家（地区）	专利号
便携式测井地面系统	发明专利	中国	ZL 201410580368.X
便携式测试与检修箱	发明专利	中国	ZL 201410581502.8
电缆测井用可控源补偿中子测井仪器及相应方法	发明专利	中国	ZL 201510077409.8
一种三维感应测井数据实时处理方法	发明专利	中国	ZL 201510068321.X
…	…	…	…

三、应用效果与前景

LEAP800 测井系统在国内市场测井 600 井次，测井一次成功率达到 96% 以上。在海外哈萨克斯坦、乍得、厄瓜多尔等项目投产应用 4 套，测井作业 200 井次，一次作业成功率 99%。现场应用表明所测曲线达到国外同类仪器测井曲线质量，阵列感应曲线具有更高的纵向分辨率，测井资料解释符合率高，能够较好地解决服务区块的地质问题，系统的稳定性、时效性和易操作性能满足国内外现场作业要求。

LEAP800 系统具有较好的应用前景，打破了在国际市场竞争中没有自主知识产权高端测井装备的局面，为中国测井开拓海外市场提供强有力的技术支撑。

2.31 数字岩心测井技术及装备

一、技术简介

岩石物理实验技术是准确评价储层参数、提高测井解释符合率的重要手段。常规实验技术无法满足现场高效分析、综合解释的需要，为进一步提高岩石物理实验的时效性和适用性，充分发挥岩心实验数据在油气评价中的作用，中国石油首次研发了一套快速实验与精细实验、实验数据与测井资料相结合的数字岩心测井技术及装备，让岩石物理实验业务从室内延伸到井场，与成像测井综合应用可以快速准确评价储层油气含量及预测产能。

数字岩心测井技术由实验室精细测量、井壁取心、现场快速测量和数值模拟分析 4 部分组成（图 1）。实现了岩心在微观尺度从物理体到数据体的转化，以室内精细实验和数据建模为基础，在井场获取岩心后快速开展光学扫描、元素含量与核磁共振等实验，通过数值模拟与数据挖掘快速提供 5 类岩石特性（岩性、物性、电性、含油性、孔隙结构与渗流特性）、10 种参数（孔隙度、渗透率、F、I、m、n、R_w、S_{wi}、T_2截止值、元素含量），通过与测井资料的融合应用，实现储层参数的逐点、动态、定量解释计算，提高了测井解释符合率。

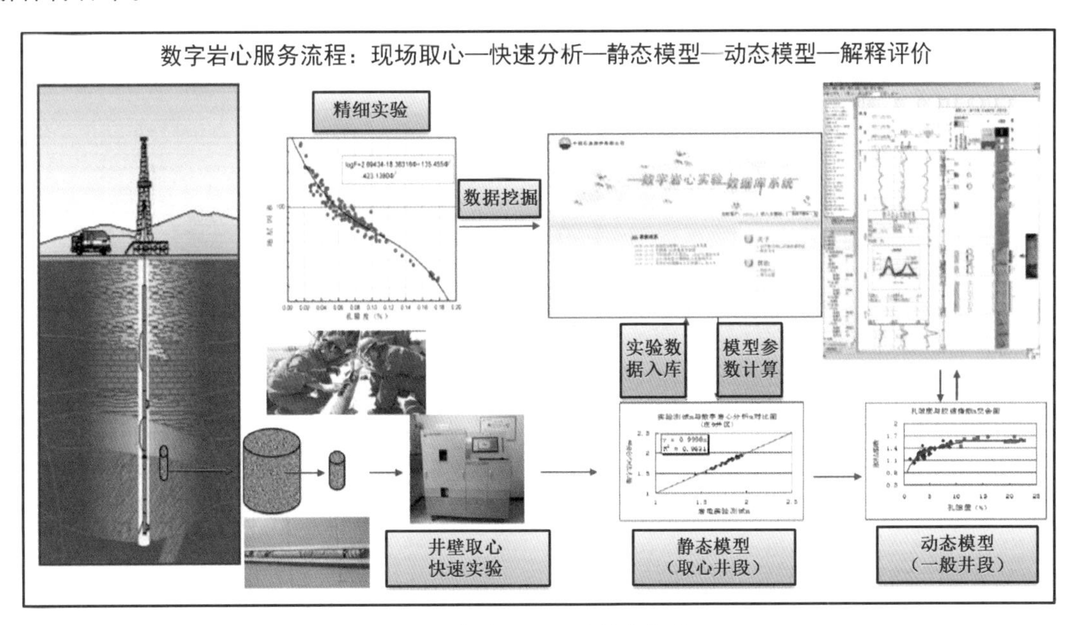

图 1　数字岩心测井技术流程

二、关键技术

（1）井场快速测量分析技术：由岩心高分辨率光学图像采集、X 射线荧光能谱分析和核磁共振岩样分析三部分组成（图 2）。在国内首次实现岩心现场快速测量、分析与储层参数求取。现场与室内实验测试结果相关性大于 0.9，实验周期由 2 个月缩减到 2 天，有效解决了岩石物理实验工作周期长、应用滞后的问题。

（2）岩心实验与综合解释一体化技术：由井场快速实验、室内精细实验、测井响应数值模拟与综合解释评价构成。实现了测井解释各个环节数据的无缝对接，将测井固定解释模型发展为自适应动态解释模型，极大提高了测井解释符合率，满足了油气精细评价的需要。

数字岩心测井技术属国内首创，达到国际领先水平，具备国家 CMA 检测资质，获省部级科技进步奖 1 项，中国石油十大科技进展 1 项，授权发明专利 8 件（表 1）。

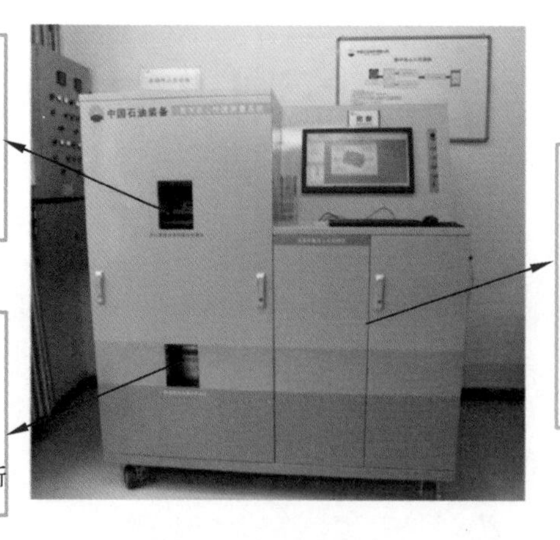

图 2　数字岩心快速测量与分析装备

表 1　主要技术专利列表

专利名称	专利类型	国家（地区）	专利号
一种基于人工神经网络求取含油饱和度的方法及系统	发明专利	中国	ZL 201310244257.7
一种基于 MATLAB 的岩心图像处理方法及系统	发明专利	中国	ZL 201310239326.5
一种模拟岩心孔隙空间流体分布的方法及系统	发明专利	中国	ZL 201310627817.7
一种测定地层孔隙结构以及流体特性的方法及设备	发明专利	中国	ZL 201310395157.4
…	…	…	…

三、应用效果与前景

在长庆、华北、吐哈、青海等油田推广应用，测量 4 万余块（次）岩样参数，为姬塬、苏里格、二连、冀中、三塘湖等 20 多个区块建立了饱和度、渗透率、T_2 截止值等储层参数定量解释模型，在 1200 多口井的解释评价中应用，取得了显著的应用效果。

数字岩心测井技术将向三维数值模拟发展，进一步提高岩心孔隙结构与骨架成分的数值仿真精度，解决室内岩石物理实验无法解决的难题。同时，岩石物理实验要向井下实验室发展，并与机器人等新技术深度融合，实现井下实时测量，直接获取储层条件下的岩石物理参数。

2.32 远探测声波反射波测井仪器

一、技术简介

远探测声波反射波测井通过探测从井旁裂缝或小型地质构造反射回来的声场能量，进行全波列信号处理分析，确定井旁地层构造信息。远探测声波反射波测井可探测井眼周围 10m 范围内地层的缝洞特性，了解井旁地层界面变化或井旁裂缝、孔洞延伸及发育情况，填补了地震勘探与常规测井探测范围之间的空白。远探测声波反射波测井仪器由发射系统、隔声体和接收系统三部分组成（图 1）。

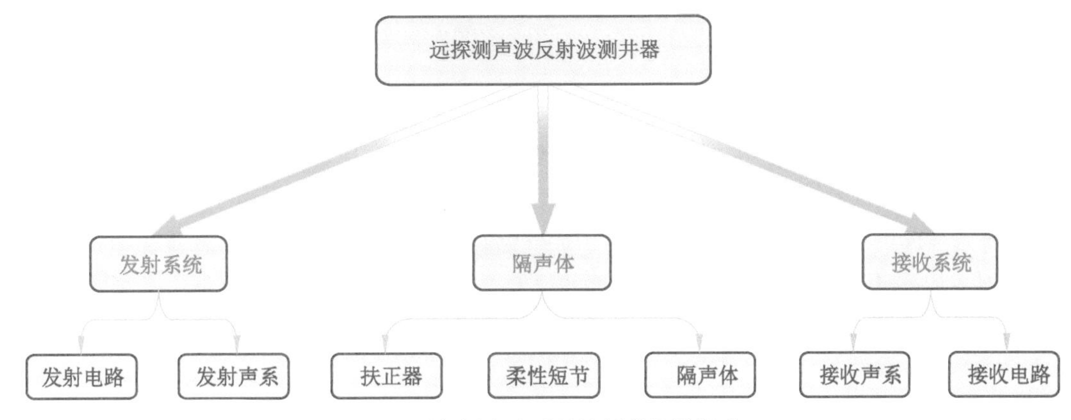

图 1　远探测声波反射波测井仪器组成

二、关键技术

（1）可调节的双相控发射技术。根据所测地层的声速特性，调节相控声束的偏转角来控制声波定向发射，保障大部分能量进入地层，以满足远探测的需求。

（2）可变源距测量技术。根据地层特性，通过改变源距之间的隔声体、扶正器、柔性短节的数量和连接次序调节声系源距，以满足不同声波传播速度地层的测井评价需求。

（3）结合地震勘探信号处理技术中的道集提取、偏移叠加、动校正等技术，形成一套专门的反射波成像测井资料处理技术（图 2）。

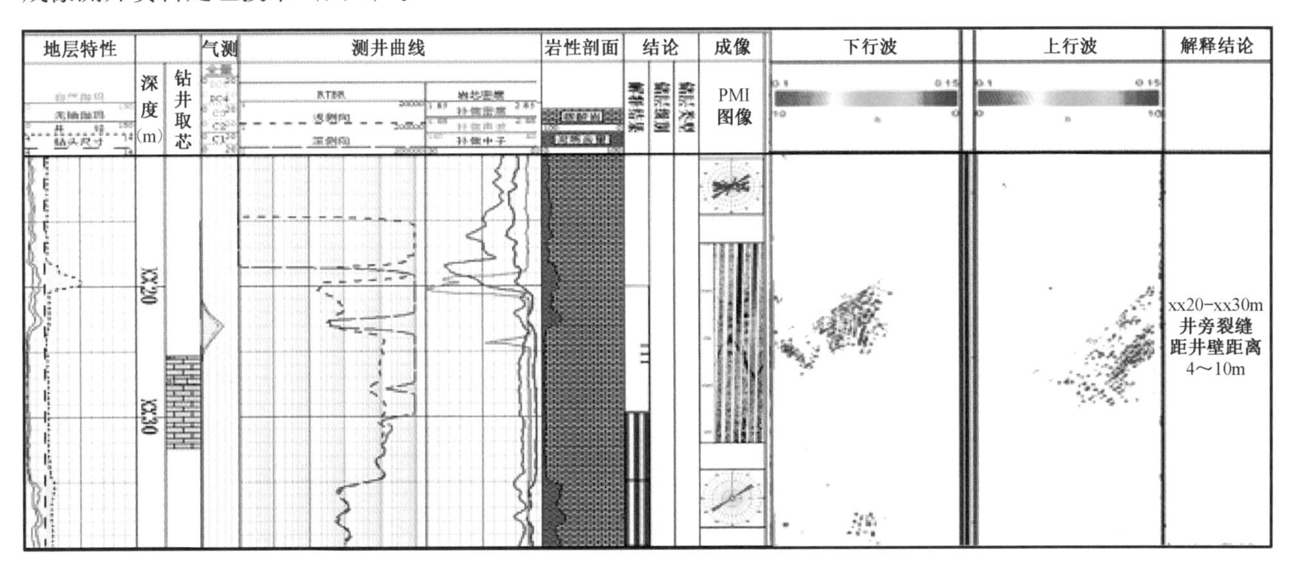

图 2　远探测声波测井综合解释成果图

远探测声波反射波测井仪器处于国际领先水平，获集团公司技术发明二等奖奖1项，授权发明专利5件，实用新型专利4件（表1）。

表1 主要技术专利列表

专利名称	专利类型	国家（地区）	专利号
反射波成像测井仪器及测井方法	发明专利	中国	ZL 200502131410.1
传递相控阵声波换能器激励信号的装置	发明专利	中国	ZL 200510056763.9
向井外地层中扫描辐射二维声场的方法	发明专利	中国	ZL 200510058891.7
声波测井相控阵激励的幅度加权电路	发明专利	中国	ZL 200610098676.4
一种双相控声波发射装置的控制方法	发明专利	中国	ZL 200710119192.8

三、应用效果与前景

远探测声波反射波测井仪器在塔里木、大港、冀东、华北、大庆、辽河、四川、塔河等油田共应用100余口，井旁缝洞储层有效性评价符合率达到85.7%。其中，塔里木油田共测井57口，应用效果良好，井旁缝洞储层有效性评价符合率达88.2%，为复杂油气储层精细描述提供了新的高精度识别手段。

下一步发展方向是研制方位远探测反射波测井仪器，识别井旁裂缝型储层而且能判断其方位，探测深度达到30m，为定向射孔及定向压裂提供重要依据，因此本技术将具有更大应用空间，并取得更大的经济效益。

2.33 综合录井技术与装备

一、技术简介

我国自 20 世纪 80 年代初开始引进综合录井仪，在引进、消化吸收基础上进行了创新性研制，国产综合录井设备取得了极大进步。中国石油研发制造的“德玛综合录井仪”和“雪狼综合录井仪”成为国内油气田勘探开发的主力录井设备，已走出国门，服务于多个国外油田。

综合录井仪主要由仪器房、供配电、传感器、信号处理、计算机、分析化验、气体分析和综合录井软件（采集软件、处理软件和应用软件）组成（图 1）。

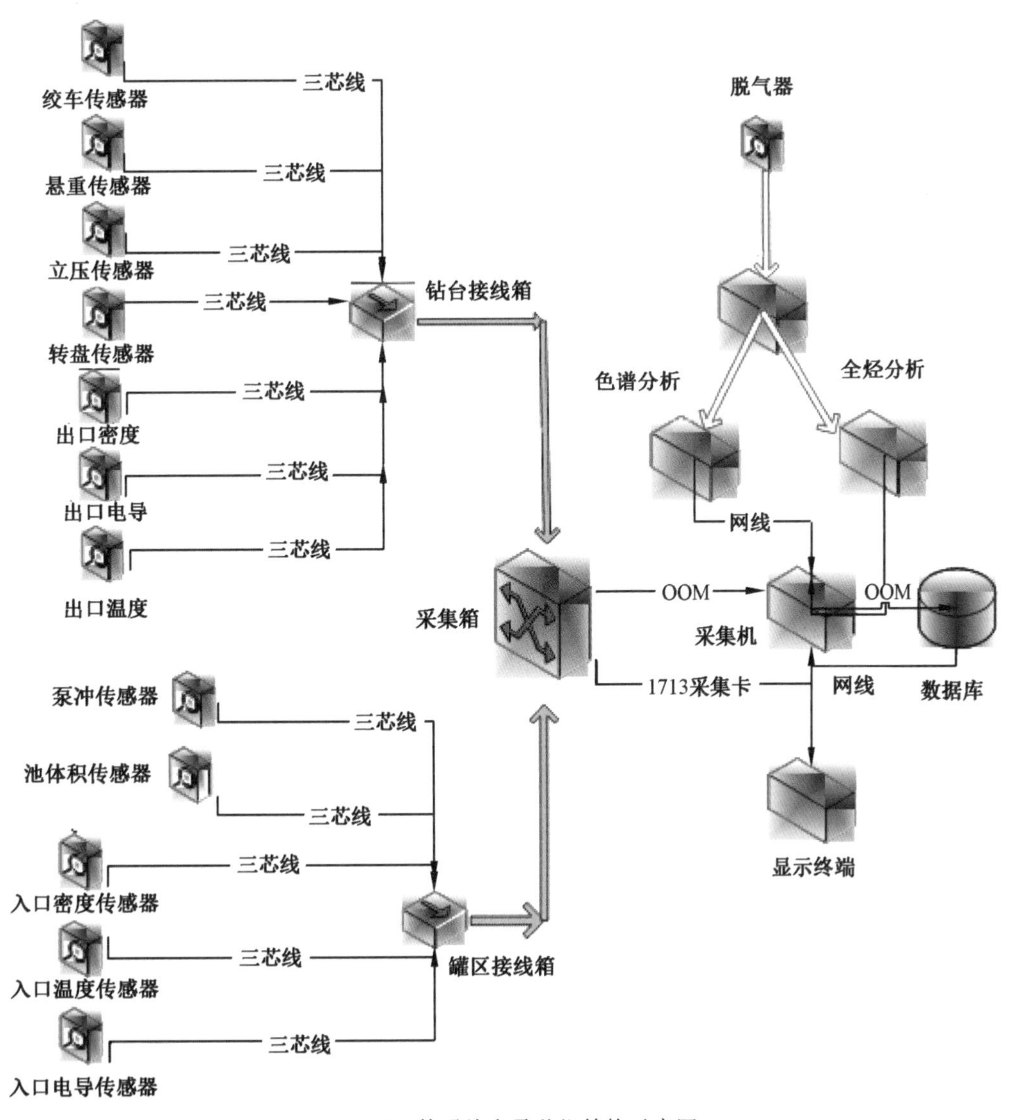

图 1　德玛综合录井仪结构示意图

二、关键技术

综合录井仪适应于陆地、海上和沙漠等多种复杂环境和危险区域，并能够适应高温（+50℃）和高寒（-50℃）等复杂条件下的深井、超深井的录井技术服务。

正压防爆技术系统采用正压防爆设计，通过挪威船级社 DNV 防爆认证，整体达到 DNV A0 ZONE1

等级。配电安全防护技术，配电系统具有隔离防爆、报警保护等功能。信号采集处理技术，标准配置 32 个模拟量信号和 8 道脉冲量以及 4 道报警信号，可拓展，并具有海上平台深度补偿模块，适用于陆上钻探录井工作和海上钻探录井工作。气体快速分析技术，采用 μ-TCD 微热导和 FID 鉴定器技术，最小检测浓度 1×10^{-6}mg/L，分析周期不高于 30s。录井软件系统，具有数据采集、存储、监测功能，以及水力学、地层压力等工程应用程序。云录井及远程控制技术，将云计算应用于录井系统，实现了多井的远程控制。低功耗无线传感技术，实现了传感器的无线化，提高了采集精度和工作效率。

综合录井仪软件能够实时采集与处理钻井工程、气测、地质等多项参数。具备岩性识别、油气水层综合评价、工程异常预报、智能化事故预警、地层压力检测报告等功能。通过网络发布数据和第三方数据接口实现资源共享。可完成地层压力成果报告、钻头报告、气体解释和井眼轨迹数据处理等多类资料（图 2）。

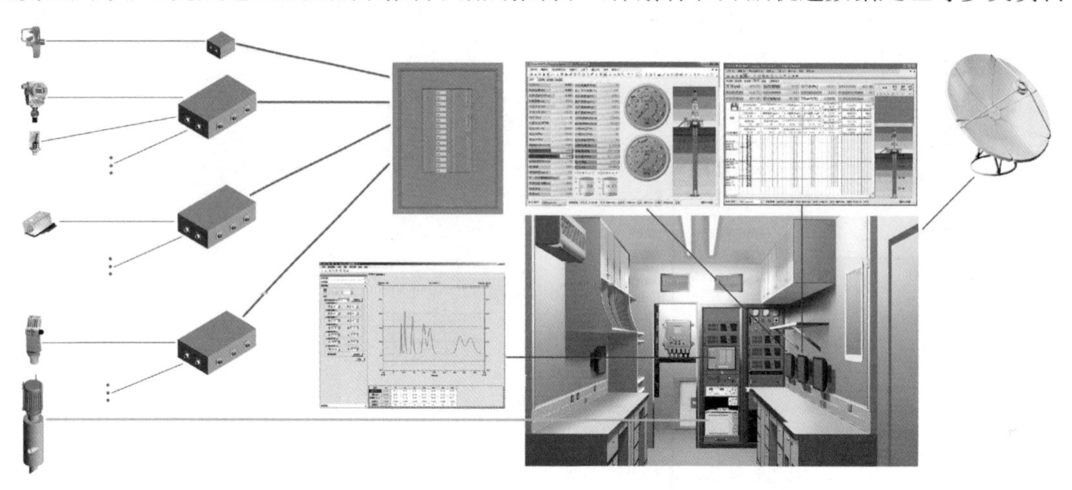

图 2 雪狼综合录井仪系统结构原理示意图

综合录井仪拥有完全独立自主的知识产权，整体性能达到国际先进水平，部分达到国际领先水平。

三、应用效果与前景

综合录井仪，累计生产各类录井设备 400 多台套，产品服务区域涵盖国内的中海油海洋钻井、中科院国家重点探井和国内反承包市场，境外哈萨克斯坦、巴西、墨西哥、哥伦比亚、突尼斯、委内瑞拉、印度尼西亚、伊朗、伊拉克、吉尔吉斯斯坦等地区，据不完全统计设备销售和技术服务产值约 6 亿元 / 年，其中外汇收入约 4000 万美元 / 年。

依据录井行业发展趋势分析，测量参数由定性向定量化方向发展以及录井行业将不断融入虚拟技术、多元分析技术、逻辑自动分析与判断等新的技术，实现远程录井“全球化、智能化”，最终达到“无人值守，全球控制，远程指挥，快速决策”的形势，未来录井仪的发展及其市场应用前景良好。

2.34 CGDS-1 近钻头地质导向钻井系统

一、技术简介

CGDS-1 近钻头地质导向钻井系统是通过近钻头地质、工程参数测量和随钻控制手段，保证实际井眼穿过储层并取得最佳位置。CGDS-1 近钻头地质导向钻井系统是在井下恶劣工况随钻工作的机电液一体化产品，集信息测量、传输、控制、钻进功能于一体。系统具备“测、传、导”的功能，即通过近钻头地质参数与工程参数的测量、井下与地面的双向信息传输以及地面的决策控制系统，引导钻头及时发现并准确钻入油气层，并在油气层中保持较高的钻遇率，从而提高油气发现率和单井产量，达到增储上产的目的。CGDS-1 系统由测传马达（近钻头信息测量和传输导向马达）、无线接收系统、正脉冲无线随钻测量系统和地面系统四部分组成（图 1）。

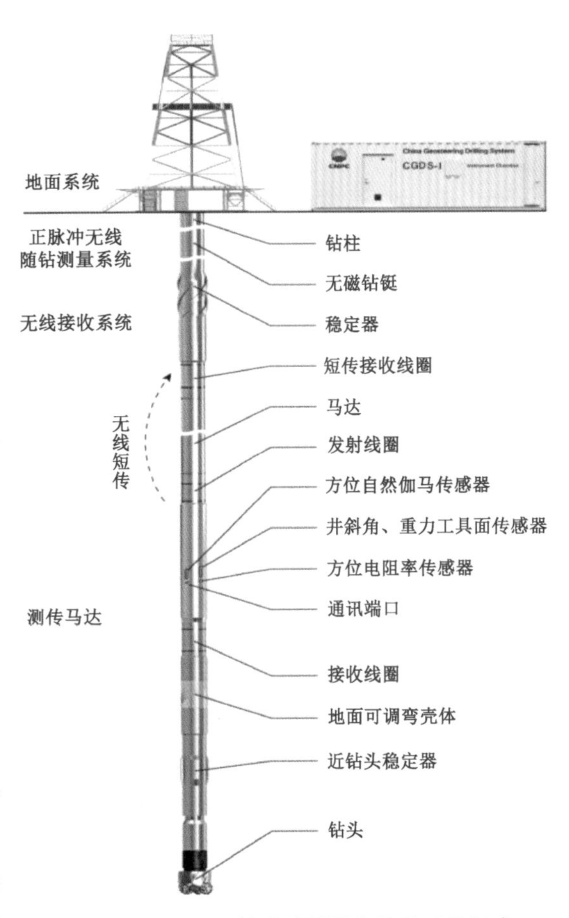

图 1　CGDS-1 近钻头地质导向钻井系统组成

二、关键技术

（1）可测量钻头周围（包括钻头前方）地层电阻率，实时判断钻头附近地层特性。

（2）方位电阻率和方位自然伽马传感器呈 180°布置，可判断储层上、下边界。

（3）双井斜传感器，即近钻头井斜和 MWD 井斜传感器测量，可直接计算出造斜率。

（4）测传马达可调弯壳体的弯角调节范围为 0.75°～2.0°，可达到 3.6°/30m～12°/30m 的造斜率，导向和控制能力强。

（5）常规导向钻头很容易钻出储层，而 CGDS-1 系统通过钻头电阻率、方位电阻率和方位自然伽马等参数的测量和判断，保持钻头在储层中钻进（图 2，图 3）。

CGDS-1 系统达国际先进水平，2006 年被评为中国石油集团公司十大科技进展，获中国石油集团公司技术发明奖一等奖 1 项，国家自主创新产品证书和国家技术发明进步奖二等奖 1 项，授权国家发明专利 8 件、实用新型专利 14 件（表 1）、制定企业标准 2 项、技术规范 21 项。

表 1　主要技术专利列表

专利名称	专利类型	国家（地区）	专利号
一种近钻头电阻率随钻测量方法及装置	专利发明	中国	ZL 200410005526.5
一种无线电磁短传装置	专利发明	中国	ZL 200410004275.9
一种接收和检测钻井液压力脉冲信号的方法及装置	专利发明	中国	ZL 200410005525.0
一种随钻测量的电磁遥测方法及系统	专利发明	中国	ZL 200410005527.X
…	…	…	…

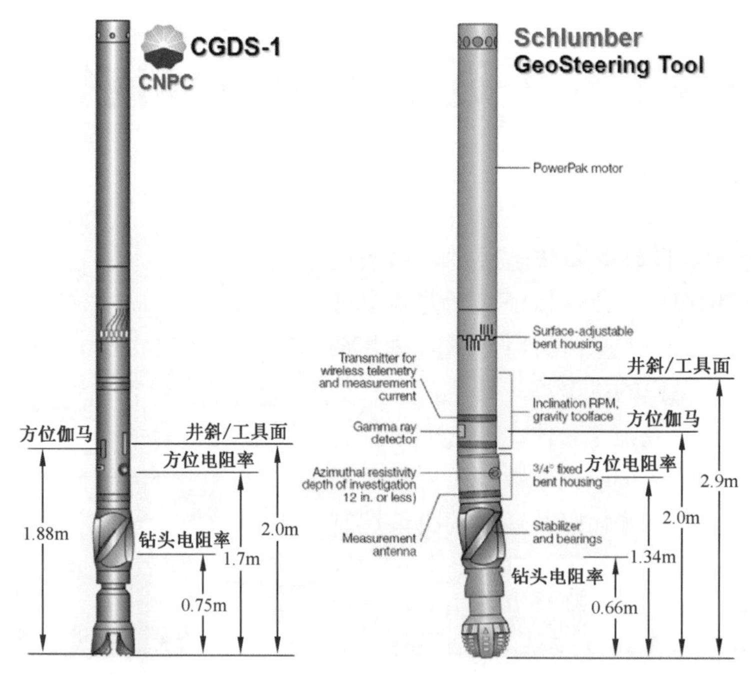

图 2　CGDS-1 与 GST 技术指标对比示意图

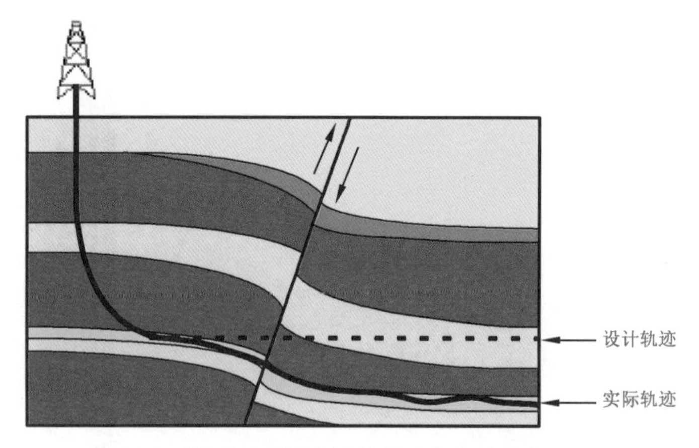

图 3　近钻头地质导向设计轨迹与实钻轨迹对比

三、应用效果与前景

2007 年—2015 年，CGDS-1 系统先后在大庆、吉林、辽河、四川、冀东、江汉、浙江和吐哈等油田施工作业 148 口水平井，累计水平段进尺 75800 余米，钻遇的最薄储层 0.4m，平均钻遇率 85% 以上。通过销售产品和现场技术服务累计获得 3.3 亿元的直接经济效益。

随着该系统在现场不断推广应用，产品可靠性不断提高、性能不断提升、施工综合成本逐渐降低，市场需求逐步增加。由于国产仪器的技术支持和配件的及时供应，可缩短钻井周期，加速油田的开发进程，所以 CGDS-1 近钻头地质导向钻井系统具有较强的市场竞争力，应用前景广阔。

2.35 12000米大型成套钻机装备

一、技术简介

12000米钻机采用全数字控制交流变频电驱动控制方式，由承载9000kN天车、游车、大钩、承载6750kN水龙头、$49^{1}/_{2}$in转盘及转盘驱动装置、52m高的前开口井架、钻台面高度12m的单旋整体自升式底座、6000HP绞车、F-2200HP高压钻井泵、一体化司钻控制房、电传动控制系统、高压管汇、井场标准电路、气源及气源净化装置等构成（图1）。12000米钻机是国内首台，也是全球第一台采用交流变频电驱动的12000米特深井钻机，是打开超深地层油气通道、实现大位移钻井获取深部油气资源和深化地球科学研究的关键装备。钻机实现了总体设计、超重负载关键设备与超高压钻井泵研制、自动控制和复杂环境下钻机的适应性与安全运行。

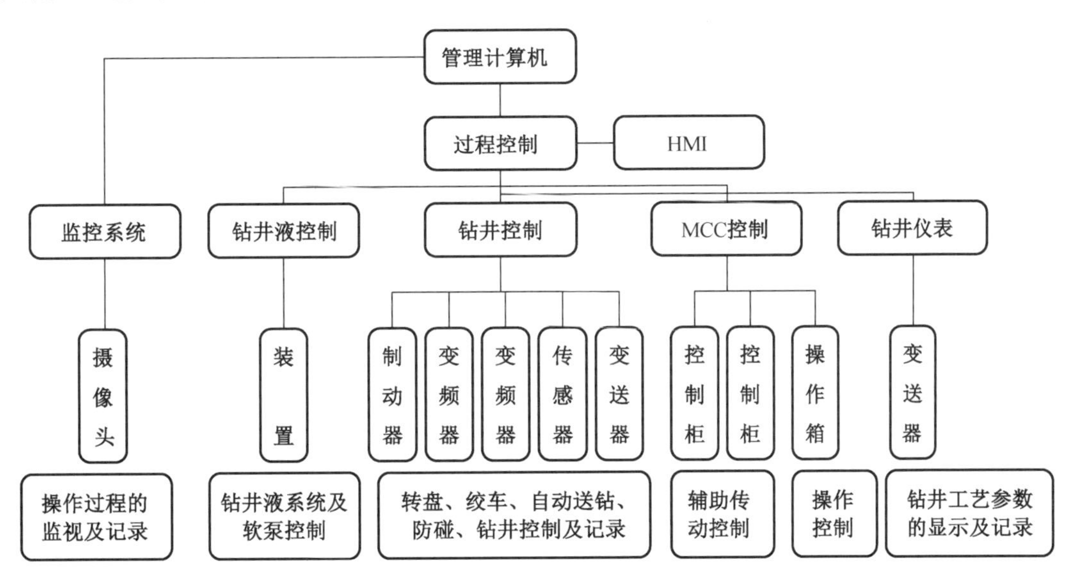

图1 钻机一体化控制系统功能图

二、关键技术

（1）作业环境要求低，可适应-40℃环境作业。

（2）采用一体化控制系统及电传动系统，实现无级调速，并利用变频装置的能耗制动功能实现绞车电机的四象限运行和转盘的动力制动功能。

（3）运行安全。对井架进行了起升、最大钩载和抗风等工况下的组合应力与变形分析，优化了设计结构，形成自升式井架、底座。

（4）设计制造了大功率、高压力的2200hp活塞式钻井泵，在满足特深井钻井及高压喷射钻井工艺要求的同时，其装拆和维修方便性明显优于国际同级别的柱塞式钻井泵，易损件寿命达国际先进水平。

（6）拥有数字化、信息化、智能化的管理平台，实现对系统各装置的远程数据传输和故障监控，优化控制和监测整个钻井过程。

（7）发明了石油钻机游吊系统用铸钢及其制造方法，制造了承载能力为900t的重型天车、游车、大钩、吊环及承载能力为675t、耐压52μp的水龙头（图2至图4）。

12000米钻机整体达到国际领先水平，获国家科学技术进步二等奖1项，中国石油集团公司科学技术进步一等奖1项，授权发明专利5件，实用新型专利9件（表1）。

图 2　12000 米钻机施工现场

图 3　6000HP 绞车及盘式刹车装置

图 4　2200HP 钻井泵

表 1　主要技术专利列表

专利名称	专利类型	国家（地区）	专利号
钻井泵缸套内外表面冷却装置（COOLING DEVICE FOR INTERIOR AND EXTERIOR SURFACES OF A MUD PUMP LINER）	发明专利	美国	11/966，277
一种石油钻机游吊系统用铸钢及其制造方法	发明专利	中国	ZL 200710018444.8
钻井泵缸套内外表面冷却装置	发明专利	中国	ZL 200710018524.3
盘式刹车自动补偿间隙的制动钳	发明专利	中国	ZL 200710178675.5
一种控制石油钻机顶驱装置转速扭矩的方法	发明专利	中国	ZL 200810056832.X

三、应用效果与前景

12000 米钻机在四川盆地承担了国内第一口海相超深科学探索井钻井任务，在经历复杂地质条件和“5.12”汶川大地震的考验后，钻机所有设备运转正常。钻机创出了一系列指标，平均机械钻速达到 1.02m/h，比常规钻井平均机械钻速提高了 30%。2011 年 9 月 12000 米钻机在四川盆地发现了我国埋藏最深的大型海相气田元坝气田。第一期探明天然气地质储量 $1592.53\times10^{8}m^{3}$，这是迄今为止我国埋藏最深的海相大气田，气田深度超过 7000m。

根据油气钻井业务的发展要求，“十三五”我们将在陆地 12000 米钻机成熟技术的基础上，研制 12000 米海洋钻机，并开展 15000 米钻机研究开发，使我国成为特深井钻机的研发和制造强国。随着陆地和海洋超深层油气资源勘探开发力度的加大，未来将对 12000 米钻机有较大需求。

2.36　自动垂直钻井系统

一、技术简介

自动垂直钻井系统是井下闭环控制系统，可在井下主动纠斜、保持井眼垂直，实现机、电、液一体化的高新科技产品。自动垂直钻井系统能有效地解决高陡构造及逆掩推覆体等复杂地层的防斜打快问题，通过解放钻压，提高机械钻速，缩短钻井周期。自动垂直钻井系统主要由电源、信号传输、液压推靠、测量控制以及支撑系统组成（图 1，图 2）。

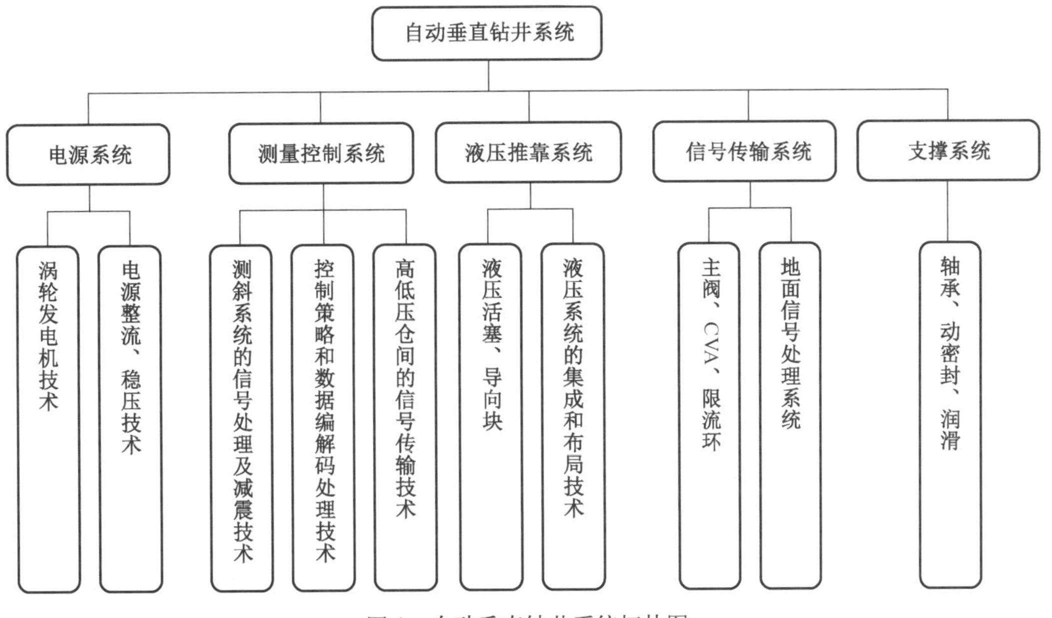

图 1　自动垂直钻井系统拓扑图

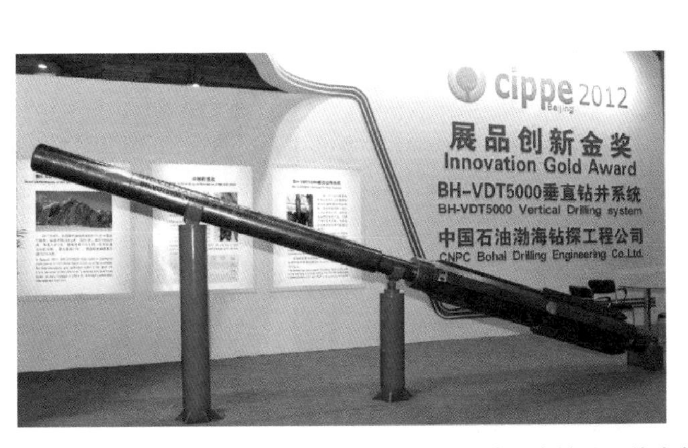

图 2　自动垂直钻井系统实物图

二、关键技术

（1）近钻头测量，井斜测斜仪距离井底的距离小于 2m。

（2）自带 MWD 系统，钻进过程中每 4min 向地面发送一组数据且不停钻。

（3）使用门槛低，对钻头类型、钻头喷嘴和泵压没有特殊要求，另外，入井接头数量少，钻具结构简单，井下作业安全。

（4）系统适用性强，系统根据地层倾角的变化，自动调整侧向力的大小，保证井眼垂直。

（5）井斜控制精度高，可达 ±0.1°。

自动垂直钻井系统整体达到国际先进水平，获得第十二届中国国际石油石化技术装备展览会唯一“展品创新金奖”。授权实用新型专利 11 件（表 1）。

表 1　主要技术专利列表

专利名称	专利类型	国家（地区）	专利号
用于随钻测量仪器的旋转式无线电能、信号传输系统	实用新型	中国	ZL 201420598825.3
用于检测智能钻井工具油泵工作性能的测试台	实用新型	中国	ZL 201420609345.2
用于智能钻井工具油泵性能测试台的充油测试装置	实用新型	中国	ZL 201420615088.3
用于智能钻井工具的开关电源电路	实用新型	中国	ZL 201510151893.4
…	…	…	…

三、应用效果与前景

在塔里木山前地区逐步替代国外产品，大幅度降低了技术使用成本，为解决高陡构造和逆掩推覆体等复杂地质条件下的防斜打快钻井难题提供了自主技术支持。在克深 2-1-14 井创造最高日进尺 742m、在大北 101-2 井创造单趟钻进尺 2047m、在鄂探 1 井创造单趟钻入井时间 395.5h 的记录。

未来系统将发展矢量推力技术及旋变技术，矢量推力技术可实现更为精细的控制，旋变技术方面可提高工具寿命，另一方面也可更好地适应深井高温高压环境。根据集团公司发展目标和“十三五”规划安排，塔里木油田对垂直钻井技术需求迫切，青海、玉门、四川等油田也都有不同程度的需求，在这些地区自动垂直钻井系统具有不可替代的作用，应用前景广阔。

2.37 顶部驱动钻井装置

一、技术简介

顶部驱动钻井装置（简称顶驱装置或顶驱）集机、电、液和信息技术于一体，可以在井架空间上部直接驱动钻柱旋转并沿专用导轨向下送进，完成立根旋转钻进、循环钻井液、接立根、上卸扣、倒划眼等多种钻井操作，作业效率可提高 67%。顶驱装置主要由机械结构、液压驱动与控制、电气驱动与控制系统组成。成套顶驱装置的构成包括，本体、导轨、电控房、液压源、司钻台、动力控制与液压管缆等。顶驱装置本体是井架空间内的核心部件，其主要结构组成如图 1 和图 2 所示。

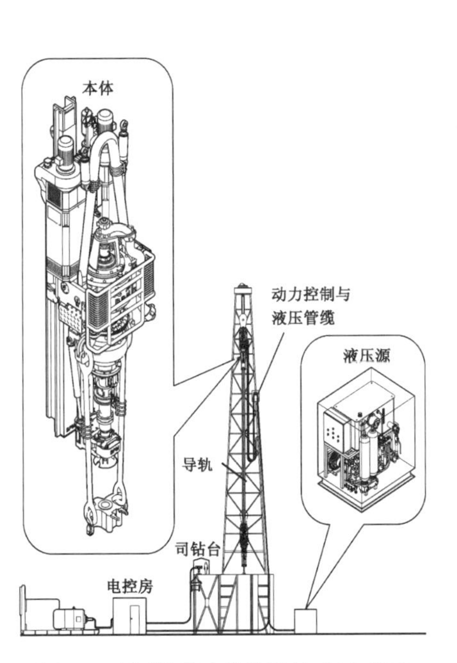

图 1　顶部驱动钻井装置构成示意图

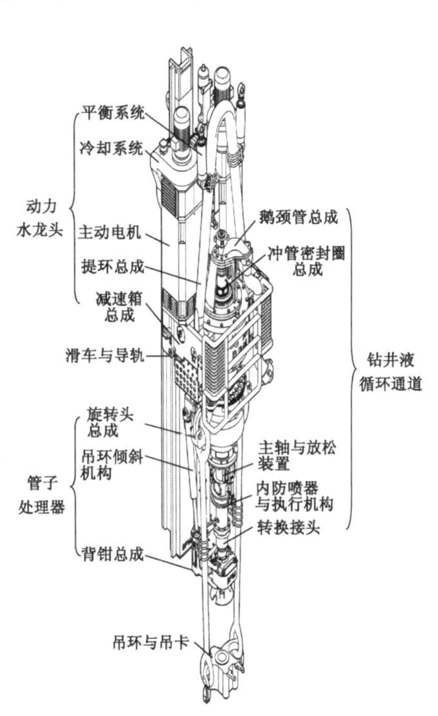

图 2　顶驱装置本体示意图

二、关键技术

（1）顶驱装置采用先进成熟的交流变频驱动技术，具有转矩和转速控制精确等优点。

（2）液压源独立于本体，单独放置在地面上，利用安装在井架上的液压管线与本体相连。在恶劣的工作条件下，尤其是跳钻、震击时不会对管线、接头和阀等造成损坏。

（3）能够根据实际情况自动辨识钻井工况，对顶驱主轴的转速扭矩输出特性进行实时调整，大大降低了钻柱失效和钻头磨损风险、延长钻柱和钻头的使用寿命、优化井眼轨迹。

（4）主轴旋转定位控制技术，实现了对顶驱主轴旋转方向、圈数或角度的精确控制；导向钻井滑动控制技术，为定向井工程师提供了精确快速调整工具面的手段；ProfiBus 现场总线控制技术，抗电磁干扰能力强；用双负提升通道结构设计，延长主轴承的使用寿命。

（5）支持多网络制式的远程专家支持系统，可远程监控顶驱装置运行状态，进行远程故障诊断，并在设备异常时自动推送信息通知，降低了装置故障风险（图 3，图 4）。

顶驱装置整体达到国际领先水平。获集团公司技术创新一等奖 1 项、国家重点新产品等，授权发明专利 3 件、实用新型专利 17 件（表 1）。

图 3　不同吨位顶驱实物图

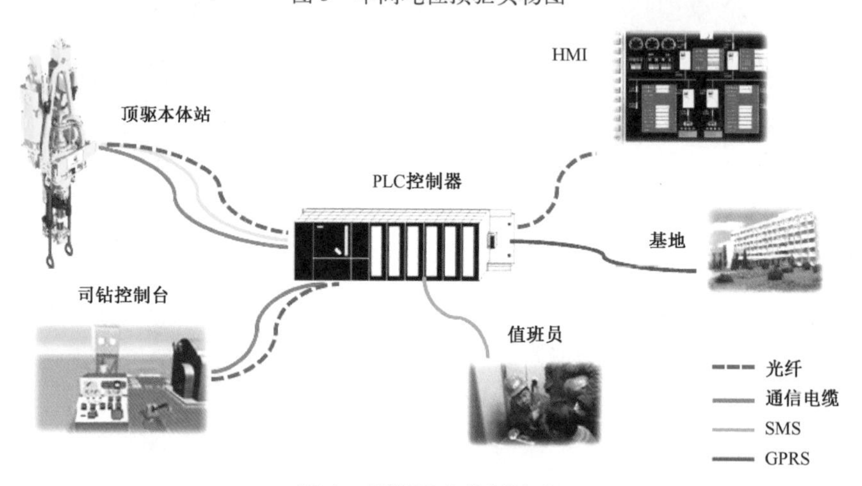

图 4　顶驱 PLC 控制技术

表 1　主要技术专利列表

专利名称	专利类型	国家（地区）	专利号
基于顶部驱动与地面控制的导向钻井系统的作业方法	发明专利	中国	ZL 201210036025.8
一种控制石油钻机顶驱装置转速扭矩的方法	发明专利	中国	ZL 200810056832.X
一种用顶部驱动钻井装置下套管作业的方法	发明专利	中国	ZL 200910078565.0
…	…	…	…

三、应用效果与前景

集团公司超过 500 台的顶驱装置在国内重点勘探开发区块及海外 30 余个国家和地区成功应用，其中，在海外作业的顶驱装置比例超过 60%，满足在南美地区高温潮湿、中东地区高温沙尘、中亚及北极地区低温等严酷工况下的钻井工艺要求。2004 年，集团公司与美国 Rowan 钻井公司在人民大会堂签约，先后将 20 余台顶驱装置出口至美国，实现了中国钻井装备出口到北美的零的突破。

随着我国海外油气开发项目的迅速发展，对顶驱装置的配置与顶驱钻井技术需求强烈，带顶驱装置作业已成为复杂深井、水平井对钻机配置的基本要求。中国钻井承包商不断参与市场竞争，中国顶驱装置也将普遍被国际市场所认可，唱响中国制造品牌。

2.38 石油钻井用双燃料 / 天然气发动机

一、技术简介

双燃料 / 天然气发动机利用天然气代替柴油作为动力机械的燃料，可有效降低钻井成本。双燃料发动机是实现钻井“以气代油”的新型的柴油与天然气并用的发动机，采用多执行器智能化协同控制技术，具有双燃料和纯柴油两种工作模式，两种工作模式可方便切换。

天然气发动机是利用天然气作燃料，实现节能减排、清洁生产。解决了天然气燃烧速度慢、对钻井工况突加或突减负荷响应性差、动力性差等技术难题。双燃料发动机经济性好、性能优良、动态响应性好，配套发电机组和变矩器机组等，作为石油钻井的动力装备，实现了油田钻井“以气代油”，填补了国内外石油钻探领域大功率双燃料发动机的空白。双燃料发动机主要由空气—天然气供给系统、燃油喷射系统、控制系统等组成（图 1）。

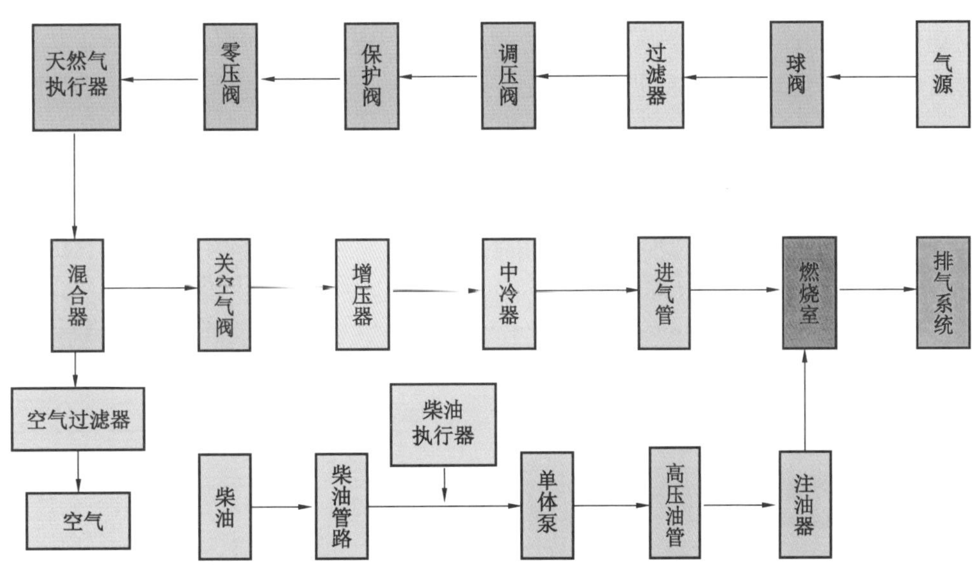

图 1　双燃料发动机工作原理图

二、关键技术

双燃料发动机（图 2）：

（1）双燃料发动机供油特性及其控制技术：额定负荷下发动机的柴油量仅为纯柴油模式额定供油量的 15% ~ 20%。可实现双燃料状态下的正常工作。

（2）双燃料发动机供气调节技术：对天然气进行零压调节，实现混合器进口处空气和天然气压力一样。采用空气—天然气的增压器前混合，保证天然气和空气的良好混合。

（3）多执行器的数字智能化控制及切换技术：采用智能化的控制系统，以纯柴油方式启动，启动后在部分负载下转入双燃料状态。发动机运行一段时间后，柴油自动恢复到 15% ~ 20% 的稳定供油状态。

图 2　双燃料发动机

图 3　天然气发动机

天然气发动机（图 3）：

（1）抗冲击负载控制技术：具有自动辨别负荷变化率的功能，自动根据负荷突变程度来适量增加燃气。

（2）并车技术：通过测量发电机的输出电压、电流来测算机组的实际输出功率，通过对发动机转速的调节来控制发动机的输出负荷。

（3）天然气和空气混合及控制技术：将天然气和空气进行混合，利用调节装置，形成可燃混合气，满足发动机不同工况下对混合气的不同要求。

（4）涡轮增压中冷技术：压缩空气或混合气，提高空气或空气与天然气混合气的压力，然后对其冷却，提高缸内充量密度，从而提高天然气发动机动力性。

双燃料 / 天然气发动机技术产品达成水平。在国际上开创了以天然气发动机作为钻井动力的先河，实现了钻井用发动机从油气双燃料到纯粹天然气动力的新飞跃。授权实用新型专利 4 件（表 1）。获山东省技术创新优秀新产品一等奖以及石油和化工自动化行业科技进步奖二等奖。

表 1　主要技术专利列表

专利名称	专利类别	国家（地区）	专利号
以柴油和天然气为燃料发动机的燃气供给系统	实用新型专利	中国	ZL 200920246298.9
气体发动机并车系统	实用新型专利	中国	ZL 201020663808.5
一种发动机进气导流装置	实用新型专利	中国	ZL 201220075625.0
气体发动机空燃比控制系统	实用新型专利	中国	ZL 201220075616.1

三、应用效果与前景

双燃料 / 天然气发动机及配套装置已在国内外多个油田成功应用，能够满足井场需要，降低了钻井成本，为油田提供了新型钻井动力。双燃料 / 天然气发动机现已在国内的吐哈、中原、福山、长庆、华北、克拉玛依等多个油田以及国外哈萨克斯坦应用。技术自主率 100%，中国石油市场应用率 95%，国内市场应用率 85%。

随着天然气业务的发展和 CNG、LNG 技术的日新月异，天然气开采量的加大和远距离输送、净化脱水及储运水平的提高，利用井场上丰富的天然气作燃料，最大限度地降低钻井成本，实现“以气代油”的目标已经成为可能。本技术产品有广阔的应用前景。

2.39 精细控压钻井技术与装备

一、技术简介

精细控压钻井技术是一项有效解决复杂压力地层条件下诱发的井涌、漏失、坍塌和卡钻等井下复杂难题的前沿技术。精细控压钻井系统集机、电、液、气一体化系统和随钻压力测量、设备在线智能监控、应急处理功能于一体，具有环空压力闭环监控、多策略、自适应的特点（图 1）。通过对井筒环空压力的闭环实时监测与精确控制，能有效预防和控制溢流和井漏、避免井下复杂、大幅度降低非生产时间，能够保护油气层、提高水平段延伸能力、有利于提高单井产能，是解决钻井过程中压力敏感地层、深井复杂地层、窄密度窗口等钻井难题最有效的手段。

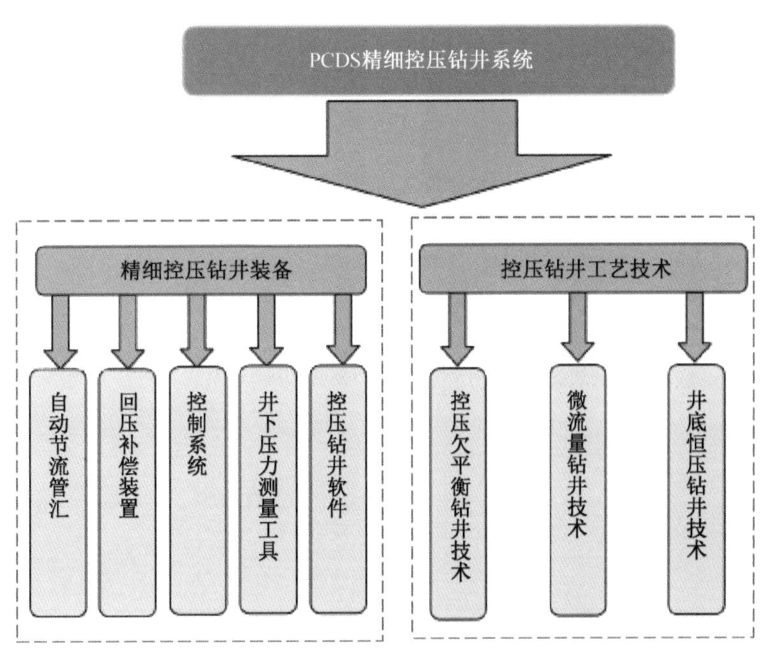

图 1　精细控压钻井技术框图

二、关键技术

（1）通过系统配套的高精度质量流量计的流量监测与节流压力进行微溢流与微漏失测试，现场可实时确定目标地层压力窗口，提高对安全密度窗口预测困难地层井漏、溢流的处理和控制能力。

（2）决策分析系统具有自学习功能，可利用随钻地层压力监测实测井底压力数据实时校正理论计算结果，提高系统压力控制精度。

（3）通过钻井参数监测、自动决策及指令执行，可实时精确控制井筒环空压力剖面，控制井底压力处于安全压力窗口以内，解决窄密度窗口井常规钻井时静态溢、动态漏的问题，降低钻井风险，减少非生产作业时间。

（4）形成了一套精细控压钻井工艺技术，包括欠平衡、微流量、融合压力、流量双目标监控的精细控压钻井技术（图 2 至图 5）。

精细控压钻井技术与装备整体达到国际先进水平，获中国石油集团公司科学技术进步一等奖 1 项，中国石油和化学工业联合会科技进步特等奖 1 项，授权发明专利 10 件，实用新型发明专利 20 件（表 1），软件著作权 6 件。

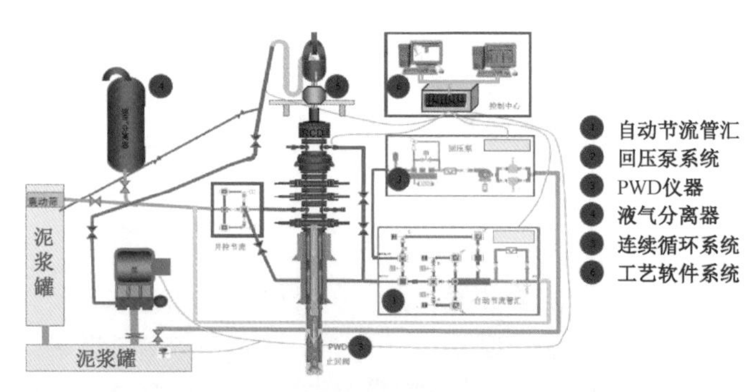

图 2　控压钻井系统流程

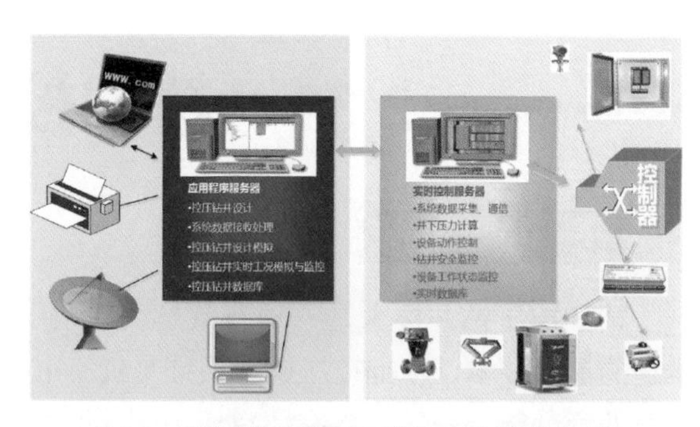

图 3　控压钻井控制及软件系统整体布局

图 4　控压钻井自动节流系统

图 5　控压钻井回压补偿系统

表 1　主要技术专利列表

专利名称	专利类型	国家（地区）	专利号
一种组合式多级压力控制方法与装置	发明专利	中国	ZL 201010236362.2
用于控压钻井实验与测试的井下工况模拟方法	发明专利	中国	ZL 201010139484.X
井筒压力模型预测系统控制方法	发明专利	中国	ZL 201110332763.2
控压钻井用回压补偿装置	发明专利	中国	ZL 201110444486.4
…	…	…	…

三、应用效果与前景

精细控压钻井技术在国内塔里木、西南、大港、冀东、华北、新疆等油田及国外印度尼西亚等地区应用285口井，推动了国内油气田的安全高效钻井，有效减少钻井复杂、钻井液漏失、提高水平段延伸能力；印度尼西亚地区的油田技术服务，实现重大油气发现，获得海外油田公司高度认可。

依靠本技术装备业绩如下：TZ721-8H 井创造国内碳酸盐岩储层水平段 1561m、目的层钻进日进尺150m 最高纪录；TZ862H 井创造垂深大于 6000m、完钻井深 8008m 的世界最深水平井纪录。随着油气勘探开发的深入，该技术在深井超深井特殊工艺井、海洋石油钻井、海外复杂储层钻井中有广泛的应用前景。

2.40 BH-WEI 钻井液

一、技术简介

BH-WEI 钻井液是以高密度、强抑制的复合有机盐为配浆基液，配合提切剂、抗盐抗高温降滤失剂、防塌封堵剂、聚合醇等核心处理剂而形成的高性能水基钻井液（图 1）。BH-WEI 钻井液是一种抗高温高密度抗盐的水基钻井液体系，是高温、高压、膏盐地层、储层以及海油陆采实施的大斜度井、大位移井的较为有效的高性能水基钻井液。BH-WEI 钻井液主要针对高温、高压、膏泥盐地层、水平井储层以及环境敏感地区的特殊复杂地层井、复杂结构井、深井、超深井的钻井施工，实现钻井液、完井液一体化，可回收重复利用，综合成本低，保护油层、保护环境，实现安全、科学钻井。

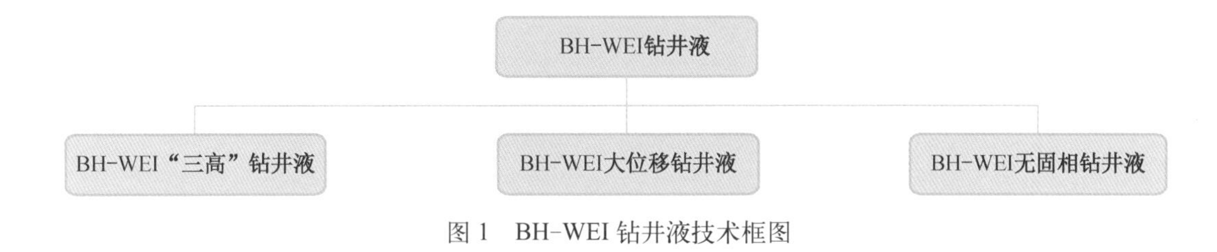

图 1　BH-WEI 钻井液技术框图

二、关键技术

(1) BH-WEI“三高”钻井液。高密度强抑制复合有机盐为配浆基液形成的钻井液体系，具有抑制性强、抗温达 220℃、密度可达 2.6g/cm³、抗盐达饱和、石膏在其中不溶解的特性（图 2，图 3）。

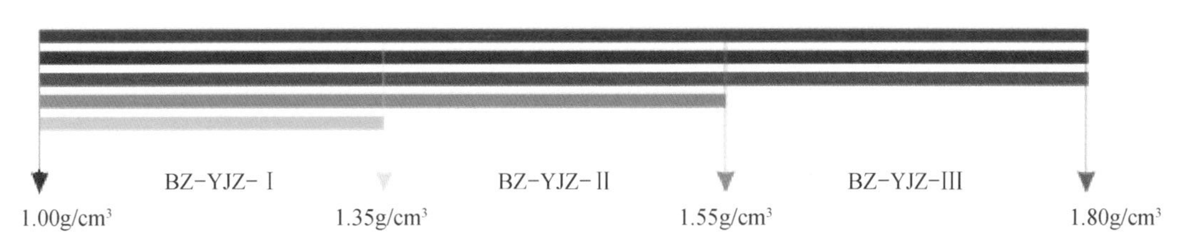

图 2　基液密度范围图

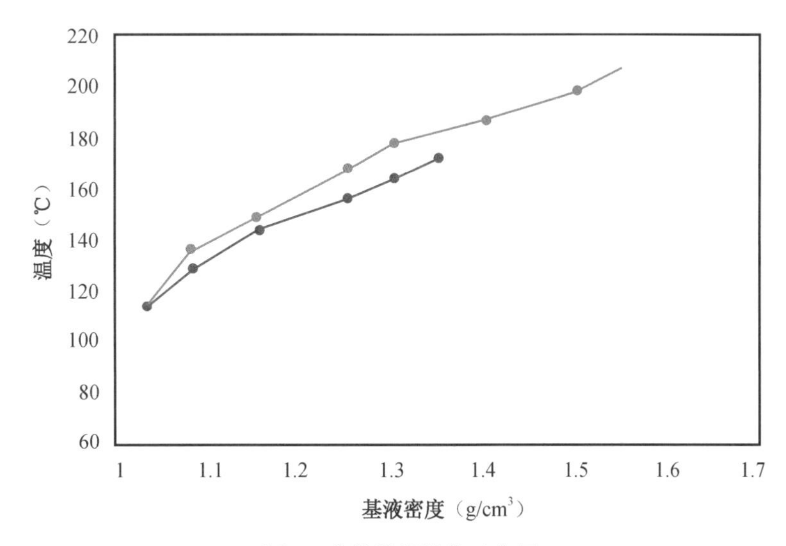

图 3　基液抗温性能示意图

(2) BH-WEI 大位移钻井液。以高密度、强抑制、复合有机盐溶液为配浆基液，可以显著提高低剪切速率下钻井液黏度，保证井眼清洁。

(3) BH-WEI 无固相钻井液。一种专门用于水平井储层井段施工的钻井液技术，具有抑制防膨能力强、不与地层水产生化学沉淀、无外来固相侵入、无大分子聚合物形成滤饼、油溶性强、滤液表面张力低等特性（图 4）。

图 4　实物图

BH-WEI 钻井液技术已达到国际先进水平。获中国石油集团公司科技进步一等奖 1 项，中国石油和化学联合会科技进步三等奖 1 项，授权实用新型专利 3 件（表 1）。

表 1　主要技术专利列表

专利名称	专利类型	国家（地区）	专利号
胶液配制用装置	实用新型	中国	ZL 201420103402.X
一种胶液配制装置	实用新型	中国	ZL 201420103145.X
胶液配制装置	实用新型	中国	ZL 201420103216.6

三、应用效果与前景

BH-WEI 钻井液技术在国内外应用近 300 口井，多次刷新指标，累计创收 8.1 亿元。其中在塔里木油田成功应用 75 口井，创造了多项钻井施工新纪录。创造了 ϕ444.5mm 钻头钻至 5541m 井深的全国纪录，创造了 ϕ365.12mm+ϕ339.7mm 复合套管下深和下深重量两项全国纪录，用时 199d 钻至 6947.54m 完井，创造中国石油相同井身结构最快纪录，创国内首次采用 ϕ431.8mm 钻头穿越膏盐层安全无事故纪录。在印度尼西亚马都拉区块应用中所有作业一次成功，其中 Dungok1 井创井深 (3246.12m) 最深、温度 (206℃) 最高纪录，在伊拉克哈法亚区块顺利施工 16 口井，创哈法亚水平井同区块施工周期最短、水平段最长等纪录。

BH-WEI 钻井液技术将为加速和保证中国石油集团公司在国内外勘探开发进展，提高公司核心竞争力提供技术支撑，为深井超深井钻井提供技术支持，具有广阔的应用前景，促进油气勘探开发向深层、复杂地层发展，有助于中国石油进入国外高端钻井液市场。

2.41 钻井工程设计与控制一体化软件

一、技术简介

钻井工程设计与控制一体化软件系统采用数据层 + 平台层 + 应用层 3 层架构设计，利用模块化方法，将复杂的难以维护的系统分解为互相独立、协同工作的构件。数据层为上层应用提供统一的数据存储、管理和访问功能；平台层在统一的底层数据库及 Prism 的模块化框架基础上，结合先进的界面组件库，实现了具有现代风格的窗口化集成框架，支持模块化方法挂接，各种不同的钻井设计及工艺算法，按照模块的方式灵活挂接，实现集成到统一的平台；应用层为基于统一的钻井数据层和平台开发的各钻井业务模块、钻井专项软件及钻井设计集成系统（图 1）。

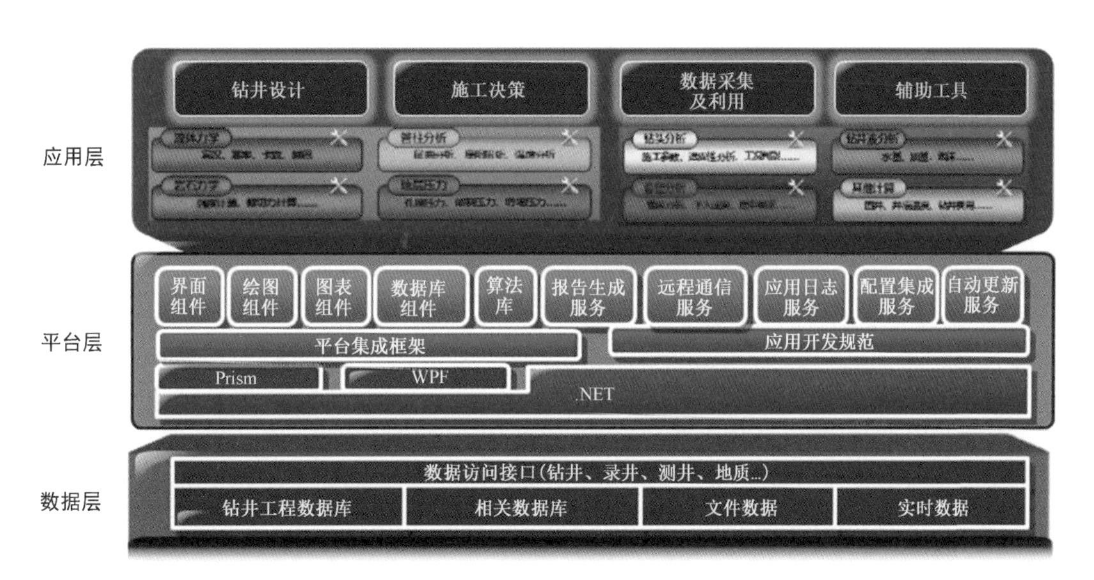

图 1　软件系统模块图

二、关键技术

建立了国内最完善的钻井工程数据库，满足不同井别、井型设计要求。采用 Entity Framework 技术开发了统一的数据访问层，为上层应用提供统一的数据访问接口，具有较高的开发效率。系统集成了井眼轨迹、井身结构、钻柱、钻井液和固井等 111个功能设计模块，支持 9 种井型、6 种井组类型的钻井工程设计。

（1）基于数据层 + 平台层 + 应用层三层架构，实现了面向钻井软件的开发平台，提供了丰富的通用组件、基础功能，丰富的开发类库，有利于模块的扩展和升级（图 2）。

（2）开发的一体化数据库，实现了钻井设计各专业间数据资源的高度共享，“一次输入、随处使用”；通过 XML 的方式同 Landmark EDM 数据库进行导入导出，与集团公司的 A7 数据库进行数据对接。

（3）考虑复杂井身结构、特殊井眼轨迹的钻井设计需求，支持复合井眼、复合套管、多级注水泥和尾管回接等复杂井身结构的钻井设计，支持侧钻井、分支井、SAGD 双水平井、“井工厂”等特殊轨迹设计。

（4）基于 Prism 设计模式研发钻井工程软件平台集成框架，支持平台功能模块单独开发、动态加载；建立较为完备的、便捷的钻具设备库，支持灵活的钻具组合存储方式，预存储大量常用钻具设备。

（5）设计管理软件实现了任务分配、过程管理、设计提交网络化，提高了钻井设计计算机化管理应用水平。

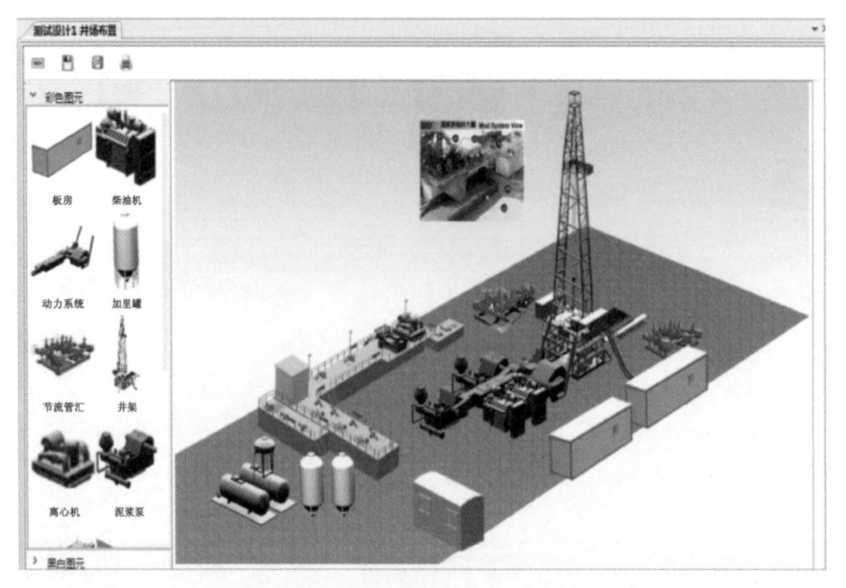

图 2　软件通用组件示意图

（6）开发了类似 Word 风格的操作界面，使设计过程与编写钻井工程设计书流程一致，完成设计就能得到符合标准规范的钻井设计文本。

钻井工程设计与控制一体化软件整体达到国际先进水平，获中国石油集团公司科技进步二等奖 1 项，钻井工程设计集成系统 V2.0 获中国石油集团公司自主创新重要产品。在国家钻井工程软件注册商标。授权软件著作权 13 件。

三、应用效果与前景

2012 年以来，在大庆钻探工程公司、长城钻探工程公司、新疆油田、辽河油田、大港油田等单位累计应用 1350 口井，满足深井、定向井、水平井钻井设计需求，实现了数据资源共享，软件同时具有设计过程网络化管理功能，大幅提高了钻井设计人员的工作效率，降低了钻井设计管理成本，共计减少人力工作 1/3 以上。作为网络版软件节省了大量的同类软件购置费用和升级费用。

在各大油田企业和钻探企业推广应用具有自主知识产权的国产钻井工程软件，将进一步保障中国石油集团公司的数据安全，提高钻井设计与施工水平。软件功能的不断完善与丰富，在钻井工程中将具有广阔的应用前景。

2.42 连续管技术与装备

一、技术简介

连续管技术与装备是采用缠绕在滚筒上的连续钢管代替螺纹连接的油气井管柱进行油井作业的石油工程技术，具有作业效率高、成本低、安全环保、保护油层、增加油气井产量和使用范围广等诸多优势。广泛用于钻井、修井、测试、完井、增产和集输等作业领域，成为降本增效的主要技术之一，尤其对水平井增产改造、后期作业与措施等有着常规作业技术和手段缺乏的独特优势。连续油管作业机主要由动力及液压系统、注入头、导向器、滚筒、连续管、控制室、防喷器、防喷盒、防喷管、动力软管滚筒、控制软管滚筒、注入头井口支撑装置及其他附件等组成（图 1）。

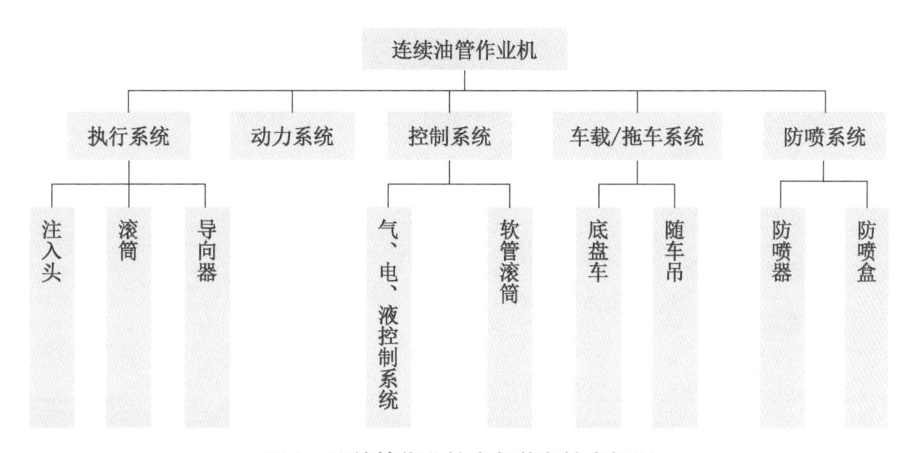

图 1　连续管作业技术与装备技术框图

二、关键技术

（1）适用范围广：号称“万能作业机”（图 2），广泛用于钻井、修井、测井、测试、完井、储层改造以及管道作业。无接箍、无需逐根连接，比电缆 / 钢丝作业具有更强的提升能力和更好的通过性，比常规不压井作业具有更好的带压作业能力。

图 2　连续油管作业机（上图为主车，下图为辅车）

（2）安全性好：自动化程度高、起下过程无需钻台操作、劳动强度低，能实时监控作业过程和关键参数。

（3）效率高：移运方便、安装迅速，一体化作业机可在1小时以内完成装拆；起下快速，正常起下速度为常规油管作业的3～5倍。

（4）起下过程能保持连续循环：能解决大砂量和水平井井筒清理问题，能实现全过程欠平衡作业。

（5）带压作业能力强：能便捷地以较低的成本实现油气水井和压裂、酸化过程的带压作业，定点施工工作压力可达105MPa，连续起下工作压力可达70MPa。

（6）通过能力强：能适应大位移井、长水平段作业，能实现过油管或过钻杆作业，能适应套损套变井作业。

连续管技术与装备整体处于国际先进、国内领先水平，获国家重点新产品证书、中国石油集团公司自主创新重要产品证书、中国石油集团公司科学技术进步二等奖1项及陕西省科技进步奖2项。授权发明专利8件，实用新型发明专利18件（表1）。

表1　主要技术专利列表

专利名称	专利类别	国家（地区）	专利号
一种具有不同强度区段的连续油管及其制造方法	发明专利	中国	ZL 201210243167.1
有增摩涂层的连续管注入头夹持块制备方法	发明专利	中国	ZL 201010535928.1
连续管导入装置	发明专利	中国	ZL 201110108451.3
一种壁厚渐变的连续油管及其制造方法	发明专利	中国	ZL 201210243172.2
…	…	…	…

三、应用效果与前景

形成了3类8个系列连续管作业成套装备、4个系列24类92种作业工具和3个系列8种管径的连续管，国内市场占有率超过50%，公司内部市场占有率超过90%，累计推广连续管作业机50余台套、作业工具500多套、连续管9000余吨、同比进口降低成本20%以上，节约购置成本5亿元。连续管不仅取代进口，并出口中东、中亚和北美等海外市场。作业领域和规模逐年拓展，覆盖了7大类35种作业工艺技术，满足快修、储层改造、带压作业和页岩气水平井等特殊作业需要，年增作业量40%，近3年单机单队工作量由30～50井次提高到100井次以上，示范与应用2600余井次，平均作业效率提高50%以上，节约作业成本亿元以上，正成为集团公司转变井下作业方式的革新技术。

随着海上油气井作业需求不断加大，适应海洋作业要求的大管径大容量连续管作业机将是发展大势所趋，连续管产品也逐渐由单一管材向复合材料种类发展，以适应更多的油气作业环境。连续管技术是未来油气井作业降本增效、快速成功复产的主要手段之一，其中LG360大管径系列连续管作业机更是水平井作业、页岩气和致密油气开发过程中一项不可或缺的重要利器。

2.43 油水井带压作业技术与装备

一、技术简介

带压作业是指在保持井筒内一定压力，不压井、不放压的情况下进行起下管柱和井下工具的一种井下作业技术，即通常所说的不压井作业。该技术主要是利用井口装备中的闸板防喷器和环形防喷器等密封油套环空压力，利用油管堵塞器等工具控制油管内的压力，利用升降液缸和卡瓦等控制管柱的起下速度。带压作业通常包括带压修井、带压完井、带压射孔、带压配合压裂酸化、带压抢险作业及其他特殊作业等。油水井带压作业装置主要由井口装置、安全防喷系统、工作防喷系统、液压提升系统组成（图 1）。

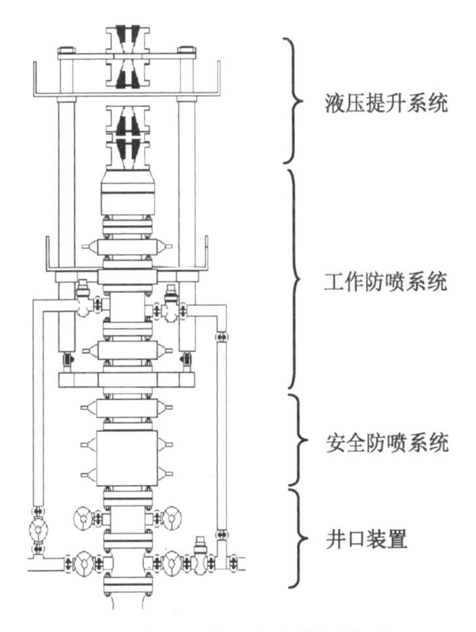

图 1　油水井带压作业装置构成图

二、关键技术

（1）一体式带压作业机将修井机和带压作业装备整合到一起，做到结构一体化、动力一体化、操作一体化，搬运方便，安装快捷，适合于中浅井且井口压力低于 21MPa 的油水井带压作业（图 2）。

图 2　一体式带压作业机示意图

（2）分体式带压作业装置采用模块化组合设计，方便运输及安装；差动液缸的研发与应用，提升了液缸的升降速度，提高了带压作业的效率（图 3）。

（3）独立式带压作业机不需要与修井机配套使用，可独立进行带压作业。采用桅杆进行甩捡单根，占地面积小，适应性强，可应用于中深井的油水井带压作业（图 4）。

（4）5 种高效油管堵塞器的研制与应用，提高了带压作业油管内投堵的成功率和有效率。

油水井带压作业技术与装备达到国际先进水平，获吉林油田公司科技创新一等奖 2 项（表 1）。

图 3 分体式带压作业机示意图

图 4 独立式带压作业机示意图

表 1 主要技术专利列表

专利名称	专利类型	国家（地区）	专利号
全密封自动补偿式卡瓦	发明专利	中国	ZL 201210454447.7
连续起抽油杆装置	发明专利	中国	ZL 201210453423.X
整体转动式环形防喷器	实用新型专利	中国	ZL 201220594585.0
双级自适应闸板防喷器	实用新型专利	中国	ZL 201220596514.4
…	…	…	…

三、应用效果与前景

油水井带压作业技术与装备已在吉林油田、大庆油田、辽河油田、长庆油田、新疆油田等 10 多个油田规模应用。作业范围由注水井拓展到抽油机井、热采井、天然气井的大修井，作业压力由 14MPa/21MPa 提升到 21MPa/35MPa，实现了中国石油集团公司油水井带压作业装备升级换代。年完成带压作业突破 4000 口井，减排污水 $150\times10^4m^3$ 以上，提前增注 $100\times10^4m^3$ 以上，增油约 5×10^4t，直接效益超过 2 亿元。其中吉林油田带压作业技术发展较快，应用规模较大。2006—2014 年，中国石油共完成带压作业井数为 19615 口井，其中吉林油田完成 4628 口井，占 23.6%。累计减排污水约 $400\times10^4m^3$，少影响产油约 $24\times10^4m^3$。

可以统计，对于高压油水井，采用大密度压井液压井，不仅投资大，而且污染油层，影响油井产量；采用泄压来达到作业施工条件，不仅破坏地层能量平衡，而且放喷排放含油污水给环境污染带来重大隐患，增加了罐车等拉运费用及再次注水费用。带压作业技术是解决上述难题的有效手段，带压作业技术的应用对于油田的持续稳产开发具有重要的意义。

2.44 水平井分段压裂技术与装备

一、技术简介

近年来，水平井大量应用于低渗透油气藏、非常规油气藏的开发生产，水平井分段压裂改造技术已经成为提高单井产量、提高开发效益的有效手段。水平井分段压裂是通过水平井分段工具机械封隔实现水平井精细分段、精细改造，对低渗透油田，水平井分段压裂在水平井段形成多条相互独立的人工裂缝改善渗流条件，提高单井产能。分段改造工具作为核心装备是水平井分段压裂技术的关键，主要包括水平井裸眼分段工具、连续油管底封分段工具、水力喷射分段工具、快钻复合桥塞分段工具等 4 大系列水平井精细分段工具（图 1）。

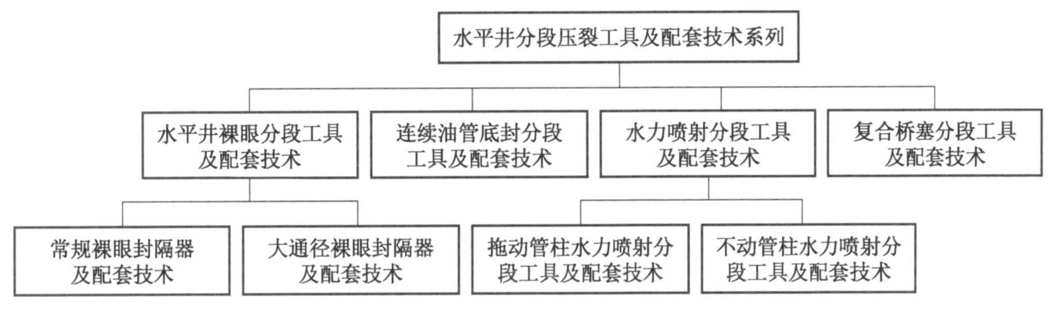

图 1　水平井分段压裂技术与装备技术框图

二、关键技术

（1）水平井裸眼分段工具及配套技术。通过逐级投球打开滑套压裂不同层段，分段较为精确、压裂作业时效高。

（2）连续油管底封分段工具及配套技术。集分层与精细压裂于一体，通过连续油管结合带封隔器，具有的多次坐封、解封功能达到无限多级压裂的优势。

（3）水力喷射分段工具及配套技术。把压能转变为动能，通过高速含砂流体垂直冲击套管和岩石，从而延伸和扩展裂缝。

（4）复合桥塞分段工具及技术桥塞是实现水平井分段压裂段间封隔的有效工具。应用电缆（或连续油管）将桥塞与射孔工具下入预定位置，坐封桥塞后分簇射孔、丢手，起出电缆（或连续油管），进行压裂作业。重复以上步骤直至完成最后一段压裂作业（图 2 至图 5）。

图 2　复合桥塞

图 3　大通径免钻桥塞

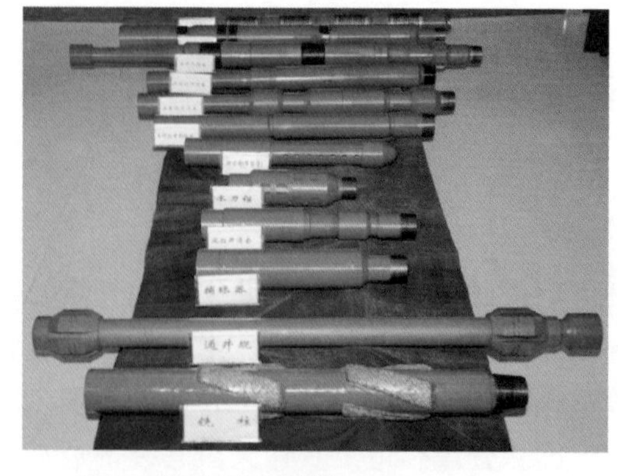

图 4　裸眼井压裂管柱

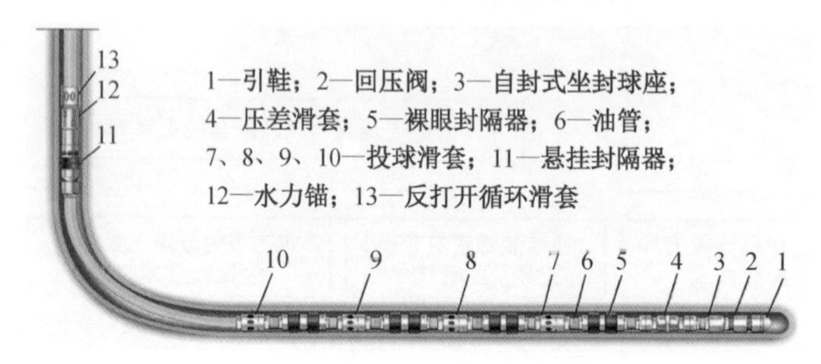

图 5　水平井裸眼分段压裂酸化工具管柱结构

水平井分段压裂技术与装备整体处于国内领先水平，获得授权发明专利 7 件，实用新型专利 30 件，其中水平井裸眼分段工具获得国家重点新产品和中国石油集团公司自主创新重要产品证书（表 1）。

表 1　主要技术专利列表

专利名称	专利类型	国家（地区）	专利号
变长度分级滑套分层压裂工艺技术	发明专利	中国	ZL 201110148335.4
连续油管水力喷砂射孔填砂分层压裂工艺	发明专利	中国	ZL 201210257241.5
连续油管分层压裂用压力平衡单向阀	发明专利	中国	ZL 201210507948.7
一种带压拖动连续压裂工艺方法	发明专利	中国	ZL 201310363613.7
一种多级可拖动式水力喷射封隔管柱及工艺	发明专利	中国	ZL 201110404667.4
悬挂封隔器用回接自锁机构	发明专利	中国	ZL 201110414619.3
一种水力喷射封隔工具的使用方法	发明专利	中国	ZL 201110407916.5

三、应用效果与前景

自主研发形成系列工具替代进口，同比降低成本 30% ～ 50%，成为降本增效的新利器，加快了长宁、威远和昭通等国家级页岩气示范区建设，成为致密油、致密气、页岩气等非常规油气藏有效动用的关键技术。2011 年以来，中国石油采用自主工具共实施水平井分段压裂 3832 口，占施工总井数的 89%，为集团公司提高单井日产量，低品位储量实现大规模的经济高效动用提供了有力的技术支撑。

我国页岩气、致密油气等非常规油气发展迅速，水平井分段压裂技术是高效开发非常规油气藏的重要手段，水平井分段压裂技术需求强劲，本技术与装备解决了水平井压裂的技术难题，具备规模化应用的能力与条件，应用前景广阔。

2.45 X80 高强度管线钢管及配套管件

一、技术简介

X80 高强度管线钢管以高强管线钢焊缝强韧性匹配机理研究为基础，优化了 X80 高钢级卷板合金成分，开发了 X80 高强高韧埋弧焊丝、X80 高速埋弧焊剂，采用螺旋焊管低应力成型工艺或数字化 JCOE 成型工艺、气体保护连续预焊与内外多丝双面埋弧焊高速焊接、无损检测、产品质量检验等关键技术（图 1）。

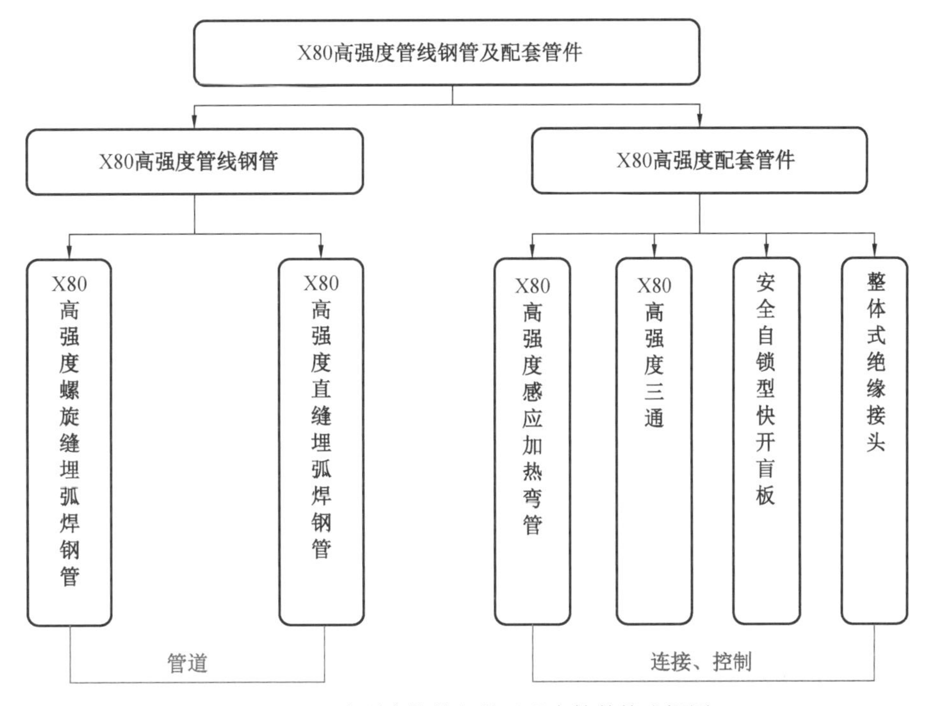

图 1 X80 高强度管线钢管及配套管件构成框图

X80 高强度配套弯管及三通管件、安全自锁型快开盲板及整体式绝缘接头、以母材合金成分设计为基础，采用感应加热推制或拔制成型，再经特定热处理工艺调质而成，加工过程中综合性能调控尺寸控制，确保管件的各项性能满足标准要求。

二、关键技术

（1）X80 高强度螺旋缝埋弧焊钢管开发的 X80 ϕ1219mm×18.4mm 及以上壁厚高强度螺旋缝埋弧焊钢管在国内属首次生产（图 2）。多元合金设计开发的 X80 钢级热轧卷板强韧性高、可焊性优良，高效螺旋缝埋弧焊钢管焊接技术的使用提高了生产效率与产能，螺旋焊管低应力成型工艺则有效降低了高钢级螺旋焊管的残余应力。

图 2 X80 ϕ1219mm×18.4mm 高强度螺旋缝埋弧焊钢管

（2）X80 高强度直缝埋弧焊管开发的 X80 ϕ1219mm×14.4mm 及以上壁厚高强度直缝埋弧焊管，壁厚大、保证焊接质量。

（3）X80 高强度感应加热弯管开发的 X80

ϕ1219mm/ϕ1422mm 大壁厚弯管属国内首创，母材合金成分的特殊设计配合感应加热弯管整体加热煨制技术与最终回火热处理工艺，保证了产品的整体性能。

（4）X80 高强度三通开发的 X80 ϕ1219mm/ϕ1422mm 三通填补了国内空白。采用天然气加热的方式对管件进行加热，环保安全；实现了三通热成型过程中“不落地”的工艺要求，降低了人工强度。

（5）安全自锁型快开盲板采用自主研发的快开盲板锁紧结构，可实现自锁与 360°均匀受压；采用多重联锁与双重报警装置，可有效防止人为误操作；实现了大型立式快开盲板的提升与旋转自动化控制；配套清管器接收缓冲装置，防撞击性高（图 3，图 4）。

（6）整体式绝缘接头使用独特的对称平衡 U 形整体密封结构，承受管道热应力或地壳自然运动带来的弯矩效果更加突出；采用特制的密封材料与绝缘材料，具有更强的抗老化、防腐蚀、耐高低温性能；将热模拟技术和有限元分析相结合，实现了对整体式绝缘接头焊接工艺和成型尺寸的精确控制（图 5）。

图 3　卧式安全自锁型快开盲板

图 4　立式安全自锁型快开盲板

图 5　整体式绝缘接头

X80 高强度管线钢管及配套管件系列产品，获省部级科技类特等奖 2 项、一等奖 2 项、二等奖 3 项，达到同阶先进水平，授权专利 34 件（表 1）。

表 1　主要技术专利列表

专利名称	专利类别	国家（地区）	专利号
高钢级大口径厚壁三通制造工艺方法	发明专利	中国	ZL 201010214950.6
清管器接收缓冲系统	发明专利	中国	ZL 201210215305.5
一种放空螺栓的双重密封结构	发明专利	中国	ZL 201130484053.2
…	…	…	…

三、应用效果与前景

X80 高强度管线钢管及配套管件系列产品在西气东输二线、三线、中缅管线、中贵管线、中亚 C 线、陕京二线等国家重大管线建设中得到全面应用。国内仅西气东输二线全线焊管用量就达 432.6×10^4t，其中主干线 4775km 共使用 X80 ϕ1219mm 焊管 271.5×10^4t。构成“我国油气战略通道建设与运行关键技术”国家科技进步一等奖的重要组成部分。

预计到 2020 年，中国天然气消费量将达到 3500×10^8m^3。2015—2020 年，中国将迎来天然气管道建设大发展阶段。新建包括：陕京四线、中国石化新粤浙煤制天然气等干线管道及配套支干线管道、中贵天然气管道、永泰天然气管道等联络线管道，还有唐山 LNG 外输天然气管道、大连—沈阳天然气管道、江苏 LNG 外输天然气管道等 LNG 接收站配套外输管道。此外，随着新疆、内蒙古和山西煤制天然气项目和西南盆地页岩气的发展，也需要配套建设相应的天然气管道。这些管线的建设也将以 X80 钢级高强度管线钢管及配套管件为主，其应用前景非常广阔。

2.46 高清晰度管道漏磁检测技术

一、技术简介

高清晰度管道漏磁检测技术是利用安装在检测器上的永久磁铁将被检测管壁饱和磁化，管壁上缺陷处额外的磁场溢出，通过挂载在检测器上的高精度传感器拾取缺陷处的漏磁场，并将数据存储至海量存储器。完成管道内运行后，数据下载到数据分析系统，通过数据分析软件发现、标识与量化管道缺陷，从而实现管道缺陷检测的目的。长输管道在役检测是保障管道安全运营的主要技术手段之一。成熟的长输管道在役检测技术以漏磁检测和压电超声检测技术为主，其中漏磁检测以适用性强，检测灵敏度高等特点被广泛应用，国内长输管道在役检测主要依靠漏磁检测技术。高清晰度管道检测系统包括由磁化器、磁路耦合器、驱动系统、承载系统、电子系统、传感器、里程计组成的高清晰度检测器和地面标记器、数据分析与缺陷评估系统组成（图 1）。

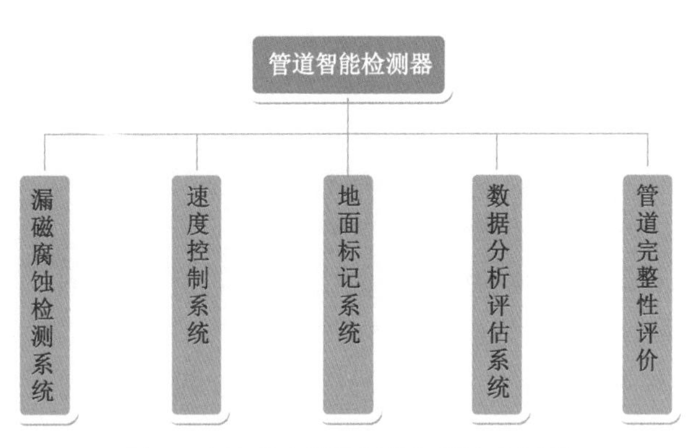

图 1　高清晰度管道漏磁检测技术框图

二、关键技术

（1）采用了浮动探头机构和浮动密封皮碗的设计理念，提高了检测器的检测性能和可靠性；检测器在管道中运行时需要传感器紧密贴合管壁，特别是检测器通过弯头时，固定式探头结构会造成传感器摆姿不对提离增大，浮动式结构可以有效避免传感器提离增大，提高了传感器的精度（图 2）。

（2）高清晰度漏磁检测设备前后采用高强度支撑轮使整个检测设备与管壁柔性接触，减小了设备运行时自身的振动和对管道的冲击，提高运行安全性。

（3）安装于浮动探头机构上的探头内布置了高密度的传感器，形成了传感器阵列。每个探头壳内安装 2 个或 4 个传感器，每个传感器安装时保证相互位置关系。传感器采用开关阵列控制采集，形成等间距的测试点和高密的测试阵列，大大提高了缺陷数据信息量。

（4）利用有限元分析软件，对高清晰度漏磁腐蚀检测器的磁路进行仿真优化。使磁路工作在最优工作点，既满足了磁化需要也减小了磁噪声的影响，同时减小了磁体体积和质量，提高了检测器的动态机械性能（图 3）。

图 2　浮动探头结构

图 3　管道智能检测器

高清晰度管道漏磁检测技术达到国际先进水平。获得中国石油集团公司科技进步一等奖。授权专利发明8件，实用新型专利20件（表1）。

表1　主要技术专利列表

专利名称	专利类型	国家（地区）	专利号
埋地钢质管道腐蚀检测器探头浮动圈	发明专利	中国	200710100234.3
金属管道腐蚀缺陷全数字化三维漏磁信号采集系统	发明专利	中国	201110051160.5
高清晰度管道漏磁检测器机械系统	实用新型	中国	200620158741.3
管道腐蚀检测器探头弹簧	实用新型	中国	200620158742.8
…	…	…	…

三、应用效果与前景

长期以来漏磁检测仪承担了中国石油系统内管道检测工程，并进入中国石化、中国海油、中化集团、壳牌（中国）等检测市场，还成功进入了苏丹、叙利亚、阿联酋、印度、中亚等国际市场。2013年9月，针对西气东输一线排量大、压力高、流速快等特点，应用搭载速度控制系统的管道智能漏磁检测器实施了管道智能内检测，检测里程达1300km，检测后数据良好，开挖结果与数据分析报告相一致，赢得业主高度肯定和赞誉。

目前国内基本形成了横贯东西、纵穿南北的管道运输网络，其中输油干线长度约为4万千米，输气干线长度约为6万千米，输油气管线的检测需求强劲，检测市场非常广阔。随着高清晰度长输管道在役检测技术不断提升，采样间距不断减小，开发的缺陷量化算法大大提高了缺陷检测精度，使检测器应用小口径成为可能。这些技术的进步为我国长输管道的安全提供了有力保障。

2.47　大功率压缩机组及大口径全焊接球阀

一、技术简介

大功率压缩机组及大口径全焊接球阀包括20MW级电驱压缩机组、30MW级燃驱压缩机组、大口径高压全焊接球阀，中国石油联合国内装备制造研发企业在对进口机组技术的消化吸收再创新的基础上，实现了国产化。20MW级电驱压缩机组主要技术指标达到了国外同类产品的先进水平，在谐波控制、抗电压波动能力、电机制造技术、压缩机效率等方面的指标国际领先；30MW级燃驱压缩机组整体性能满足我国天然气长输管线建设与运行要求，达到了国际先进水平，在NO_x排放方面技术明显优于国际同类产品；40in和48in　CLASS 600 ～ 900级的大口径高压全焊接球阀主要技术性能指标达到了国际同类产品先进水平。

二、关键技术

1.20MW级电驱压缩机组

IEGT、IGBT两种方案的H桥级联式25MVA变频装置，为国际同类产品容量最大。20MW级5040r/min超高速防爆同步电机，异步无刷励磁机实现电机无滑环变频起动及运行。PCL800系列管线离心压缩机，工作点效率达87.4%，流量调节范围43%～150%。机组控制系统具有起动、运行、停机一键控制功能，实现机组运行状态控制和监测。机组成套箱装体具有隔热、降噪、防火功能。

2.30MW级燃驱压缩机组

机组控制系统具有起动、运行、停机一键控制功能，实现机组运行状态控制和监测，机组成套箱装体具有隔热、降噪、防火功能，膜盘式无润滑结构联轴器确保在工作转速范围内能够可靠、稳定运行。

30MW级燃气轮机，突破了工业驱动用燃气轮机、燃驱压缩机组研制、试验、测试和成套关键技术，实现了在西气东输三线烟墩站点火成功。

3.40in和48in CLASS 600 ～ 900大口径高压全焊接球阀

基于管线球阀实际载荷分析计算的整体结构设计技术、防擦伤阀座密封结构设计技术、满足阀门主焊缝要求的低残余应力、低温特殊自动焊焊接技术。

研制了适应于地面和埋地安装的三种规格两种驱动形式的五种高压大口径全焊接球阀新产品，填补了国内空白，达到国际同类技术水平（图1至图3）。

图1　20MW级电驱压缩机组

图 2　电动全焊接球阀

图 3　30MW 级燃驱压缩机组

三、应用效果与前景

国产 20MW 级电驱压缩机组在西气东输二线应用 7 台套，在西气东输三线西段应用 4 个整站共 12 台套，在轮土线、中贵线等应用 8 台套。国产 30MW 级燃驱压缩机组在西气东输二线南昌—上海支干线应用 1 站 2 台套，在西气东输三线西段应用 1 站 3 台套。国产 30MW 级燃驱压缩机组在西气东输二线南昌—上海支干线应用 2 台套，在西气东输三线应用 3 台套，实现 2 个整站燃驱机组国产化。国产化 40in 和 48in CLASS600 ～ 900 全焊接球阀已经在西气东输二线、三线等长输天然气管道工程中已累计应用 300 多台。构成“我国油气战略通道建设与运行关键技术”国家科技进步一等奖的重要组成部分。

“十三五”期间将有多条天然气长输管道主干管网联网，一个横贯东西、纵贯南北的天然气基础管网将形成。随着国内管道建设的发展，国家能源安全策略的实施以及国产化进程的推进，天然气长输管道设备国产化具有良好的应用前景，将为保障国家的能源安全战略做出突出贡献。

2.48　油气管道关键设备国产化

一、技术简介

管道关键设备国产化以设备检测与评价为方向，联合装备制造企业及相关行业共同攻关，采用“政产学研用”1+*N*模式开展的管道设备研制及应用工作。管道关键设备国产化拥有一套严格完整的工作流程，覆盖设备选商、技术条件研制、设备设计方案审查、制造过程监督、工厂试验见证、工业试验测试等关键环节（图 1）。管道关键设备国产化培育了管道设备性能和可靠性系列专有检测与评价技术，可对输油泵、阀门等设备的振动、脉动、噪声、内漏进行检测与评价。

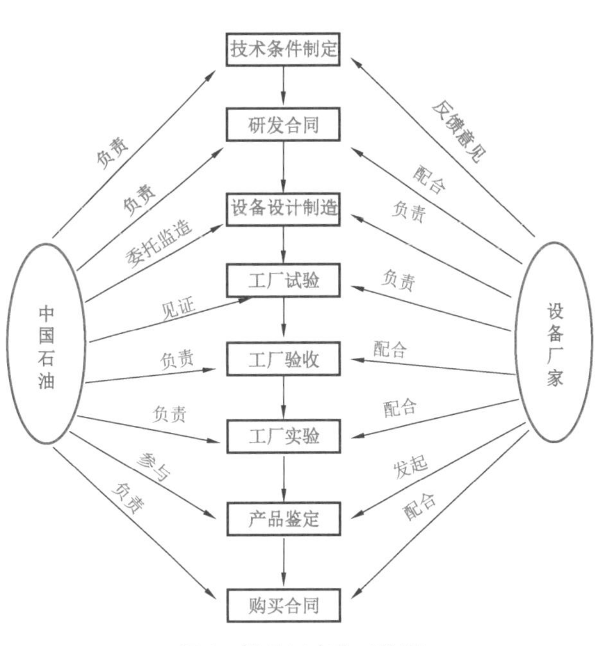

图 1　设备国产化工作图

二、关键技术

（1）管道关键设备国产化拥有一套严格完整的工作流程，覆盖设备选商、技术条件研制、设备设计方案审查、制造过程监督、工厂试验见证、工业试验测试等关键环节。

（2）管道设备性能和可靠性系列专有检测与评价技术，可对输油泵、阀门等设备的振动、脉动、噪声、内漏进行检测与评价。

（3）全面实现了 X80 高强度管线钢管新产品的国产化，基于自主创新的高强度管线钢断裂控制、材料分析和高效焊接成型制管技术，开发出 ϕ1219mm 螺旋焊管、直缝焊管、热煨弯管、热拔三通管件、焊丝焊剂等新产品（图 2）。

图 2　样机照片

三、应用效果与前景

开发了泵、阀、流量计、执行机构及快开盲板等5大类16种管道关键设备93台套样机，产品主要技术指标达到国际先进水平，通过中国机械工业联合会组织的产品鉴定。形成的管道设备性能和可靠性系列专有检测与评价技术，对管道关键设备国产化工作提供了有力的技术支撑，并为现役管道设备的性能的综合检测提供了良好的技术保障服务。输油泵、调节阀、泄压阀在庆铁四线投产一次成功，运行稳定。变频器在漠大线增输工程投产一次成功，运行稳定。旋塞阀、止回阀、强制密封阀依托昌吉阀门试验场完成3批18台套国产化阀门工业现场试验工作。电动执行机构、气液执行机构、超声流量计、涡轮流量计等设备依托西气东输二线等管道已开展工业现场试验工作，最长累计运行时间已超过8000h。对降低管道建设成本、提升民族工业水平、保障国家能源安全等具有非常重要的现实意义。

未来，中国石油还将规划建设中俄输气管道（东线）、中俄原油管道复线、中俄输气管道（西线）、西气东输四线、西气东输五线、陕京四线等管道。预计中国石油管道里程将从2015年8×10^4km将会增长到2020年的10×10^4km以上。管道建设的快速发展，带来了巨大的油气管道设备的需求。中国石油提出了“十三五”末管道设备全面国产化的目标，将给输油泵、阀门、执行机构、计量等设备的输出带来巨大的机遇，发展前景广阔。

2.49 大口径管道自动化焊接成套装备

一、技术简介

大口径管道全位置自动焊接技术是现今国际管道施工中比较先进的施焊工艺。相比传统的管道手工焊和半自动焊，管道自动焊具有焊接速度快、焊接质量好、一次焊接合格率高、人为因素影响小、焊工劳动强度低等优势，特别是随着长输油气管道朝着高钢级、大口径、高压力方向发展，其技术优势更为显著。

大口径管道自动焊成套装备包括：CPP900-FM 系列坡口整形机、CPP900-IW 系列管道内焊机、CPP900-W1/W2 系列单/双焊炬全位置自动焊等三大系列四个规格（D813mm、D914mm、D1016mm、D1219mm、D1422mm）的高效焊接施工技术装备（图 1），可分别完成管端坡口的高效加工、管口的高效组对和内根焊以及管道外焊的高效焊接。

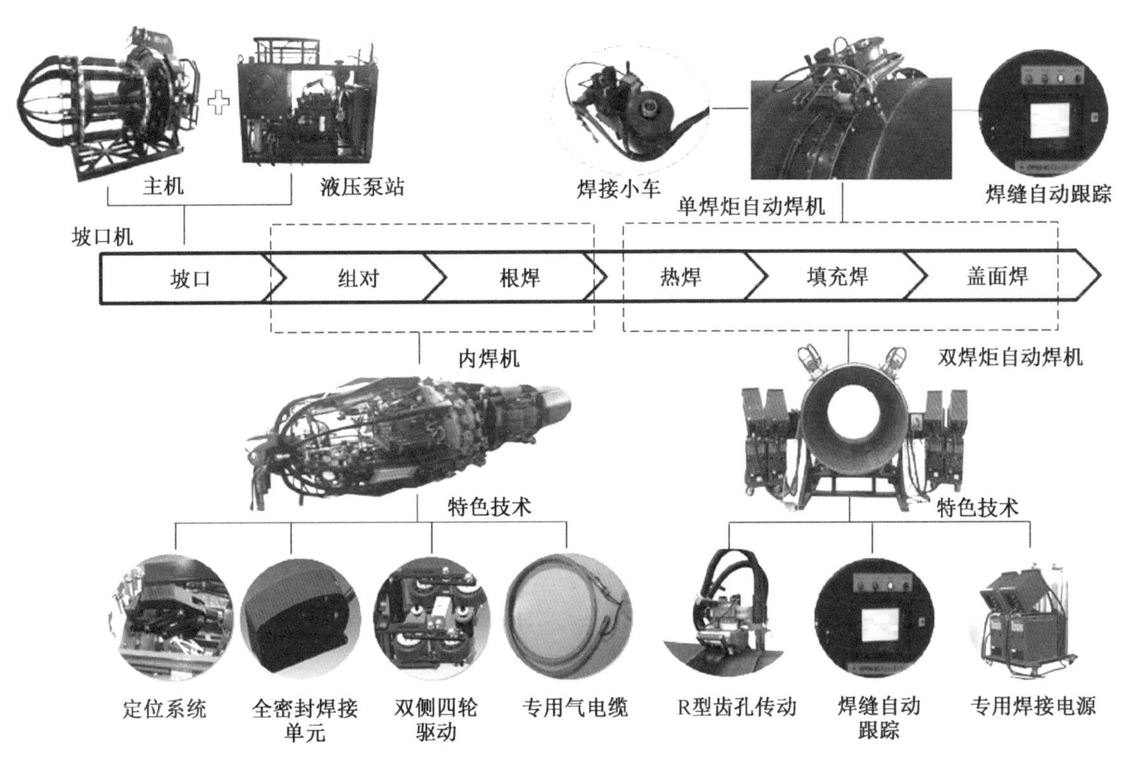

图 1　管道自动焊成套装备构成及施工框图

二、关键技术

（1）CPP900-FM 系列坡口整形机：刀座动态稳定全新仿形浮动刀座和复合工艺刀杆，实现稳定、高效、高精地坡口加工；B 式动力系统设计，系统温升慢发热低、温升慢，节省燃油。

（2）CPP900-IW 系列管道内焊机：三点同步定位可 5s 内实现一次准确性定位；全密封焊接单元保证焊接过程稳定；双侧四轮驱动实现快速定位和 20°爬坡能力；专用气电缆减少焊接气孔产生，保证焊接质量。

（3）CPP900-W1/W2 系列单/双焊炬全位置自动焊机：R 形齿孔传动设计保证 W1/W2 焊接过程行走平稳；G1 焊缝自动跟踪技术实现焊接过程中焊炬自动纠偏；专用焊接专家数据库，实现 X70/X80 等不同管材的环焊缝自动焊接（图 2）。

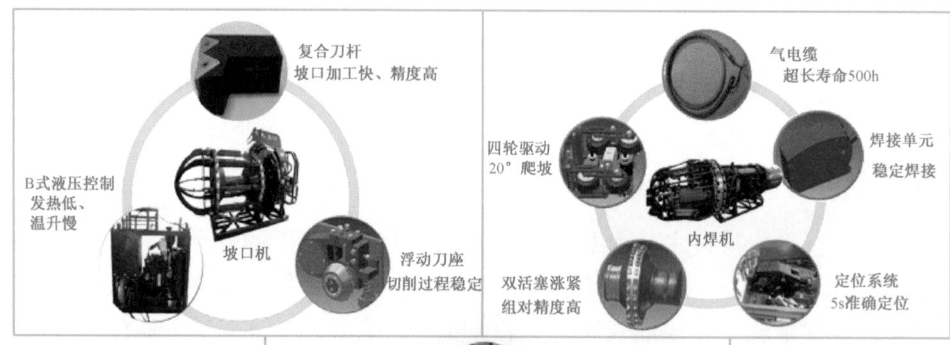

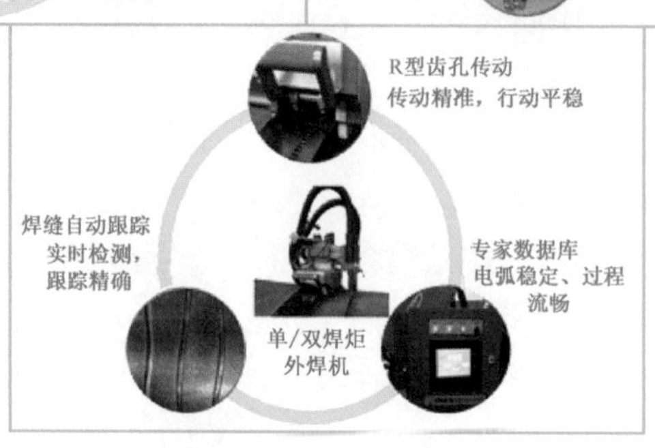

图2　管道自动焊成套装备特色技术

大口管道自动化焊接成套装备达到国际先进水平，获得国家重点新产品、中国石油集团公司自主创新重要产品称号，中国石油集团公司科技进步二等奖1项，中国石油和化学工业协会科技进步二等奖1项，授权专利12件（表1）。

表1　主要技术专利列表

专利名称	专利类型	国家（地区）	专利号
双焊炬管道全位置自动焊机对称弧摆机构	发明专利	中国	ZL 200320103052.9
管道全位置焊车偏心式自动锁紧行走机构	发明专利	中国	ZL 200320103054.8
双焊炬管道全位置自动焊机对称弧摆机构	发明专利	中国	ZL 200310113417.0
一种钢制管道自动外焊机导轨	发明专利	中国	ZL 201420620551.3
…	…	…	…

三、应用效果与前景

大口径管道自动焊成套装备已成功应用于西气东输一线、西气东输二线、西气东输三线、陕京复线、印度东气西送、中亚天然气管道、俄罗斯原油管道等国内外重大管道工程建设中，累计焊接超过1200km。施工地域覆盖印度、俄罗斯、中亚地区和国内新疆、甘肃、陕西、东北等地区。

通过二十年的不断技术创新，专业的研发团队，精细化的生产队伍，完善的技术服务体系，强有力的施工单位，无障碍的信息反馈，都使得管道自动焊技术及装备具有巨大的发展空间及广阔的应用前景。

2.50 大型天然气液化（LNG）关键设备

一、技术简介

天然气液化装置的关键设备包括：冷剂压缩机、冷剂压缩机驱动机、板翅式冷箱、蒸发气（BOG）压缩机等。长期以来，这些设备基本依赖进口，价格高、周期长，且在一些敏感国家和地区使用受到限制，迫切需要攻克制约项目建设的关键设备，提高我国装备制造能力。冷剂压缩机将释放冷量的低压低温冷剂气体压缩至一定压力后冷却再注入制冷系统，蒸汽透平用于驱动冷剂压缩机，低温 BOG 压缩机用于将 LNG 储罐内蒸发出来的低压低温气体压缩到一定压力输送出去。板翅式冷箱用来实现原料天然气与冷剂之间的热量交换，原料气与混合冷剂在此进行复杂、有相变的热交换，实现低温液化日的，单组分冷剂压缩机应用于多级单组分制冷工艺中制冷压缩机。通过联合国内相关企业进行攻关研制，实现了上述关键设备的国产化，形成了多项关键技术（图 1）。

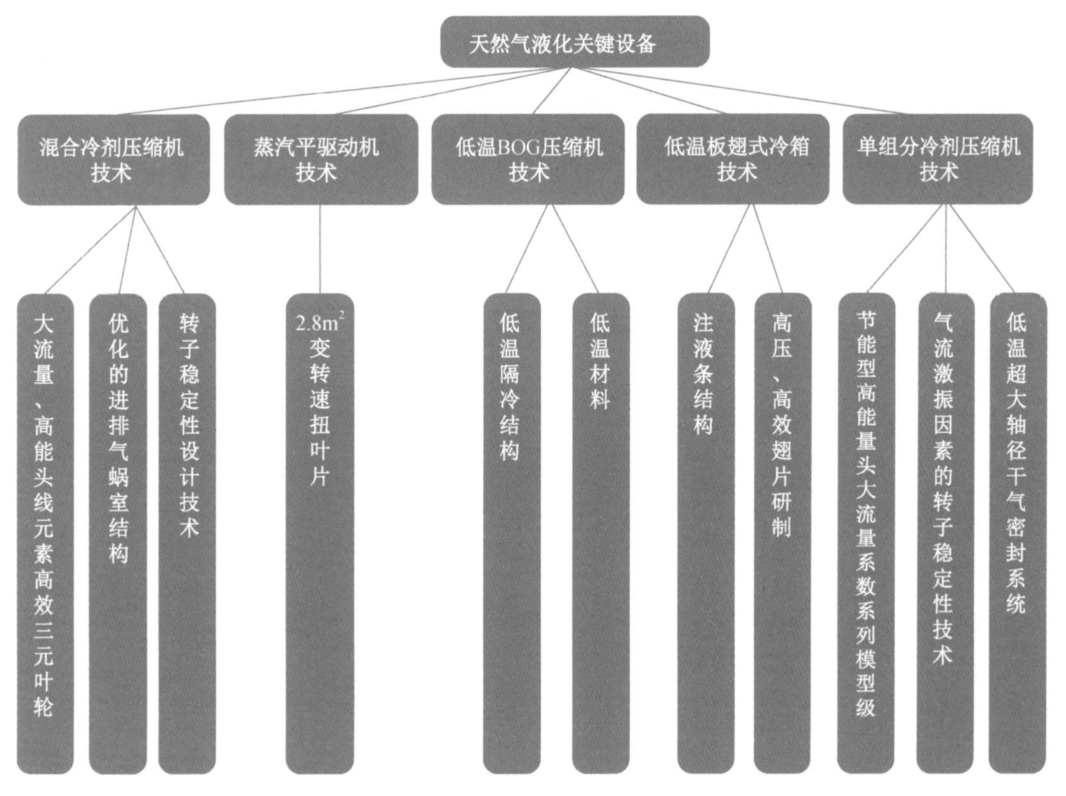

图 1　大型天然气液化（LNG）关键设备技术框图

二、关键技术

（1）天然气液化混合冷剂压缩机（图 2），适合变组分混合冷剂压缩机的线元素三元叶轮，减少了叶轮级数、增大了操作范围、实现了压缩机高效、稳定运行；优化两段筒型压缩机进、排气蜗式结构与转子稳定性设计，提高气流激振的适应性；压缩机全方位试验验证技术，保证了压缩机实际运转的性能；大直径干气密封，提高了密封的适应性，解决了混合冷剂分子量大且组成多变易导致冷剂压缩机性能偏离，效率低，超

图 2　MR1 混合冷剂压缩机组

功率、振动超标（气流激振）、推力过载等可靠性不足的问题。

（2）天然气液化装置的大功率蒸汽透平（7.5×10^4kW 左右），用于变转速透平排汽面积 $2.8m^2$ 的扭叶片（K2.8-S），提高汽轮机单机的热效率及功率；转子动力学分析程序，设计汽轮机转子—轴承—支承系统，使汽轮机获得最好的横向振动和扭振性能。

（3）超低温工况的蒸发气（BOG）压缩机（图 3）。适合超低温工况的球墨铸铁材料，满足压缩机运行要求。低温隔冷结构，实现了冷能循环利用，提高了整机效率，降低综合能耗 5.4%。

（4）适合天然气液化装置的高压低温冷箱（图 4），解决了换热器两相流换热的适应性问题；板翅式换热器多股流分配方式选择，解决了板翅式换热器多股流分配问题；LNG 多孔锯齿形换热元件及成型工艺，解决了传统板式换热器只能用于低压力的工况。

图 3　低温 BOG 压缩机组

图 4　低温冷箱

LNG 技术水平达到国际先进水平，获中国石油集团公司科技进步特等奖 1 项，授权专利 10 件（表 1）。

表 1　主要技术专利列表

专利名称	专利类型	国家（地区）	专利号
一种大型 LNG 装置离心压缩机组	实用新型	中国	ZL 201320155005.2
板翅式换热器相变换热流道设计结构	实用新型	中国	ZL 201420354240.7
一种闭式大流量高能头模型级	实用新型	中国	ZL 201320637708.9
离心压缩机用低温大轴径干气密封装置	实用新型	中国	ZL 201320637751.5
…	…	…	…

三、应用效果与前景

LNG 技术已成功应用于国内安塞 50×10^4t/a、泰安 60×10^4t/a、黄冈 120×10^4t/a 的三个液化装置，以及国外俄罗斯 YAMAL550×10^4t/a 天然气液化项目方案设计，与进口设备相比，降低工程投资约 30% ～ 50%，缩短供货周期 2 ～ 5 个月。

随着我国海内外天然气液化项目的迅速发展，对装备需求较为强劲，国产化后降低了设备投资和建设周期，具有较强的市场竞争力和应用前景，相关技术还可推广应用于新兴的非常规天然气，如页岩气、煤层气以及海上浮式 LNG 装置。冷剂压缩机及驱动和低温冷箱的相关技术还可以用于其他相关行业，如天然气预处理、乙烯装置、空分装置等等，低温 BOG 压缩机可用于 LNG 接受站以及其他低温工程行业，应用前景极其广阔。

2.51 油气管道 SCADA 软件 1.0 版

一、技术简介

油气管道 SCADA 系统软件名称为“PCS（Pipeline Control System）管道控制系统”V1.0，PCS 软件基于 SOA（Service-Oriented Architecture，面向服务架构）架构思想，提出具有统一安全管理、实现高效数据通信、插件式服务管理的集成服务总线。将实时数据库、历史数据库、模型管理、系统管理等基础数据管理功能封装为服务。整合基础数据管理服务，实现面向对象的模型管理与解析，构建安全、开放、数据共享的集成服务平台（图 1）。实现基于数据点与模型的业务建模、数据处理及人机界面，并集成油气管道调控基础应用专业功能，提供专业计算分析能力，使油气管道 SCADA 系统软件满足油气管道行业的应用需求。

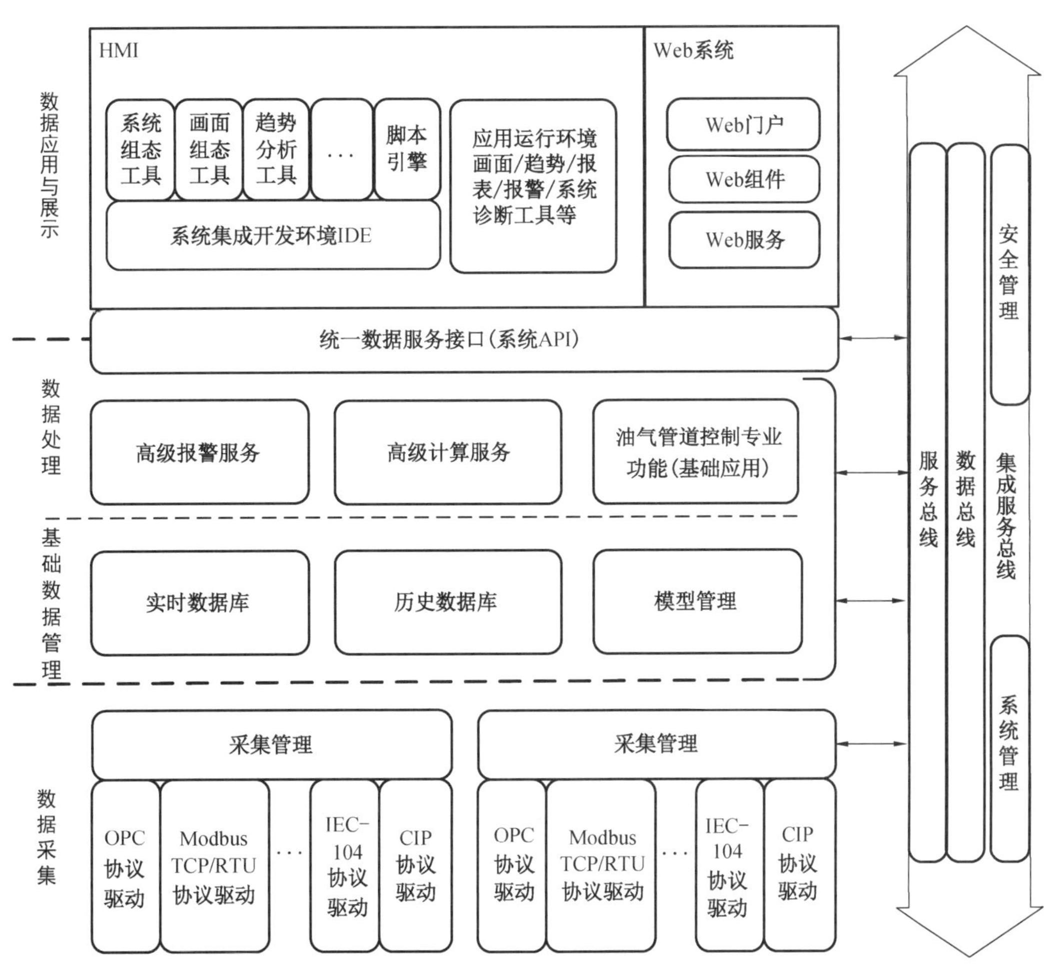

图 1　PCS V1.0 软件技术框图

二、关键技术

（1）一体化集成服务平台，实现了面向服务的集成服务总线，集成实时、历史、报警等数据服务，构建一体化平台（图 2）。

（2）图模库一体化组态技术，实现图形、模型与数据库一体化管理，同步制定油气管道设备模型标准，提高工程开发效率与质量，减少维护工作量。

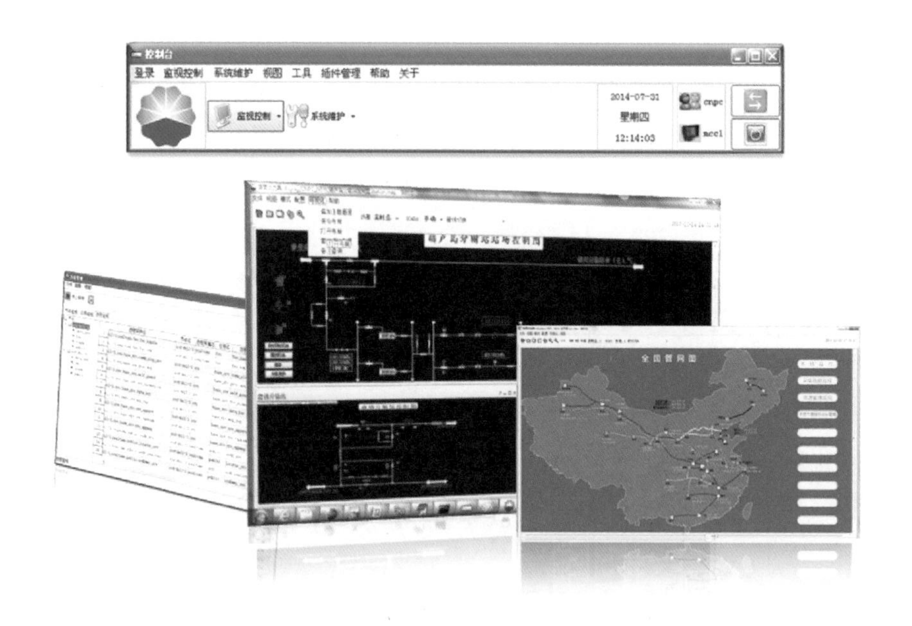

图 2　PCS（Pipeline Control System）管道控制系统 V1.0 软件

（3）油气管道图形标准化存储及交换技术，支持多级调控系统的统一标准的油气管道图形存储和交换技术，实现了跨系统统一人机界面展示，满足分区域监控与全管网集中监控要求。

（4）油气管道调控业务应用，规划管道调控业务应用的功能体系，首次将管道调控业务应用集成到 SCADA 系统软件。

油气管道 SCADA 软件整体处于国际先进水平，制定企业标准 16 项，授权受理发明专利 7 件（表 1），软件著作权 1 件，拥有中国石油天然气股份有限公司技术秘密 18 项。

表 1　主要技术专利列表

专利名称	专利类型	国家（地区）	专利号
基于油气管道 SCADA 系统应用业务的定时任务管理方法	发明专利	中国	ZL 201310535028.0
一种 SCADA 系统数据回滚的方法及装置	发明专利	中国	ZL 201310573372.9
一种在 SCADA 系统中实现插件集成与管理的方法及装置	发明专利	中国	ZL 201310454883.9
一种油气管道系统图形的交换方法	发明专利	中国	ZL 201310494976.4
一种基于质量戳的 SCADA 系统历史数据补数与查询处理方法	发明专利	中国	ZL 201310552244.6
一种油气管道调控业务支持系统及其实现方法	发明专利	中国	ZL 201310585266.2
一种 SCADA 系统定时数据处理脚本执行系统及方法	发明专利	中国	ZL 201310397872.1

三、应用效果与前景

通过秦沈线演示系统的应用，表明 PCS V1.0 软件已具备工业试验条件，经过工业试验的验证和完善后，可推广应用并替代国外 SCADA 系统软件产品，确保国家能源战略安全，明显降低油气管道 SCADA 系统软件应用与维护成本。

油气管道 SCADA 系统软件的全面国产化，将有力支撑我国未来油气管道建设运行安全性，提升了中国石油在油气管道行业的核心竞争力和管道自动化科技自主创新能力，保障了国家能源动脉持续健康发展。

ZHONGDA GONGGUAN JI CHAOQIAN CHUBEI JISHU

第三部分 重大攻关及超前储备技术

3.1 超深层油气勘探开发技术

一、技术简介

超深层油气勘探开发包括地质认识、地质评价技术和工程配套技术三个方面，逐渐形成了深部储层预测、异常高压预测、深层钻井、完井和测井等技术系列（图 1）。

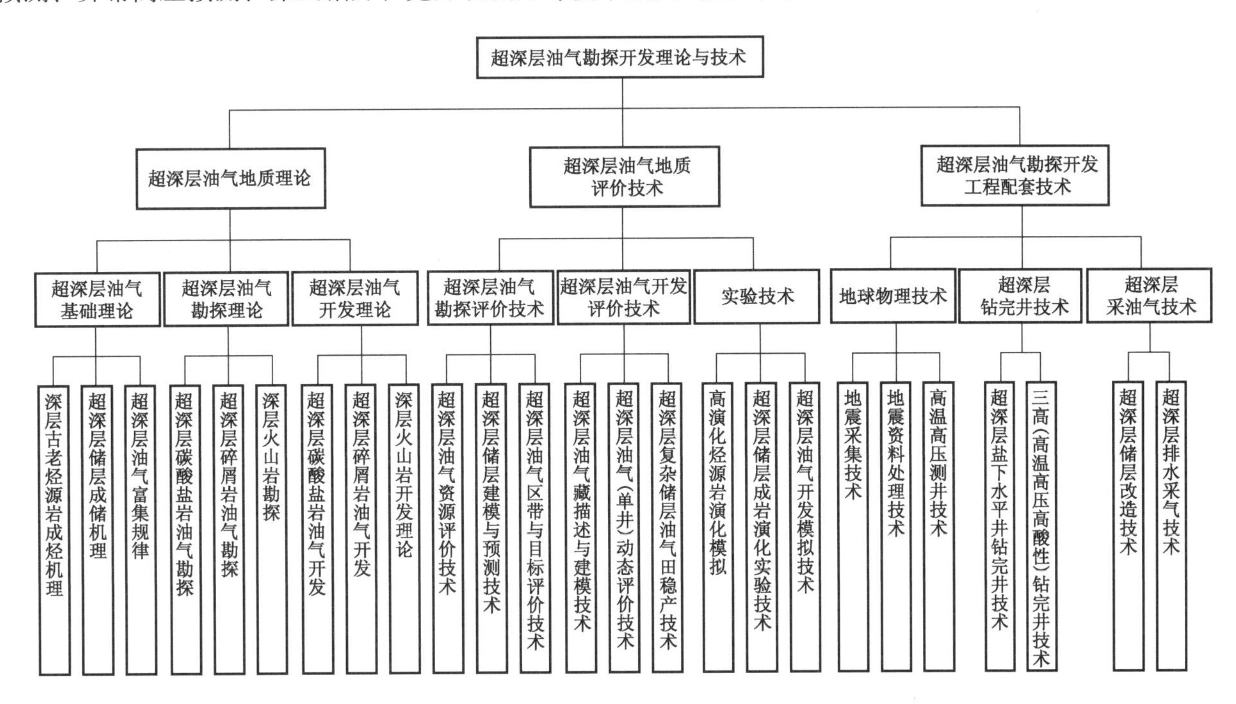

图 1　超深层油气勘探开发理论与技术框图

二、关键技术

（1）基本构建了超深层油气成藏理论框架：① 古老烃源岩晚期生烃与成藏机理；② 四超（超埋深、超高温、超高压和超应力）碎屑岩储层和两类岩溶、两类白云石化作用控制深层储层大型化发育；③ 确认我国超深层大油气田以由构造背景的岩性—地层油气藏为主。

（2）基本构建了超深层复杂油气藏开发理论框架：① 通过多重介质模拟，不同类型储集空间特征与孔缝洞流体耦合流动特征；② 对应各类储层分布特征建立不同类型储层空间分布模型。

（3）创新发展了五方面关键技术系列：超深层地质评价、超深层油气藏开发、地震预测、深层三高测井储层评价、超深层储层改造和采油气。

超深层油气勘探开发技术目前总体处于国际先进、国内领先水平，部分达到国际领先水平。

三、应用效果与前景

理论认识与工程技术进步推动了中国深层油气勘探 5 大里程碑式发现（图 2），即：塔北隆起深层缝洞型碳酸盐岩形成探明储量超 10×10^8t 级大油区；库车坳陷深层碎屑岩天然气勘探整体突破，基本形成万亿立方米规模储量区；四川盆地川中深层礁滩相天然气万亿立方米规模储量区；

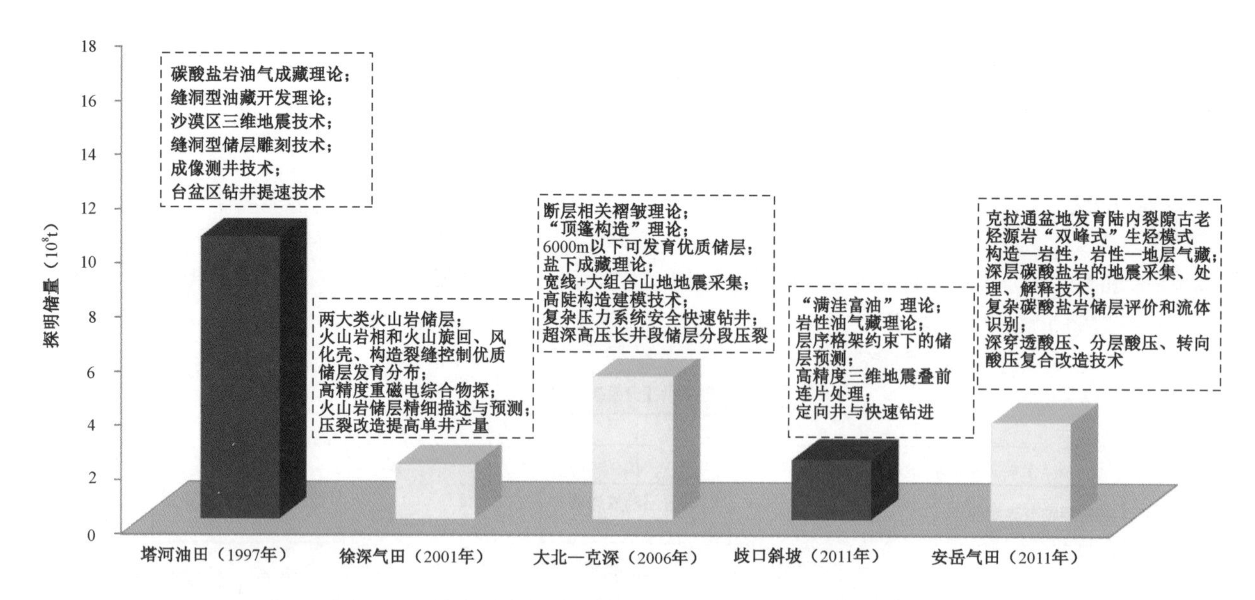

图 2　理论技术进步推动我国超深层油气五大里程碑发现

渤海湾盆地歧口凹陷深层碎屑岩探明储量亿吨级；松辽盆地深层徐深气田千亿立方米级火山岩大气田发现。

超深层油气藏勘探开发技术对中国深层油气勘探开发具有重要的指导意义，在领域评价、区带优选、超深层油气资源经济性评价、产能建设等方面将发挥重要作用。另一方面，中国海外油田开发作业迅速发展，也必将对国外“一路一带”沿线深层油气勘探提供有效的技术支撑。

3.2 致密油勘探开发技术

一、技术简介

致密油勘探开发技术以富有机质烃源岩分类评价和时空分布刻画为基础，通过陆相湖盆深湖—半深湖环境重力流沉积系统分析，将宏观地震储层及含油性预测与微观多尺度孔喉精细识别和定量表征技术结合，开展致密储层综合评价和预测，考虑上述各因素进行致密油“甜点”优选；以EUR法为核心结合体积法和类比法进行致密油资源评价，以致密油储层物性下限和含油性分析为依据进行储量评估；通过实施三维水平井和大规模体积压裂，实现致密油单井产量大幅度提升；以准自然能量开采理念为指导，实现致密油规模有效开发（图 1）。

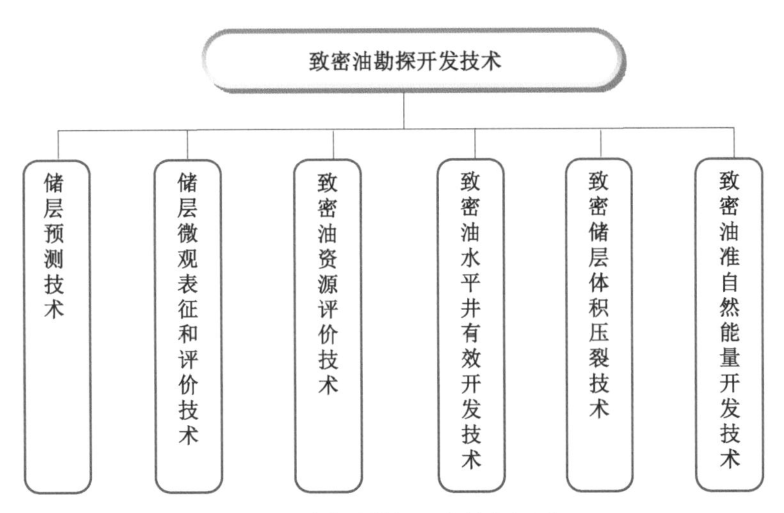

图 1　致密油勘探开发技术框图

二、关键技术

（1）致密油储层预测：在国内首次建立了陆相淡水湖盆半深湖—深湖环境“朵体 + 水道”的重力流沉积模式，明确了相带控砂与沉积迁移、叠置是形成深水区富砂的主要因素，突破了传统深水区不能发育规模砂岩储集体的传统认识，为进一步拓展盆地非常规石油勘探空间奠定了理论基础（图 2）。

（2）储层微观孔隙表征和评价：集成应用场发射扫描电镜、微纳米 CT 等新方法多尺度精细识别和定量表征致密储层孔喉结构，首次发现致密储层与低渗透储层在储集空间尺度与石油微观赋存状态的差异，明确了微米孔隙（2～8μm）、纳米喉道是形成致密储层储集空间为独立连通孔喉体的机理，阐明了体积压裂有效增产的地质机理。

（3）致密油资源评价：应用 EUR 法、体积法、类比法综合开展致密油资源评价，科学评价出盆地致密油资源量，首次针对陆相致密油储层评价及储量提交建立标准和规范；

（4）致密油水平井有效开发：根据致密油的地质特征、流体性质和压裂改造后形成的复杂缝网系统等参数，优化形成前期采用准自然能量开发、中后期采用注水吞吐补充能量的开发方式，制定合理的水平井方位、水平段长度、水平井间距等井网参数，采用合理的生产制度，形成致密油水平井有效开发。

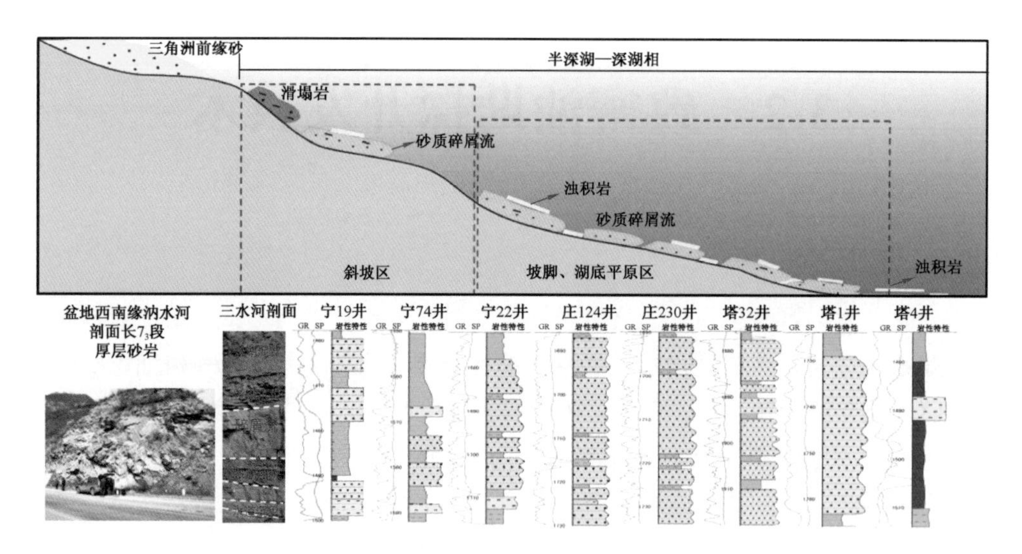

图2 鄂尔多斯盆地长7段沉积深水重力流沉积模式图

致密油勘探开发技术申报国家专利10件（表1），其中3件获得授权，7件正在受理，制定企业标准4项。

表1 主要技术专利列表

专利名称	专利类型	国家（地区）	专利号
一种表面活性剂及其制备和应用	发明专利	中国	ZL 20131033423.8
一种适应数字化油藏研究与决策的专业软件集成方法	发明专利	中国	ZL 20131065497.5
一种砂体结构的测井表征方法与钻井层段选择方法及装置	发明专利	中国	ZL 20141005159.3
一种确定致密储层原油可动储量的方法及装置	发明专利	中国	ZL 20141075156.7
…	…	…	…

三、应用效果与前景

致密油勘探开发技术成功应用于鄂尔多斯盆地致密油勘探及开发生产实践，致密油勘探成功率由60%提高到78%，单井产量提高了4～6倍；落实13个致密油有利目标区，发现我国首个亿吨级新安边大型致密油田，新增致密油三级储量7.39×10^8t；建成3个致密油水平井体积压裂试验区和3个致密油规模开发试验区，新建致密油产能100×10^4t，有效推动了致密油规模勘探和效益开发。该技术将为长庆油田5000×10^4t持续稳产提供资源保障，并对国内非常规石油资源的勘探及有效开发起到应用示范作用。

3.3 3500米以浅页岩气勘探开发技术

一、技术简介

3500米以浅页岩气勘探开发技术是以地质工程一体化为导向，涵盖综合地质评价、开发优化、水平井钻完井、水平井体积压裂、工厂化作业及地面采输，全面突破地质与工程界限，是对常规储层勘探开发技术的创新与发展。

3500米以浅页岩气勘探开发技术以综合地质评价及开发优化为基础，促进对储层的精细化认识及开发优化部署；以先进适用的钻井及个性化储层改造等工程技术为重要支撑，实现页岩气效益开发（图1）。

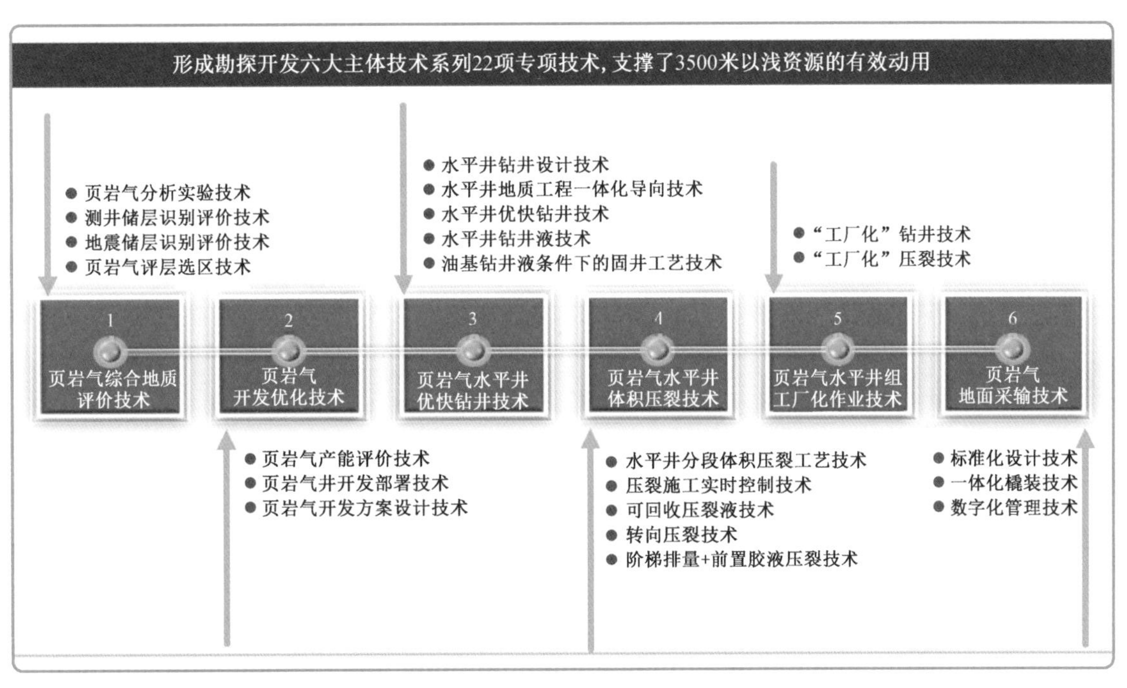

图1 3500米以浅页岩气勘探开发技术框图

二、关键技术

（1）精细小层划分，将长宁、威远地区五峰组—龙一1段分为五个小层，进一步明确水平段靶体位置（图2）。

（2）井震结合，准确标定有利储层在三维空间的展布，精细建立导向模型；建立元素录井导向模板，随钻自然伽马与元素录井模板相结合，强化跟踪，实现精确定位；水平段钻进“全覆盖，零死角”跟踪、使用旋转导向工具，适时调整轨迹，提高储层钻遇率的同时，保证井眼平滑。

（3）结合三维地震解释和测录井解释成果开展地质工程一体化压裂设计，实现平台井的整体压裂设计及单井的逐段精细设计。

3500米以浅页岩气勘探开发技术达到国内先进水平。获得发明专利12件（表1），标准规范20项。

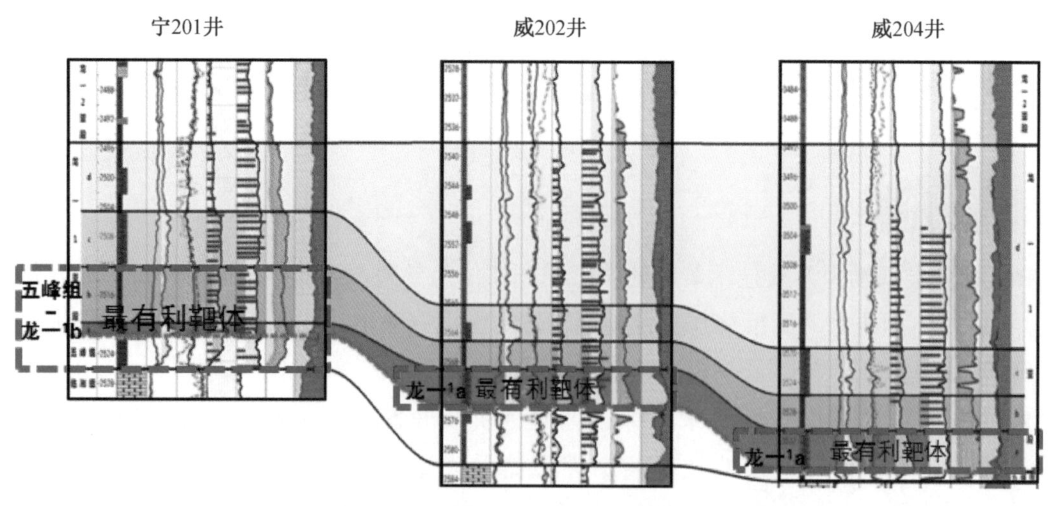

图 2 宁 201、威 202、威 204 井区最优靶体位置图

表 1 主要技术专利列表

专利名称	专利类型	国家（地区）	专利号
一种快速可钻桥塞用防止钻磨打滑接头	实用新型专利	中国	ZL 2013200505.0
一种投球式快速可钻复合桥塞	实用新型专利	中国	ZL 2013201002.6
一种页岩气藏速溶可回收滑溜水	发明专利	中国	ZL 201110401452.7
…	…	…	…

三、应用效果与前景

3500 米以浅页岩气勘探开发技术已应用于长宁—威远页岩气示范区，取得了显著应用效果。长宁 H10-3 井测试日产气量 $35\times10^4m^3$，长宁 H6 平台日产气量超百万立方米，截至 2015 年 12 月，长宁—威远页岩气示范区预测第一年平均单井日产量 $(8.52\sim12.36)\times10^4m^3$，较开发方案设计提高 6.5%～10.6%，实现了单井产量大幅提高，有效地解决了页岩气水平井最优靶体位置、钻完井技术及主体储层改造技术等难题，有力推动了蜀南地区页岩气勘探开发。“十三五”及未来一段时期亟需发展完善 3500 米以浅页岩气勘探开发技术，并攻关 4000 米以浅页岩气勘探开发技术，由此将页岩气勘探开发持续有效发展。

3.4 火烧油层技术

一、技术简介

火烧油层技术是指在注入空气的氧化作用下点燃油层内的一部分原油，加热前方的原油并将其驱向生产井的采油技术，也称就地燃烧（In-Situ Combustion）、层内燃烧或火驱。火烧油层技术保证实现油层的就地燃烧，使原油容易采出，提高石油采收率。火烧油层技术实现了从单层点火到多层电点火的突破；开发出防腐油管和防砂防气一体管柱，提高了举升效率；建立了“螺杆机 + 往复机”串联增压、火驱尾气3塔干法脱硫等特色技术，解决了集输技术难题。火烧油层技术实现了由单层到多层、薄层到块状、普通稠油到特—超稠油的跨越（图1）。

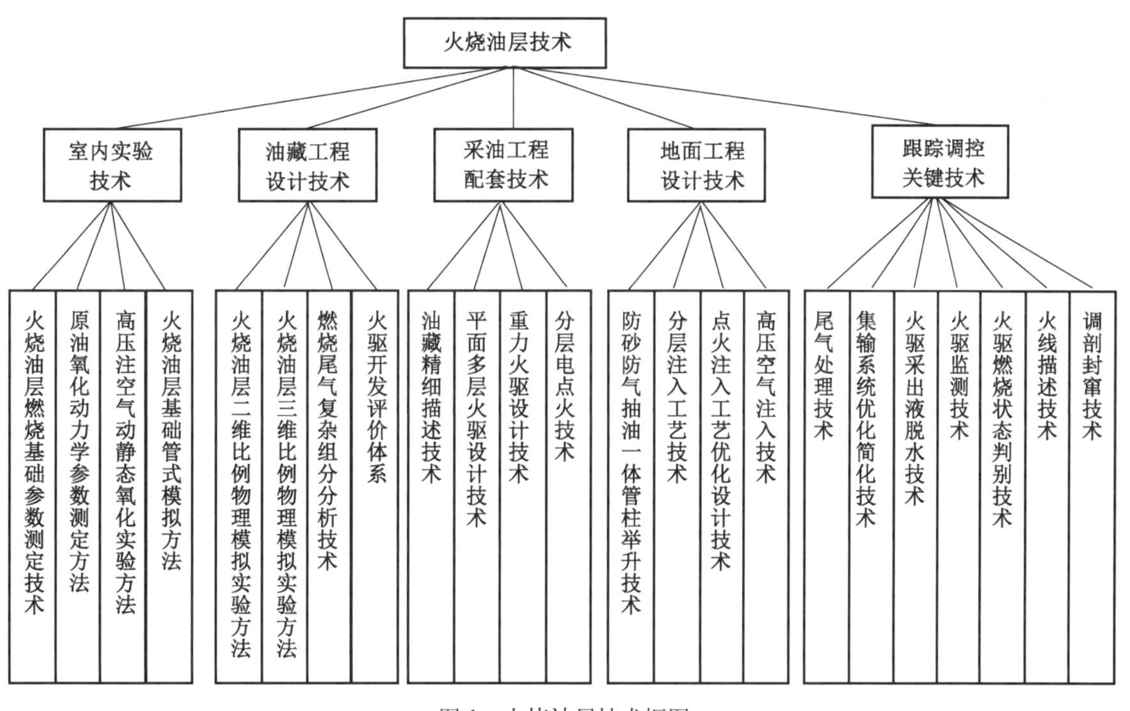

图1 火烧油层技术框图

二、关键技术

（1）创建了4相7组分火烧油层物模相似准则，是迄今为止国内外考虑影响因数最多的相似准则群。自主研制了大型三维比例模拟装置，模型温度、压力可调、可控，液量可以监控，气量、点火实现智能控制，数据采集由工控计算机自动采集与存储，数据实现可视化处理，满足多方式、多井型、多参数优化比例模拟实验的需求。

（2）针对捆绑式电点火器不能重复利用、工艺复杂、运行成本高等问题，研制出移动式电点火器系列，突破了国内外无法整体制作高温、小直径、大功率井下点火器的技术瓶颈，可满足400℃以上高温点火及反复使用的需求（图2）。

火烧油层技术整体处于国际先进水平，形成了61件专利，其中发明专利17件，实用新型专利44件（表1）。

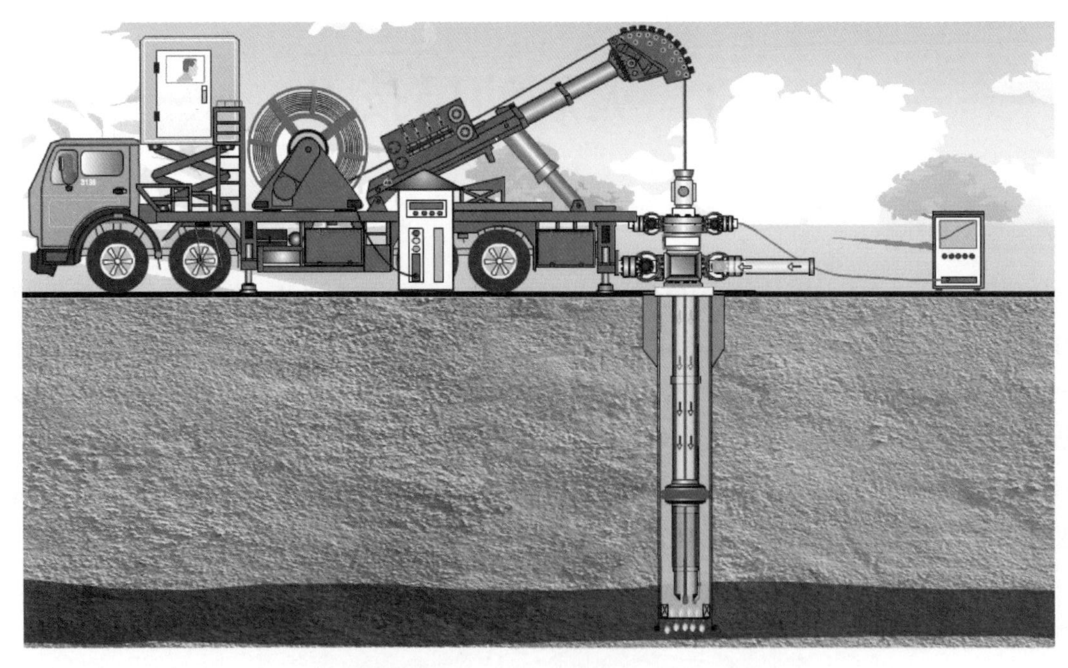

图 2　移动式电点火及动态监测技术工艺原理图

（电点火器整体外径 Φ25.4mm、热端长度 50m、额定功率 100kW、

工作温度可达 700℃、可带压起下重复使用 6 次）

表 1　主要技术专利列表

专利名称	专利类型	国家（地区）	专利号
火烧油层可收卷式电点火及监测系统	发明	中国	ZL 201310078305.X
一种火驱移动式高温电点火工艺管柱	发明	中国	ZL 201410437666.3
直井火驱移动式分层电点火系统及其运行方法	发明	中国	ZL 201410442997.6
火烧油层电点火装置	发明	中国	ZL 201410443244.7
…	…	…	…

三、应用效果与前景

辽河油田已建成国内最大的火烧油层生产基地，在 4 个区块共开展 187 个常规火驱井组，平均单井产量较转驱前提高 2 倍以上，年产规模达到 40×10^4t，初步形成了多油品性质、多油藏类型、多驱替方式的火烧油层开发格局。中国石油适合火烧油层的原始地质储量约 4×10^8t，应用该技术可提高采收率 25% 左右，增加可采储量近亿吨，延长油田开发期 20～30 年。

3.5 重油梯级分离与高效转化利用新技术

一、技术简介

以往重油特别是劣质重油的加工以焦化过程为主，液体产物采收率低，低价值的固体产物焦炭产率高。基于重质油超临界流体萃取分离及化学表征，发现重油中对催化转化危害最大的沥青质和金属等富集在重组分和萃余残渣中，据此提出了重油梯级分离的工艺路线（图 1），开发了重油梯级分离耦合造粒技术和重油梯级分离耦合流化转化技术。采用超临界轻烃溶剂将重质油深度切割分离，对中质和重质减压渣油的总脱沥青油收率可达 70%～85%，可脱除对轻质化加工有害的沥青质 95%、残炭 50% 以上和重金属 Ni、V70% 以上，将萃取油按照性质组成切割成加氢裂化、催化裂化、加氢处理—催化裂化原料，使重油在较温和条件下实现催化转化，解决了劣质重油难以催化加工的难题。技术还可以显著降低重油黏度，用于上游重油开发领域，将油砂沥青或超重油中的沥青质脱除，改善重油的流动性，利于流动输送。

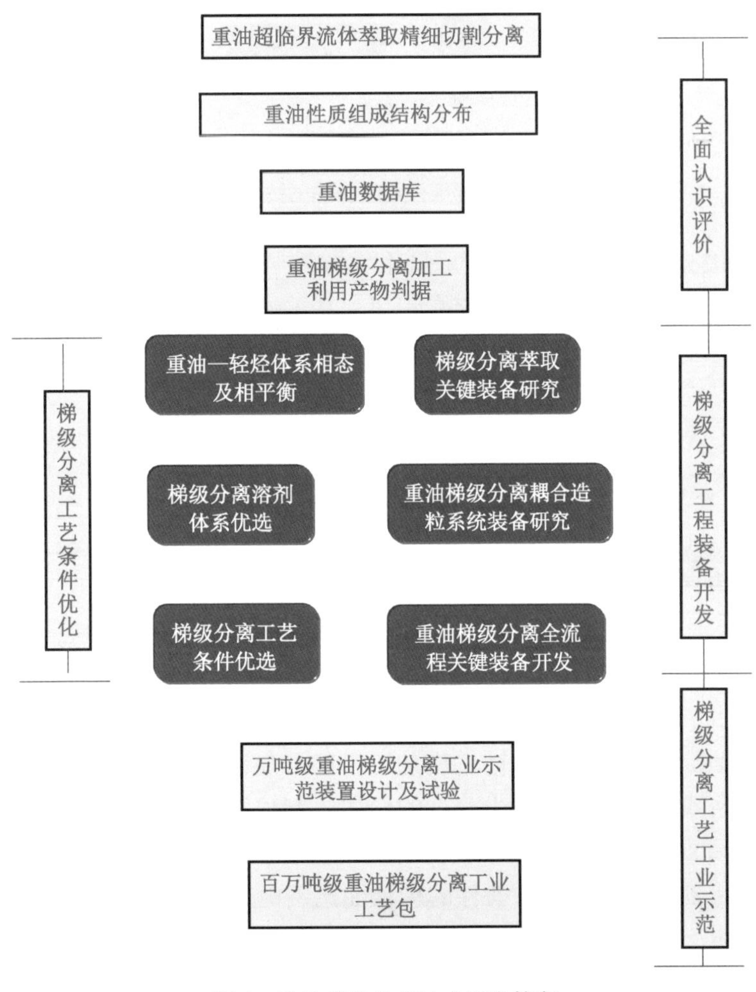

图 1　重油梯级分离技术开发流程

二、关键技术

（1）发展了重质油超临界精细分离方法，实现了重质油复杂体系多层次化学性质组成结构表征，将重质油化学认识推进到分子层次，获得了劣质重油化学转化规律新认识，建立了重油数据库，为重质油加工技术的开发提供了理论基础。证明重质油经梯级分离—脱残渣油催化转化—脱油残渣热转化的技术路线，较常规的焦化加工路线可显著提高液收（图 2）。

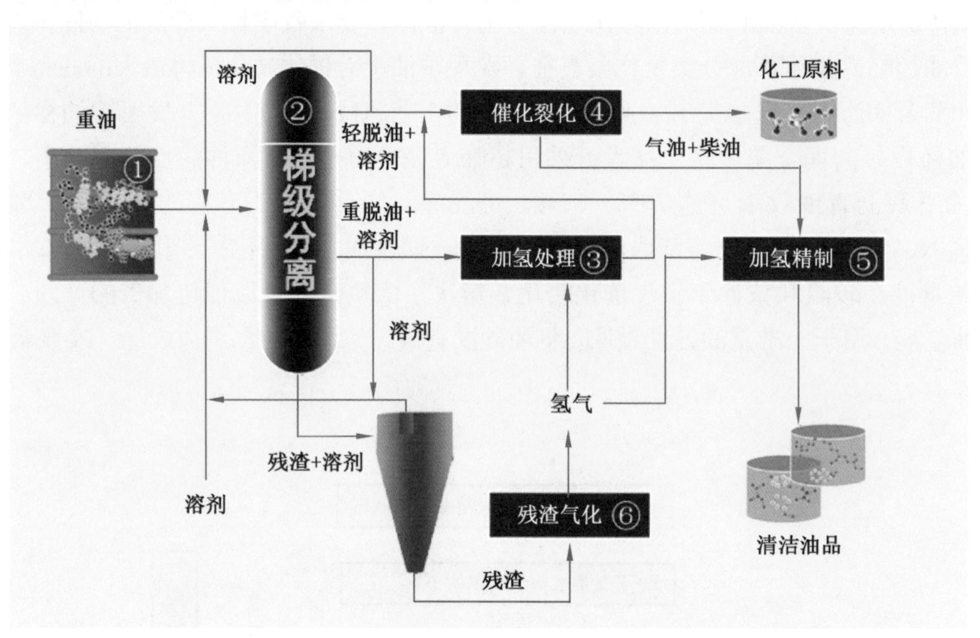

图 2 重油梯级分离组合加工技术路线

（2）解决了重油梯级分离技术的化学工艺、工程基础和装备放大过程中的一系列难题：从重油—轻烃溶剂体系的高压相态相平衡，到萃取关键装备的开发，从重油梯级分离耦合萃余残渣体系的流动特性，流态化性能和气固粉体体系的分离特性，到重油梯级分离耦合造粒系统关键装备的研发，从实验室中试到 1.5×10^4t 工业试验获得成功奠定了坚实的基础，使中国石油成为世界上唯一掌握该技术的石油公司。

重油梯级分离与高效转化利用技术整体达到国际先进水平，获得国家软件著作权 2 件，授权发明专利 7 件。

三、应用效果与前景

辽河混合渣油和委内瑞拉超重油 1.5×10^4t 重油梯级分离工业试验获得成功。工业示范试验表明，脱沥青油收率高，对中质和重质减压渣油的总脱沥青油收率可达 70%～85%，获得的脱沥青油性质较好，可脱除对轻质化加工有害的沥青质 95%、残炭 50% 以上和重金属 Ni、V 70% 以上，可灵活地将脱沥青油梯级分离几个不同组分，大幅度改善重油的轻质化加工性能，使重质油轻质化液收提高 5% 以上，显著改进产品质量；重油萃余残渣直接造成微米尺度的粉体，制成沥青水浆作为气化制氢原料。

技术也可以用于劣质重油如加拿大油砂沥青等的上游开发过程，获得的清洁改质油收率比焦化过程可增加 10%，可满足苛刻低温管道运输条件的掺稀油比例由 30% 降低到 10%，且不需掺稀油即可满足船运要求，为海外重油及油砂沥青开发及国内加工劣质重油提供了重要的技术储备。“十三五”及未来一段时期亟须进一步完善重油梯级分离耦合造粒技术，尽早形成百万吨级重油梯级分离工艺的工业示范应用，发展重油梯级分离耦合流化转化技术，使重油轻质化技术再上一个台阶。

3.6 绿色低碳导向的高效炼油过程技术

一、技术简介

石油炼制是生产汽、柴油等液体燃料和乙烯、丙烯为主的低碳烯烃等有机化工原料的工业过程，其核心工艺为加工重质原料的催化裂化和加工轻质原料的低碳烯烃生产工艺。绿色低碳导向的高效炼油过程，对催化裂化工艺，定向调变催化剂性能、调控反应历程并强化流动—反应间的多区耦合协控，对低碳烯烃生产，发展催化裂解新工艺替代传统的热裂解过程，从而实现炼油过程石油资源的高效定向转化和的减排降耗（图 1）。

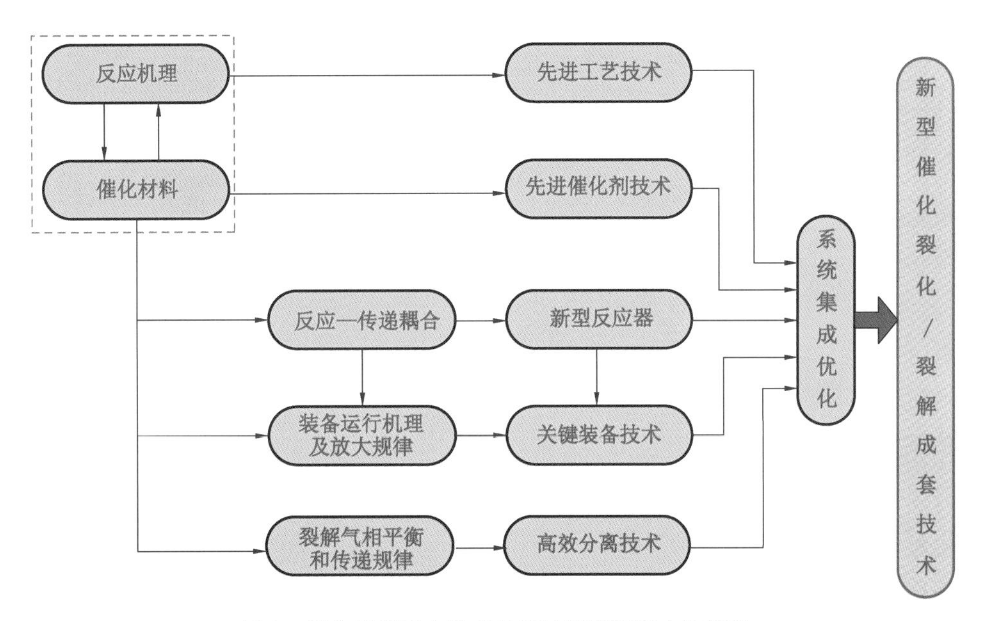

图 1　绿色低碳导向的高效炼油过程研究方法流程

实现绿色低碳导向高效炼油新技术的关键是建立最优反应历程、定向转化催化剂以及创造与之协调对应的流动反应耦合系统（图 2）。“十二五”期间本研究基本解决了轻、重石油馏分催化转化反应历程

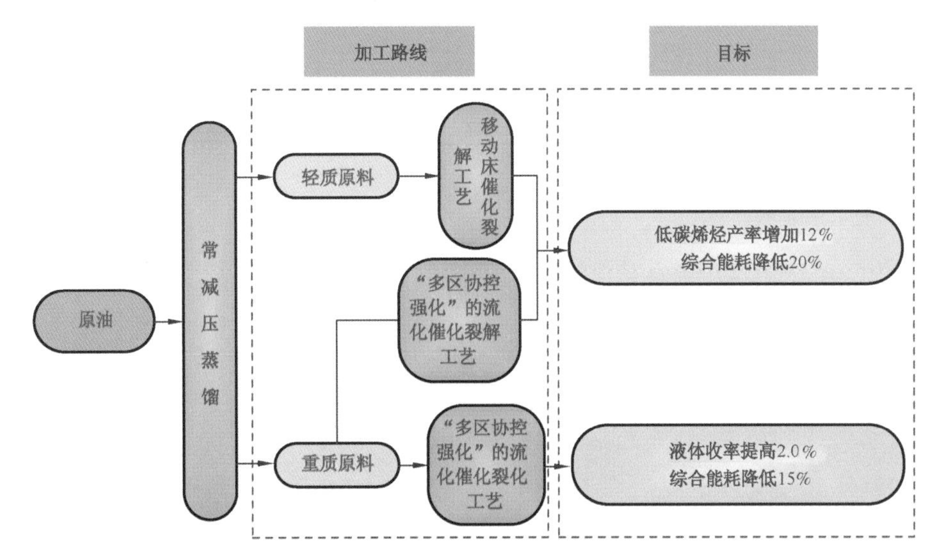

图 2　绿色低碳导向高效炼油过程加工路线

及调控、多相流动反应系统非线性特征及耦合调控、裂解产物多相平衡与传递规律三个科学问题，其中涉及反应动力学、催化材料、催化剂、反应—传递过程耦合、裂解气相平衡、关键装备技术开发及放大等新理论、新认识和新装备。

二、关键技术

(1) 从最大限度实现工业过程内部传递环境与反应历程的协同性入手，将轻、重原料分别采用不同的加工方法。形成了以石油馏分“催化裂解”替代“热裂解”的低碳烯烃和反应—多相流动耦合强化的“多区协控强化”催化裂化新技术。开发了与之相适应的催化新材料和催化剂、配套的新装备技术和低能耗高效产品分离技术，创造与最优反应历程协调的传递环境和后续分离精制过程，形成优化集成技术。

(2) 提出了以择形分子筛和大孔分子筛为主要催化材料，以移动床反应器、新型“多区协控强化”耦合流化床反应器为关键工程装备的轻质、重质原料催化裂解生产低碳烯烃和催化裂化生产液体燃料的两种工艺路线，形成了新装备设计与反应历程相融合的高效运行技术方案。

(3) 开发了移动床反应—再生系统装备、“多区协控强化”反应—再生系统装备、强返混的进料系统、环流预汽提超短快分系统、再生剂增强化学汽提系统及分子筛组合催化剂，实现了炼油过程石油资源的高效定向转化。

该理论技术方法整体达到国际先进水平，共获发明专利授权 16 件，省部级科技奖励 7 项。

三、应用效果与前景

获得了炼油过程轻、重不同性质原料催化转化反应特性、多相反应流动特性及产物相平衡特性的深入认识，形成了指导石油馏分定向转化的理论体系；开发了高效定向转化催化材料与催化剂、反应—分离工艺方法及关键装备，奠定了成套工艺开发的技术基础。

形成了催化裂解生产低碳烯烃的技术路线，建成了具有原创性的 10×10^4t/a 连续移动床催化裂解中试装置。在大庆石化 140×10^4t/a 工业装置上初步实现了“多区协控强化”催化裂化技术的新理念，使以重质石油馏分为原料的催化裂化过程轻油产品收率提高了 3.46%、焦炭降低 0.72%、干气降低 0.58%、待生剂氢碳比降低 20.6%、CO_2 直接减排 4.08×10^4t/a，年创经济效益 4970 万元。绿色导向的高效炼油过程技术方法将对我国催化裂化装置的建设、改造、操作具有重要的指导作用和推广价值。

3.7 新一代炼油催化材料技术

一、技术简介

催化剂是炼油技术发展的核心，催化新材料的研究开发则是炼油催化剂乃至新工艺技术发展的源泉。组成炼油催化剂的材料主要分为三个方面：（1）酸性活性组分材料（一般是沸石分子筛或具有适当酸性的活性载体）；（2）载体材料；（3）加氢金属活性相材料。在酸性活性组分材料方面，形成了高性能NaY工业化制备成套技术，开发了基于特种ZSM-5分子筛和磷酸铝基质的复配技术，实现了提高催化汽油辛烷值RON和灵活控制液化气产率的双重目的，形成了催化裂化助剂工业产品，开发了低成本beta沸石制备的“类固相法工艺技术”，解决了beta沸石生产成本高的瓶颈问题。在载体材料方面，开发首次使用了磷铝和钛硅分子筛载体技术，提高了脱硫率和脱芳率，实现了批量生产并成功工业应用，针对加氢改质催化剂研发和生产的需要，开发了提高十六烷值功能的MSY分子筛载体（图1）。在加氢金属活性相材料方面，开发了以铁等廉价金属为主的廉价金属活性相技术，针对重油浆态床加氢工艺，开发了沥青质加氢解构纳米金属硫化物材料。

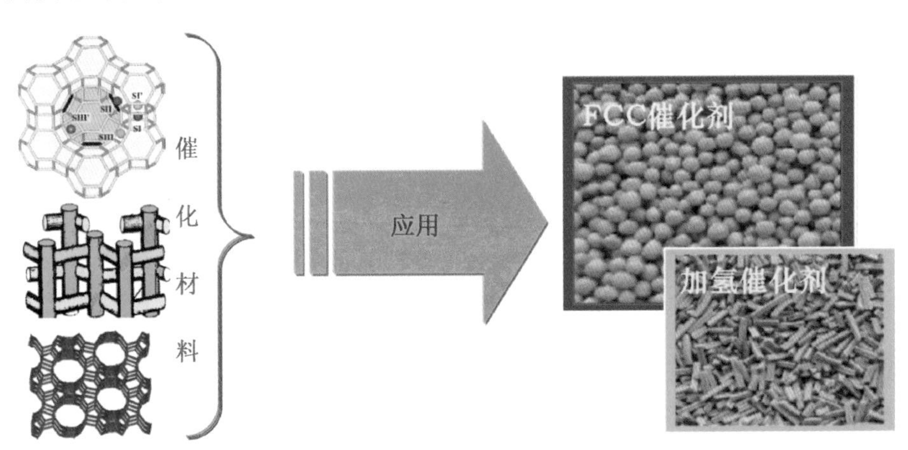

图1　分子筛材料应用示意图

二、关键技术

（1）针对高性能NaY，发明了采用分段反应提高晶种活性，同时调整硅铝源聚合态、控制硅源和铝源聚合速度，营造“晶核形成”和“晶体生长”两种不同化学环境的高性能NaY分子筛合成新方法，解决了硅铝比、结晶度与晶化时间难以调和，开发了高性能NaY合成新方法。攻克了高性能NaY合成大型反应釜成胶的难题及母液循环利用对产品合成的影响难题，开发了高性能NaY合成技术。

（2）适宜酸量的ZSM-5为活性组分和磷酸铝基质材料，通过二者优化复配，最大限度地降低了助剂的表面酸量，达到了抑制正构烯烃的裂化反应、加强其异构化和芳构化反应的目的，实现了减少汽油组分损失并提高汽油辛烷值，最大限度地控制液化气产率的增幅。

（3）类固相合成Beta分子筛技术，攻克了“类固相法”、“无有机模板剂法”Beta沸石合成两个技术难关。实现低成本Beta沸石合成技术“类固相法”中试放大，成本相对于市售Beta沸石成本下降68%。

（4）加氢精制催化剂专用的磷铝和钛硅分子筛载体技术，将具有钛活性中心和磷活性中心的、具有规整、稳定结构的分子筛材料引入加氢精制催化剂载体，突破了两种材料的工业放大合成技术，通过极性电子助剂和氧化铝协同耦合的载体等技术突破，有效提高了加氢脱硫、脱氮、芳香烃饱和反应性能，与加氢工艺技术的有效配合有力支撑了催化剂和工艺技术的开发，形成了国 IV/V 标准柴油生产技术。

（5）开发了具有适宜孔道结构及酸性的 DUY 和高硅铝大孔 HPS–Beta 分子筛材料，将异构性能好的 HPS–Beta 分子筛和开环性能强的 DUY 分子筛引入到加氢改质催化剂中，发挥两种分子筛不同孔道结构和酸性的协同作用，有效改善了催化剂的加氢改质性能，提高了催化柴油的十六烷值，保证了较高的柴油收率。

（6）加氢催化剂新型铁基金属活性相研究实现突破，以廉价铁基复合金属为活性相替代昂贵的铂钯或钼钨等加氢活性金属，以模型化合物为模拟油料评价表明，脱芳率和脱硫率都达到 90% 以上。

（7）成功合成出了晶粒尺寸 10～500nm、比表面积 5～60m^2/g 的硫化钼催化剂。以某种劣质渣油为原料油时，在较优的催化剂用量和浆态床加氢反应条件下，实现了沥青质的全转化，液体产物收率可达到 95% 以上，庚烷不溶物小于 1%。性能优于国外渣油转化率 95%、轻质油收率 80% 的水平。

新一代炼油催化材料技术整体达到国际先进水平，获国家发明专利优秀奖 1 项，省部级技术发明一等奖 1 项、科技进步一等奖 1 项，形成专利 15 余件（表 1）。

表 1　主要技术专利列表

专利名称	专利类型	国家（地区）	专利号
一种双三羟甲基丙烷的脱色精制方法	发明专利	中国	ZL 200610099062.8
一种提取双三羟甲基丙烷的方法	发明专利	中国	ZL 200610099063.2
…	…	…	…

三、应用效果与前景

已累计生产 3.1×10^4t 高性能 NaY、LDO–70 等 19 个牌号的催化裂化催化剂上获得成功应用，为炼油催化剂的开发和生产提供了有力技术支撑。

提高辛烷值材料和助剂经济效益核算表明，应用该助剂可使加工量 120×10^4t/a 的 FCC 装置新增效益约 3700 万元 / 年，具有良好的经济效益。助剂 LPC–A 具有提高汽油辛烷值同时控制液化气产率增幅的特点，特别适用于气分能力受限的炼油企业，因此具有很好的工业应用前景（图 2）。

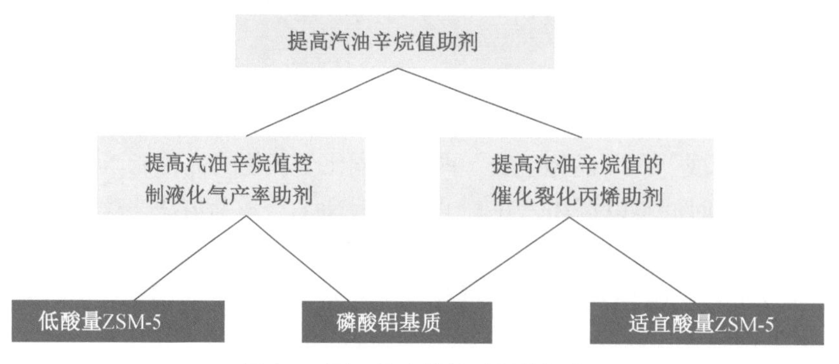

图 2　不同功能辛烷值助剂的组成

Beta 沸石可在加氢裂化、烷基化和异构化等方面得到应用，若低成本 beta 沸石能够得到进一步工业放大生产，其大规模工业应用必会产生可观的经济效益。以磷铝和钛硅分子筛为载体开发了 PHF–101/102 催化剂在乌石化 200×10^4t/a 等 13 套柴油加氢精制装置上进行了成功工业应用，为柴油质量升级提供了有力技术支撑。该技术生产针对生产厂家要求生产国 VI/V 清洁柴油，装置操作弹性大，原料适应广，产品调整灵活，具有广阔的应用前景。

3.8　丙烯共聚制备热塑弹性体材料

一、技术简介

热塑性弹性体（thermoplastic elastomer，TPE），既具有橡胶的特性，又具有热塑性塑料的性能，由单中心催化剂催化烯烃共聚制得。热塑性弹性体在室温下是柔软的，类似于橡胶，具有韧性和弹性，高温时是流动的，能塑化成型。塑料段凭借链段间的作用力形成物理交联点，这种物理交联随温度的变化是可逆的，因而显示了热塑性弹性体的塑料加工特性。橡胶段是高弹性链段，热塑性弹性体的弹性由橡胶段决定。

热塑性弹性体分子结构的特殊性赋予其优异的力学性能、流变性能和耐老化性能。既可用作橡胶，还可用作塑料的抗冲击改性剂及增韧剂，低温韧性好，性价比高，在许多场合正逐渐替代乙丙橡胶，被广泛用于塑料改性。这种新材料的出现引起了全世界橡塑界的强烈关注，也为聚合物改性和加工带来了一个全新的概念。由于TPE具有橡胶和塑料的双重性能，所以可用于胶鞋、黏合剂、汽车零部件、电线电缆、胶管、涂料、挤出制品等。涉及汽车、电气、电子、建筑及工艺与日常生活等各个领域。

丙烯共聚制备热塑弹性体材料技术主要由两部分构成：新型结构催化剂设计合成技术和烯烃聚合制备弹性体技术（图1）。

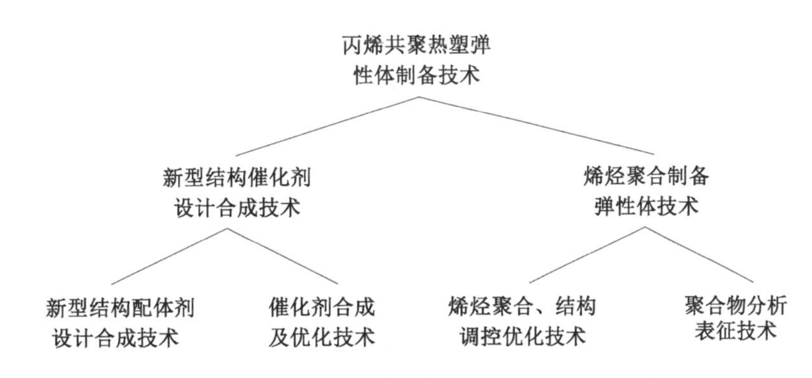

图1　丙烯共聚制备热塑弹性体材料研究开发技术框图

二、关键技术

催化剂是烯烃聚合的核心，也是影响聚烯烃结构与性能的关键因素。已开发出合成了新型桥联水杨醛和含硅氮磷配位的两组非茂金属催化剂，结构新颖，易于合成，能够通过取代基的改变调控催化行为。新型桥联水杨醛非茂金属催化剂，开发出两个配体，制备了6个催化剂；以含硅氮磷配体出发，制备出20个非茂金属催化剂（图2）。

丙烯共聚制备热塑弹性体材料技术整体达到国际先进水平，已申请发明专利1件：负载型茂金属催化剂及其制备方法和应用（201510208684.9）。

三、应用效果与前景

世界各大石化公司都在开展聚烯烃弹性体的研发，美国杜邦道弹性体（Dupont Dow Elastomers）公司采用Insite技术开发的聚烯烃弹性体命名为POE，是使用限定几何构型茂金属催化剂（CGC）合成的商品

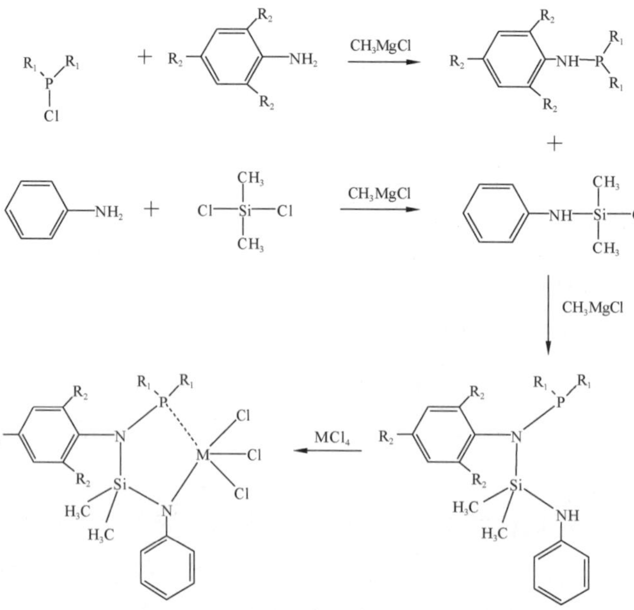

图 2　含硅氮磷配位的非茂金属催化剂合成路线示意图

Engage，有乙烯—辛烯、乙烯—丁烯和乙烯—丙烯弹性体等产品。另外 ExxonMobil、日本三井、Nova、DSM 及韩国 LG 等公司也致力于限定几何构型茂金属催化剂及聚烯烃弹性体的技术开发，ExxonMobil 与日本三井公司的聚烯烃弹性体商品名分别为 Ex-act 及 Tafmer，共聚单体有辛烯、己烯、丁烯及丙烯。市场价格均远高于常规聚丙烯牌号，而生产成本仅小幅升高，产品利润率显著提高。本技术拟开发的丙烯共聚弹性体具有催化剂成本低和聚合活性高等优势，可望产生显著的经济效益。

3.9 航空生物燃料生产新技术

一、技术简介

航空生物燃料是由生物质原料制备的高支链 $C_8 \sim C_{16}$ 异构烷烃，其产品与石油基航空燃料的分子构造接近，且无芳无硫，燃烧热值高，调和性能好，是未来石油基航空燃料最具潜力的替代品之一。理论上航空生物燃料与石油基航空燃料可以任意比例混合使用，且无需对发动机进行任何改进。

油脂加氢法是发展较快的航空生物燃料生产技术，主要包括毛油精炼、加氢脱氧和加氢裂化 / 异构化三个核心单元（图 1）。其中，毛油精炼是指采用物理化学方法脱除天然动植物油脂（毛油）中磷、硫、氮及金属等微量杂质的过程，经过精炼处理后原料油才能满足加氢脱氧工艺的要求，否则将影响催化剂的使用寿命。加氢脱氧主要包括甘油三酸酯和脂肪酸的加氢饱和及经加氢脱羧基、脱羰基和脱氧反应后生成正构烷烃的过程，反应的最终产物主要是 $C_{12} \sim C_{20}$ 正构烷烃，以 $C_{15} \sim C_{18}$ 居多，副产物有丙烷、水和少量 CO 与 CO_2。加氢裂化 / 异构化主要是脱氧产物的选择性裂化 / 异构化过程，产物为高支链的烷烃（航空生物燃料），其流动性能显著改善，冰点大幅降低。

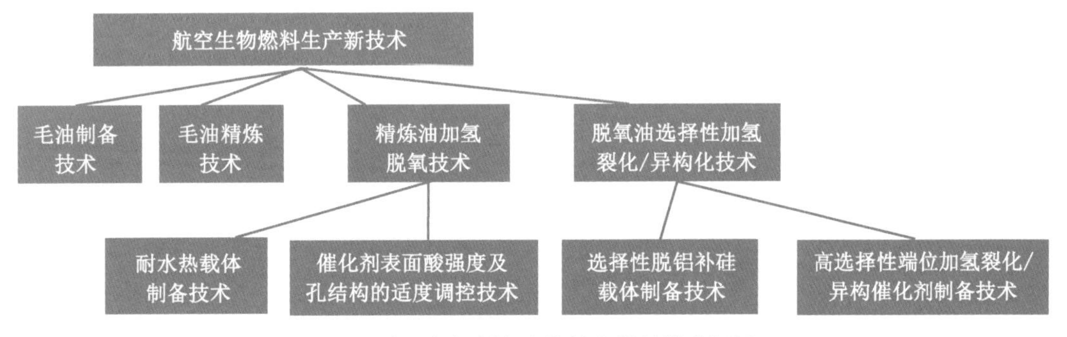

图 1　油脂加氢制备生物航空燃料技术框图

二、关键技术

（1）核心油脂加氢催化剂自主研制取得重大进展，关键技术经济指标达到国际先进水平：自主开发了适用于放热量大、产物中水含量高的加氢脱氧专有催化剂，液态烃收率达到 82%，脱氧率达 100%，填补了国内技术空白。成功突破了端位选择性裂化技术瓶颈，航空生物燃料收率达 50% 以上，异构化率达 75% 以上，加工成本显著降低，大幅提升了中国石油在航空生物燃料领域的竞争力（图 2）。

（2）完成航空涡轮生物燃料国家标准制定，为集团公司占领制高点争得话语权。开发出万吨级毛油精炼工艺包、小桐子专用脱壳和压榨吨级设备、航空生物燃料调和技术等配套技术，构建了航空生物燃料全生命周期分析模型，为国家能源战略规划提供了决策支持，为公司新能源战略布局提供技术储备。

航空生物燃料生产技术整体达到国际先进水平，获省部级二等奖 1 项，申请专利 22 件，编制国家标准 1 项、行业标准 2 项。

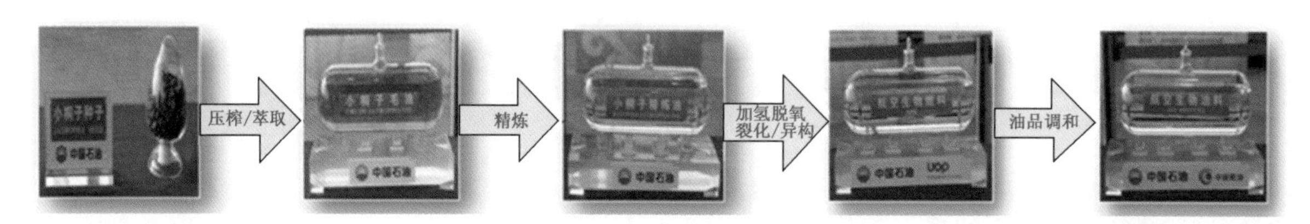

图 2　中国石油航空生物燃料生产新技术基本流程示意图

三、应用效果与前景

2011 年 10 月 28 日，中国石油生产的航空生物燃料在波音 747 客机上验证飞行成功，在国内外产生了非常积极的影响，引发了国内生产航空生物燃料的热潮。总体而言，油脂加氢制备航空生物燃料具有投资相对较低、工艺流程简单和产品质量好、收率高的优点，产品已经 28 次试飞或商业试营，被认为是最具优势的技术产品。

航空生物燃料产业刚刚起步，但发展势头迅猛，国际多个公司已经或正在计划建立航空生物燃料的生产装置。“十二五”期间，中国石油形成自主知识产权的航空生物燃料生产成套技术，“十三五”及未来一段时期亟须进一步提升加氢催化剂性能，并形成万吨级航空生物燃料生产成套技术工艺包，开展工业试验，推进航空生物燃料产业化进程。这对于实现石油资源的部分替代、减少温室气体排放和改善生态环境具有重要意义，同时对于加速新能源业务发展起到积极的推动作用。

3.10 油藏地球物理技术

一、技术简介

油藏地球物理技术是应用地面地震、VSP、测井、地质和油藏开发等多学科信息，通过油藏描述、油藏模拟和油藏监测，预测剩余油气、提高开发效益的重要技术。“十一五”和“十二五”期间，依托国家油气科技重大专项，通过地面地震、VSP、测井、地质和油藏开发等多学科的综合研究，建立了独具特色的油藏地球物理技术系列，形成了油藏地球物理软件系统 GeoEast-RE（图 1）。

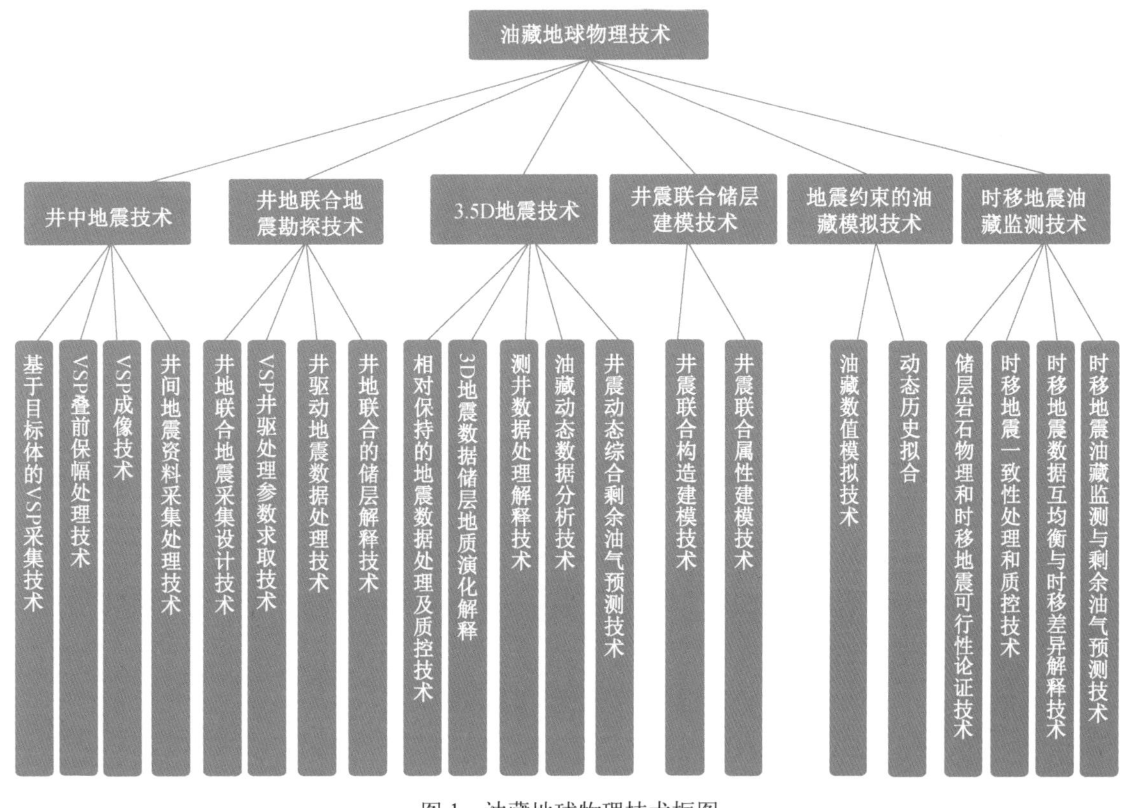

图 1　油藏地球物理技术框图

二、关键技术

（1）井地联合地震技术。综合 VSP 在井点和地面地震在空间的信息优势，针对地质目标实施井地联合采集，利用 VSP 数据求取地层吸收、速度、各向异性等参数并驱动地面地震数据的处理解释，获得复杂储层的综合求解（图 2）。

（2）3.5D 地震勘探技术。综合高精度 3D 地震和油藏开发动态信息在油田开发中晚期预测剩余油气分布，既可解决老油田没有基础观测条件的剩余油气预测问题，又具有较时移地震成本低的优势（图 3）。

（3）油藏地球物理软件。融合地震、岩石物理、测井、地质和油藏开发等信息，进行多学科的协同研究，为剩余油分布预测、提高采收率提供了技术支撑，具有多专业、多任务、多信息、多窗口、多用户特点。

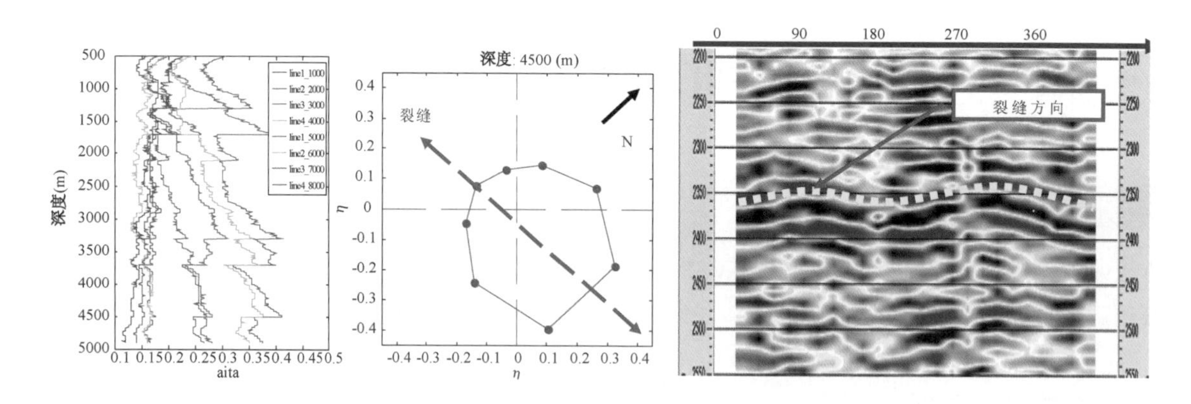

图 2　VSP 参数求取及驱动地面地震数据处理效果

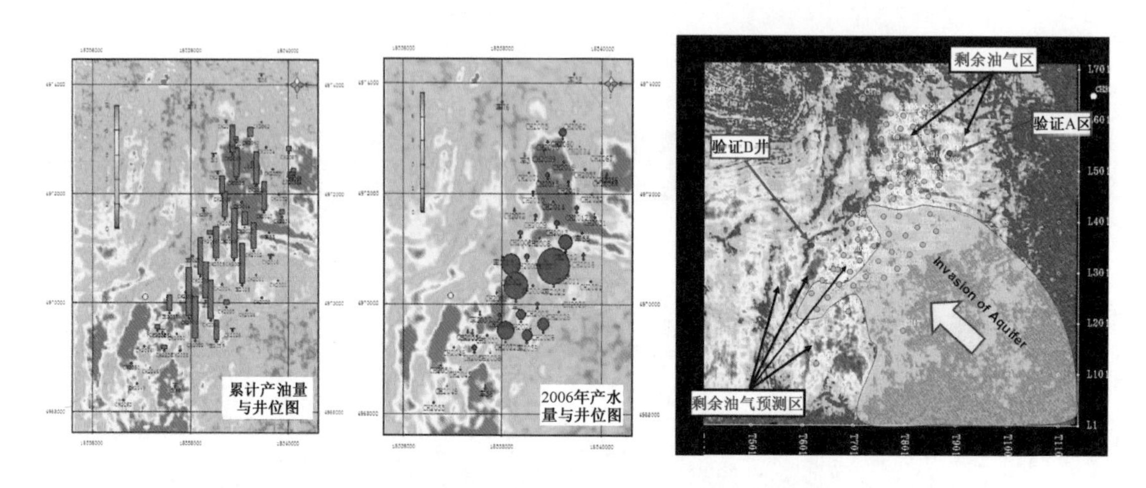

图 3　新疆某油田 3.5D 地震技术应用效果图

油藏地球物理技术授权发明专利 10 件（表 1），认定技术秘密 2 件，登记软件著作权 7 件，编写企业标准 6 项，发表国际论文 54 篇。

表 1　主要技术专利列表

专利名称	专利类型	国家（地区）	专利号
一种高精度地震波层速度反演方法	发明专利	中国	ZL 201110203589.1
一种含有套管谐波的垂直地震剖面资料层速度反演方法	发明专利	中国	ZL 201110265086.7
一种垂直地震剖面资料的地表一致性能量补偿方法	发明专利	中国	ZL 201110265103.7
…	…	…	…

三、应用效果与前景

总体来说，油藏地球物理技术还处于发展阶段，但一些特色技术如井地联合地震勘探、3.5D 地震勘探技术具有国际先进水平。可以预测未来地球物理新技术的发展，将主要出现在油气田开发和开采的油藏地球物理领域。在开发油气田、提高采收率、增加油气产量作业过程中，应用油藏地球物理技术将会收到明显的经济效益。伴随着多学科综合研究及计算机技术的发展和不断进步，油藏地球物理技术将不断向油田开发和工程领域延伸，成为发现剩余油和提高采收率的重要技术。

3.11 微地震监测技术

一、技术简介

微地震监测技术用于实时监测地层裂缝形态的空间展布，显示缝网特征、现场指导压裂参数优化和评估改造效果，广泛应用于油气行业的水力压裂和油藏动态监测。微地震监测技术集成了井下与地面监测以及多井联合监测采集、处理解释的一系列配套技术（图 1），具有微地震可行性分析、采集参数论证、速度模型优化分析、现场实时处理、裂缝综合解释、震源机制反演等关键技术功能。实现了水力压裂现场实时接收和处理微地震数据，动态展现裂缝体系，评估压裂效果，从而提高压裂施工效率；将微地震监测成果与 3D 地震数据、测井数据、压裂数据等相关资料进行融合分析，综合解释地应力及裂缝网络成因，储层改造体积优化、井网井段优选、压裂效果评估等，能够为非常规油气开发提供有力的技术支撑。

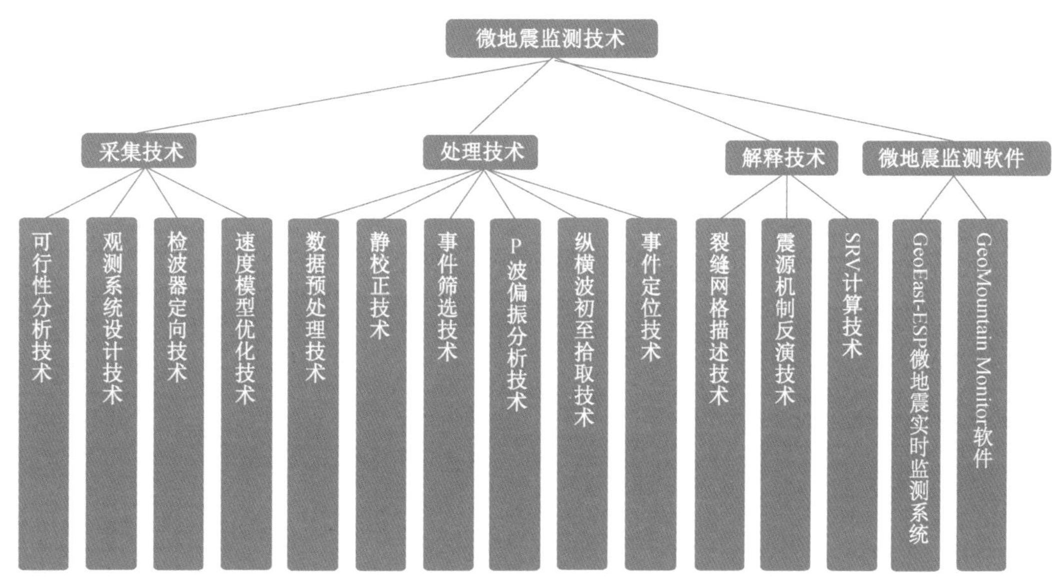

图 1　微地震监测技术框图

二、关键技术

（1）采用以校验炮为主事件，滑动时窗能量比法快速识别微地震事件，纵波偏振分析震源方向，采用纵横波时差和多尺度网格能量扫描定位微地震事件空间位置。

（2）多井联合监测技术，利用多观测井采集的高信噪比微地震信号，提高裂缝定位精度及可靠性，进行矩张量反演震源机制，准确分析裂缝性质，优化改造体积和渗透率等重要参数。

（3）采用微地震事件的纵波、横波形相似性、旅行时差、能量比等属性对事件云分簇，拟合裂缝网络体积，利用孔隙流体压力模拟、裂缝破裂模拟等技术，结合压裂施工参数模拟裂缝产生的动态过程，与测井、地面地震属性等资料综合解释微地震成果，评估裂缝网络体积、复杂程度、连通性等。

微地震监测技术已申请国家发明专利 24 件（表 1），登记软件著作权 2 件，编写中国石油企业和石油天然气行业技术标准 3 项。

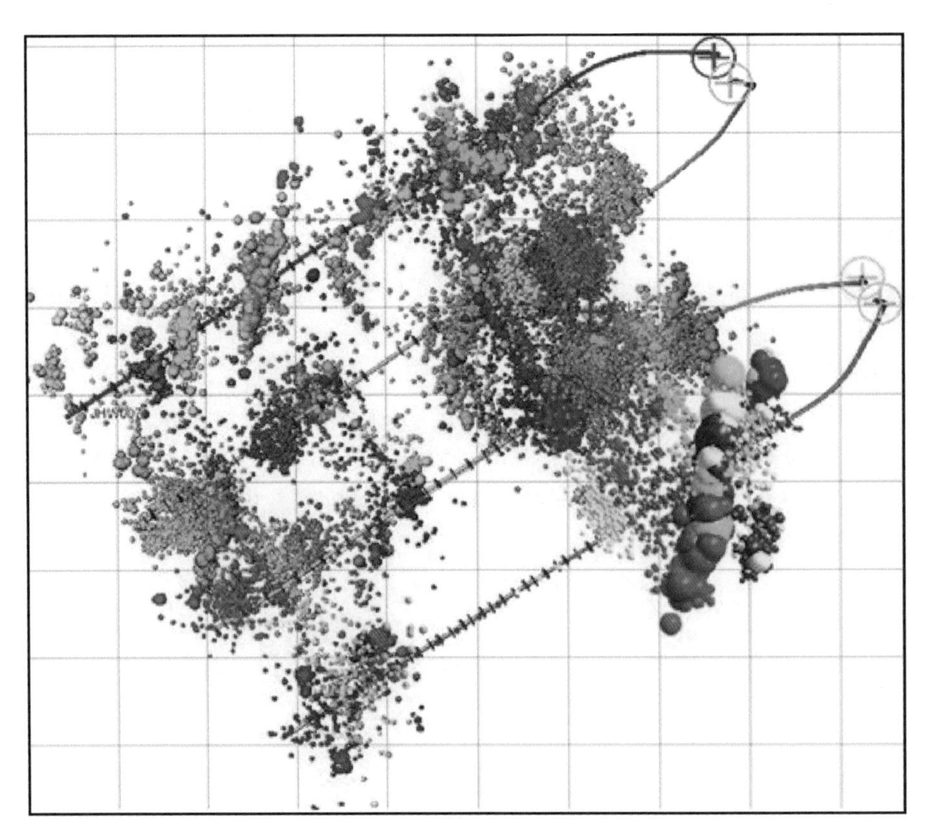

图 2　某水平井组压裂井中监测微地震事件定位俯视图

表 1　主要技术专利列表

专利名称	专利类别	国家（地区）	专利号
相对震级类比反演方法	发明专利	中国	ZL 201210424232.0
基于大斜度井的微地震监测定位方法	发明专利	中国	ZL 201310330211.7
基于四维能量聚焦的地面微地震定位方法	发明专利	中国	ZL 201210423976.0
…	…	…	…

三、应用效果与前景

微地震监测技术已在长庆、大庆、新疆等致密油气和长宁—威远、昭通、涪陵等页岩气的 20 多个油气田 300 多口井 3000 多层段应用，现场实时动态展现裂缝网络形态，压裂人员及时掌控裂缝延伸，有效指导水力压裂施工参数调整；揭示了页岩层地应力复杂性，识别出了微小断层和天然裂缝；准确展示了致密砂泥岩薄储层的裂缝网络，有效调整压裂参数避免了压穿泥岩遮挡层。诸多成果得到用户很高评价，取得了显著的经济与社会效益。微地震监测技术将成为水力压裂等储层改造提高油气产量的关键技术之一，将为非常规油气开发提供更大的技术支撑。

3.12 非常规油气测井解释评价技术

一、技术简介

非常规油气测井解释评价技术的主要功能是为非常规油气资源评价、甜点区确定提供技术保障和支撑，为非常规储层大型体积压裂提供可靠的工程参数依据和保障。非常规油气是一种重要的油气资源，主要包括致密油气、页岩气、煤层气等，资源潜力巨大。致密油气是夹在或紧邻优质生油层系的致密储层中，未经大规模长距离运移而形成的油气，储层具有物性致密、非均质性强、大面积含油气且“甜点”区局部富集的地质特征。通过七性关系研究，建立了以“三品质”评价为基础、甜点区预测的致密气测井解释评价技术体系（图 1）。

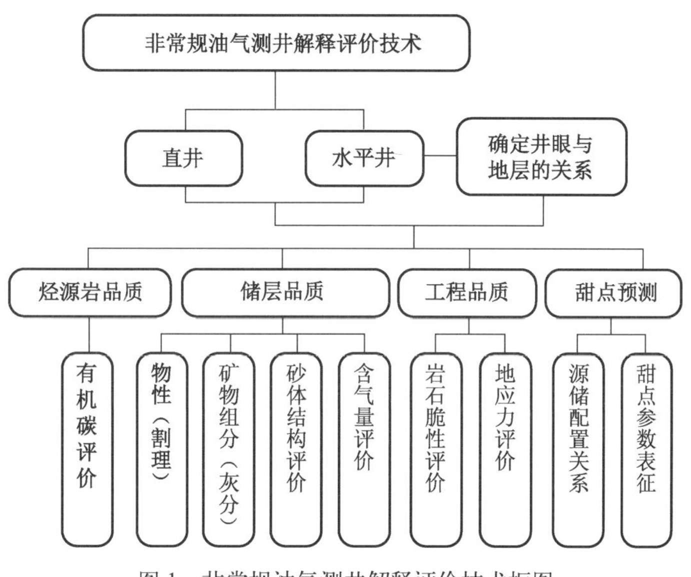

图 1　非常规油气测井解释评价技术框图

页岩气是指主要以吸附或游离状态赋存于富有机质泥页岩及其夹层中的天然气，页岩储层具有“源储一体”的成藏模式、吸附气与游离气并存等特点。针对页岩储层的重点和难点，形成了页岩气测井解释评价技术系列。

煤层气是指产自煤系地层的天然气。针对不同煤阶煤层气储层气体赋存状态、低含气丰度、双重孔隙结构和超低渗透率等难点，形成了把煤层及顶底板作为一个系统、以测井—地质—排采多学科相结合的煤层气测井解释评价技术体系。

二、关键技术

（1）致密油气测井解释评价技术：指在七性关系基础上的“三品质”测井评价技术，即烃源岩品质、储层品质和工程品质的测井综合评价技术和关键表征参数构建，以及源储配置关系分析等，通过“三品质”参数平面叠合等技术优选致密储层油气甜点区分布，指导勘探开发部署（图 2）。

（2）页岩气测井解释评价技术：主要针对页岩储层“源储一体”、高压吸附等特点，形成了一系列页岩气评价技术，主要包括：高—过成熟有机碳评价、高压吸附气计算、声波矿物联合计算岩石脆性指数、储层品质测井分类和产能级别划等多项关键技术（图 3，图 4）。

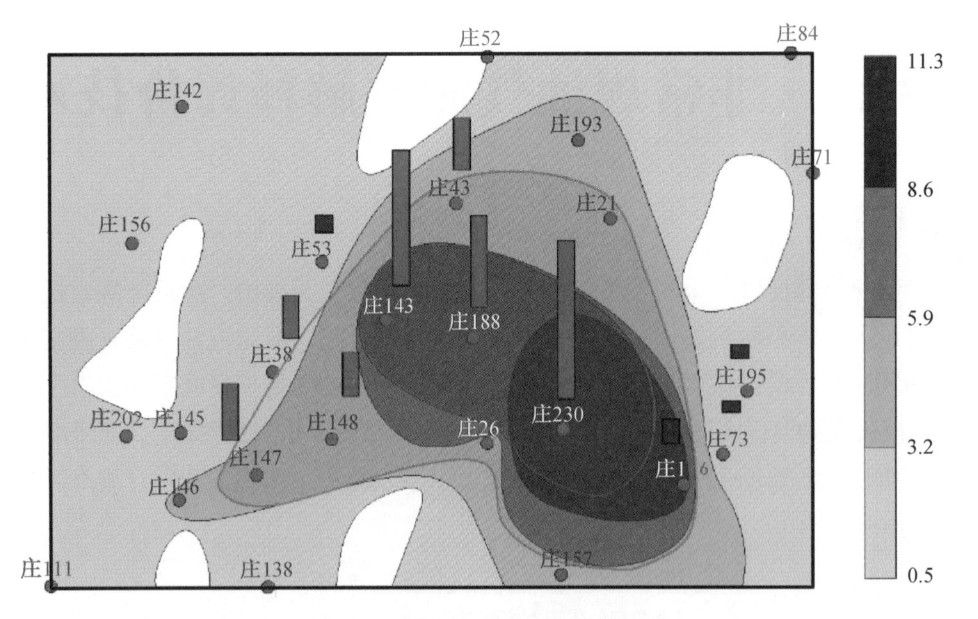

图 2　测井综合评价优选甜点区

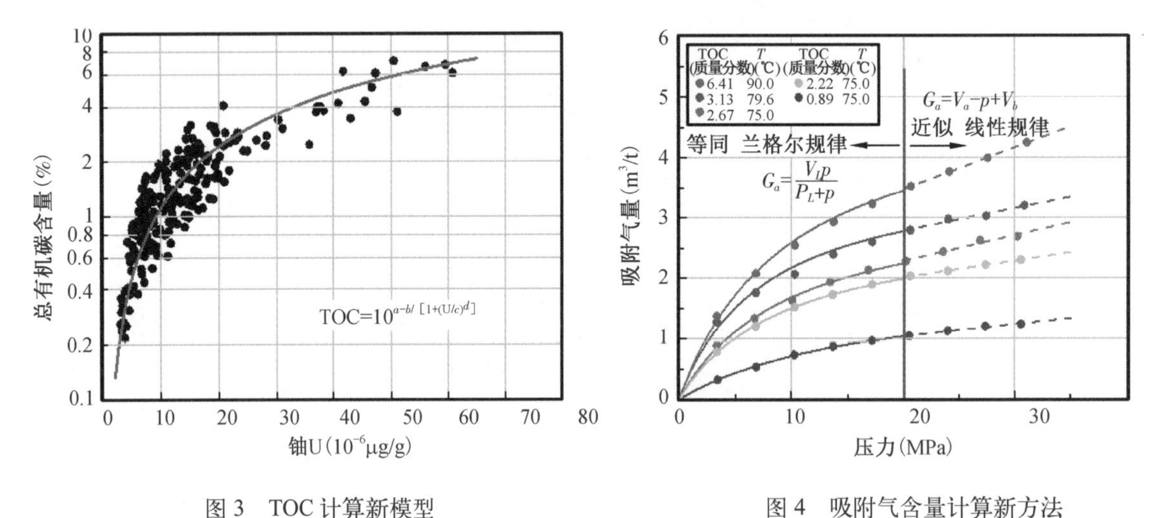

图 3　TOC 计算新模型　　　　图 4　吸附气含量计算新方法

（3）煤层气测井解释评价技术：主要包括 2 项基础理论（煤层演化过程中不同煤阶煤层气储层测井响应机理、基质收缩与应力敏感耦合的煤层渗流机理），6 项关键技术，以及 1 套解释评价软件。

非常规油气测井解释评价技术系列整体达国际先进，申报国家发明专利 15 件，取得国家计算机软件著作权 2 件，形成 2 项企业标准。技术成果共获省部级二等奖 2 项。

三、应用效果与前景

先后在松辽、鄂尔多斯、四川、准噶尔、吐哈、塔里木、沁水等盆地的多个区块推广应用，有效地解决了非常规油气勘探的测井精细评价技术难题。测井解释符合率达 85% 以上，油气评价精度显著提高，大大提升了勘探开发的经济效益。该技术将对我国非常规油气的勘探开发以及国内外类似盆地的深化勘探，具有重要的指导作用和推广价值。

“十三五”期间将进一步深化、完善非常规油气测井解释评价技术在不同类型盆地的应用研究和水平井测井资料采集、响应特征厘定及评价方法等。

3.13 旋转导向钻井系统

一、技术简介

旋转导向钻井技术代表了当今定向钻井技术发展的最高水平，已成为开发复杂油藏的高难定向井、水平井、大位移井钻井中使用的必备技术。旋转导向钻井系统由地面监控系统、双向通信系统、随钻测量系统、井下旋转导向工具四部分组成（图 1）。主要包括井下单总线通信技术、微型液压驱动与控制技术、非接触式电能 / 信息传输技术、泥浆脉冲双向通信技术、导向控制方法等。研制出适合 $8^1/_2$ in 井眼和 $12^1/_4$ in 井眼的工程样机，最高工作温度达到 150℃，最大工作压力达到 140MPa，建立了旋转导向钻井系统试验基地。开展了 20 余井次入井试验，最大造斜率 8.4° /30m，实现了旋转导向钻进过程中井眼轨迹的精确控制。与传统的滑动导向钻井相比，旋转导向钻井系统能极大地避免滑动钻井所带来的风险，减少井下复杂情况和事故率，最大程度保证井眼质量，缩短建井周期。

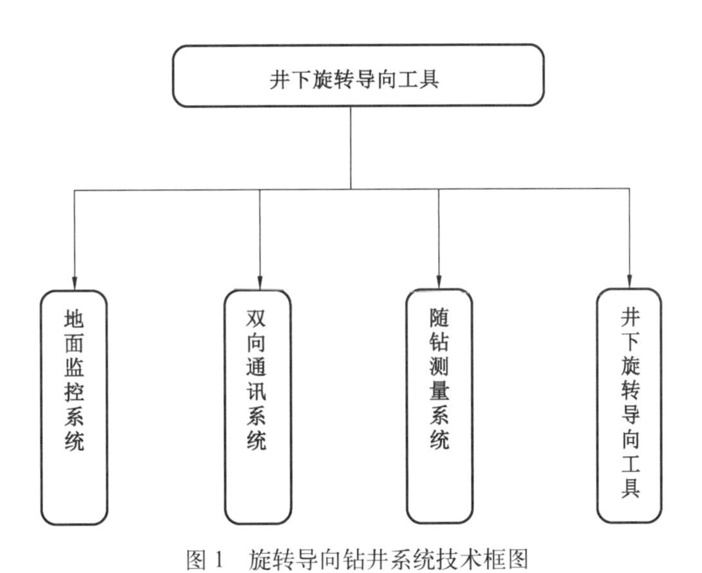

图 1 旋转导向钻井系统技术框图

二、关键技术

（1）井下单总线通信技术。单总线方式降低了结构设计难度，相比于无线传输方式，具有设计简单，传输稳定可靠等优点，优选载波频率，减少串扰。

（2）微型液压驱动与控制技术。液压单元最大侧向推力 30kN，输出控制精度能够保持在 ±3bar 以内。现场试验高边工具面角误差始终保持在 ±5°以内，控制精度和可靠性高。

（3）非接触式电能 / 信息传输技术。综合运用电磁感应耦合、高频变换等技术，采用单端反激模块提高可靠性，实现隔离；采用精密调谐控制与采样解码技术实现信息的双向传输，电能传输效率达到 80% 以上。

（4）钻井液脉冲双向通信技术。基于二阶小波变换的滤波算法，抗干扰能力强；信号编码采用二维矩阵表示，码型简单，下传装置动作次数少，信息传输时间短、传输信息量大；解码算法采用匹配滤波算法处理，计算量少，解码正确率高；最高工作温度可达 150℃，最大工作压力达 140MPa。现场试验下传控制指令成功率达到 95% 以上。

(5) 旋转导向控制。旋转导向钻井系统可以实现导向模式、稳斜、初始化和停止等工作状态，“地面 + 井下”闭环控制适合于轨迹导向及地质导向钻进。“井下闭环”控制模式由井下控制器实时监测实钻轨迹与设计轨迹的偏差，自动控制井眼轨迹。

旋转导向钻井系统处于国内领先水平，授权专利 19 件（表 1）。

表 1　主要技术专利列表

专利名称	专利类型	国家（地区）	专利号
旋转导向钻井系统	发明专利	中国	ZL 201410429279.5
旋转导向钻井系统的导向方法	发明专利	中国	ZL 201410429499.8
测井仪用电阻率成像测量装置	发明专利	中国	ZL 201410325575.0
测井仪用电阻率成像测量方法	发明专利	中国	ZL 201410325662.6
…	…	…	…

三、应用效果与前景

旋转导向钻井系统是钻井工程高端技术，中国石油开发出具有完全自主知识产权的旋转导向钻井系统（图 2），增强了装备技术实力，有效推进了钻井生产现场技术难题破解，提升了核心竞争力。

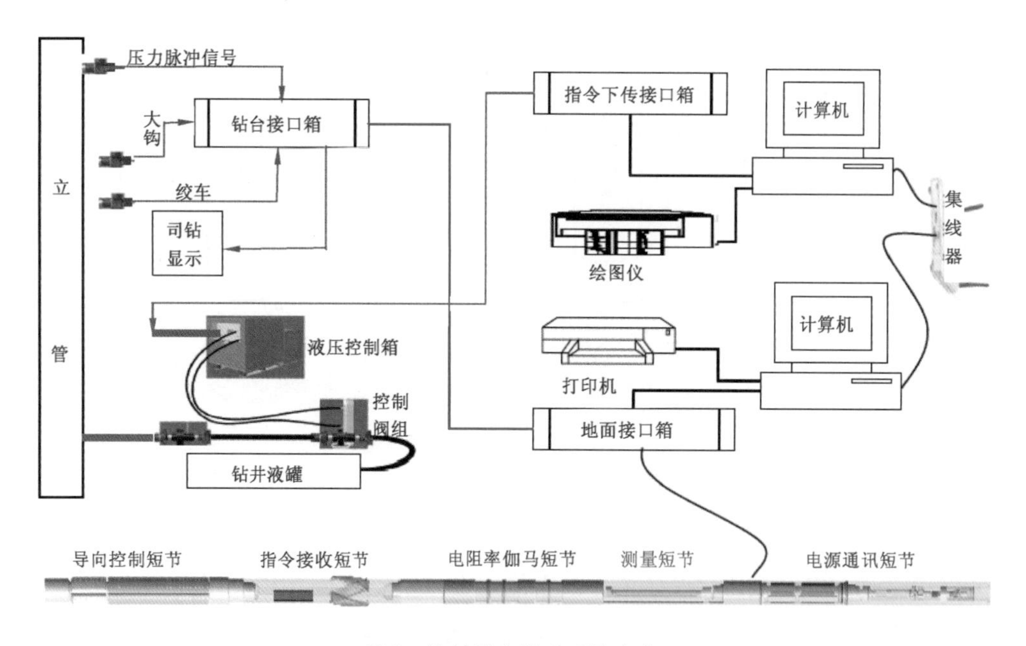

图 2　旋转导向钻井系统方案

随着短靶前距水平井的增多，将指向式与推靠式相结合以提高造斜率的旋转导向钻井系统与随钻测井和旋转导向钻井技术结合形成旋转地质导向钻井技术是钻井技术的发展趋势，将为页岩气、致密油、致密气等非常规油气资源的有效开发，及加快页岩气示范区建设提供革命性的技术支撑。

3.14 密闭欠平衡钻井技术

一、技术简介

密闭欠平衡钻井技术是指利用欠平衡钻井技术开发含硫油气藏，快速高效清除进入井筒 H_2S，实现安全开发含硫油气藏目的的先进技术。密闭欠平衡钻井技术可以解决常规欠平衡钻进含硫储层时所存在的 H_2S 风险问题，国外大量陆上和海洋成功钻井经验表明密闭循环系统能有效降低风险，保证人员安全，提高经济效益，达到环保要求。密闭欠平衡钻井技术包括欠平衡钻井流动规律与安全控制机理，密闭欠平衡钻井地面工艺流程，井下控制技术、地面装备和井下工具样机，开展了配套工艺技术研究（图 1）。

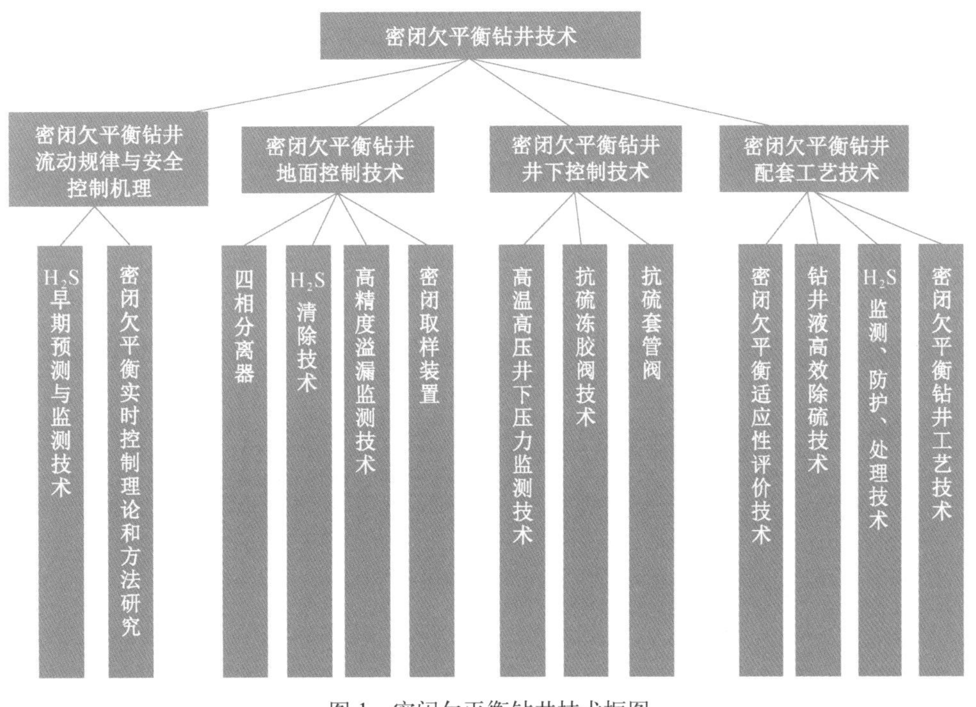

图 1　密闭欠平衡钻井技术框图

二、关键技术

（1）密闭欠平衡钻井流动数学模型。完成密闭欠平衡钻井多相流动数学模型，包括液气两相连续方程、混合动量方程、漂移流动模型物理方程、气相状态方程和液相状态方程以及天然气的物性参数计算公式。

（2）针对密闭欠平衡钻井工艺技术特点，形成了密闭欠平衡钻井地面工艺流程（图 2）。

（3）高精度溢漏监测技术。基于进出口流量、立压与套压监测，采用贝叶斯法计算模型，研制了高精度溢漏监测系统，在长宁 H6-2 井进行了现场试验。

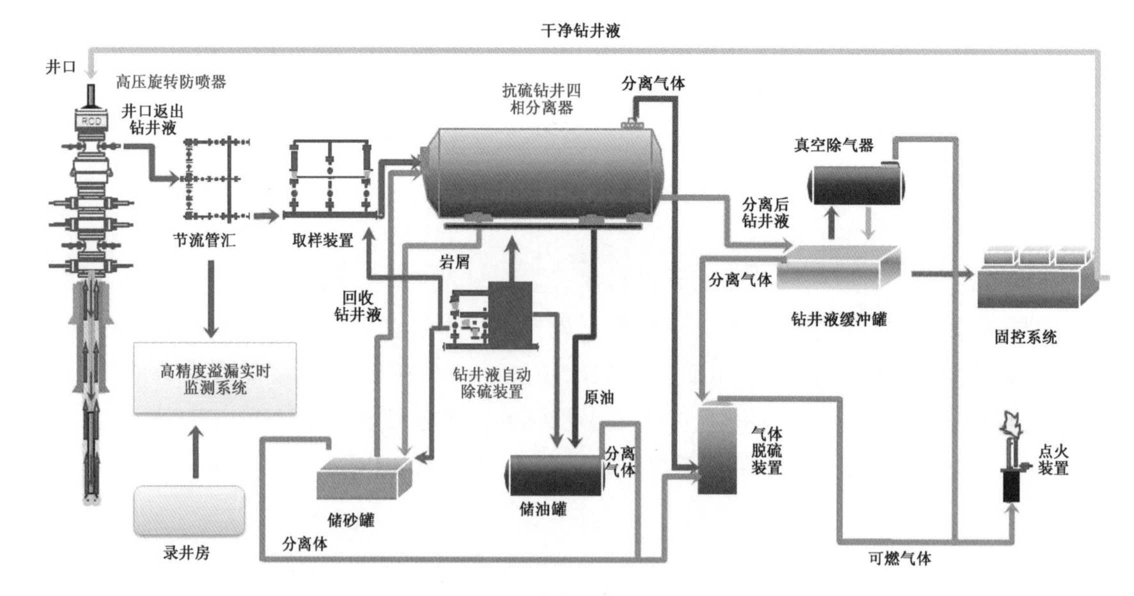

图 2　密闭欠平衡钻井地面工艺流程图

三、应用效果与前景

通过开展密闭欠平衡钻井技术研究，形成了部分装备与技术（图 3），随着国内外含硫油气藏等复杂油气藏勘探开发的深入，该技术将发挥越来越重要的作用。

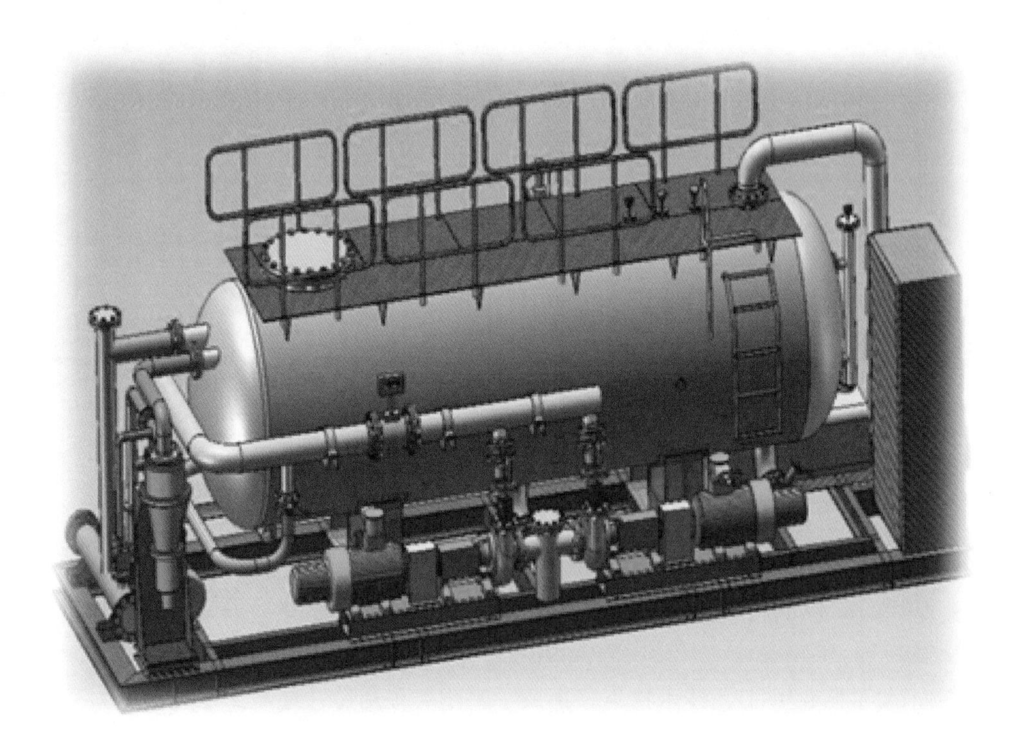

图 3　四相分离器

3.15 超深井钻完井与储层改造配套技术

一、技术简介

超深井钻完井与储层改造配套技术是利用专门的设备、工具和井筒工作液在高温高压地层条件和井筒条件下完成钻井、完井与储层改造作业的综合性配套技术。具备克服装备负荷、井筒失稳、高效破岩、高温高压等对装备、工具、材料特殊要求的能力，已形成了超深井钻完井及储层改造 2 大系列 12 项单项学术技术系列（图 1）。

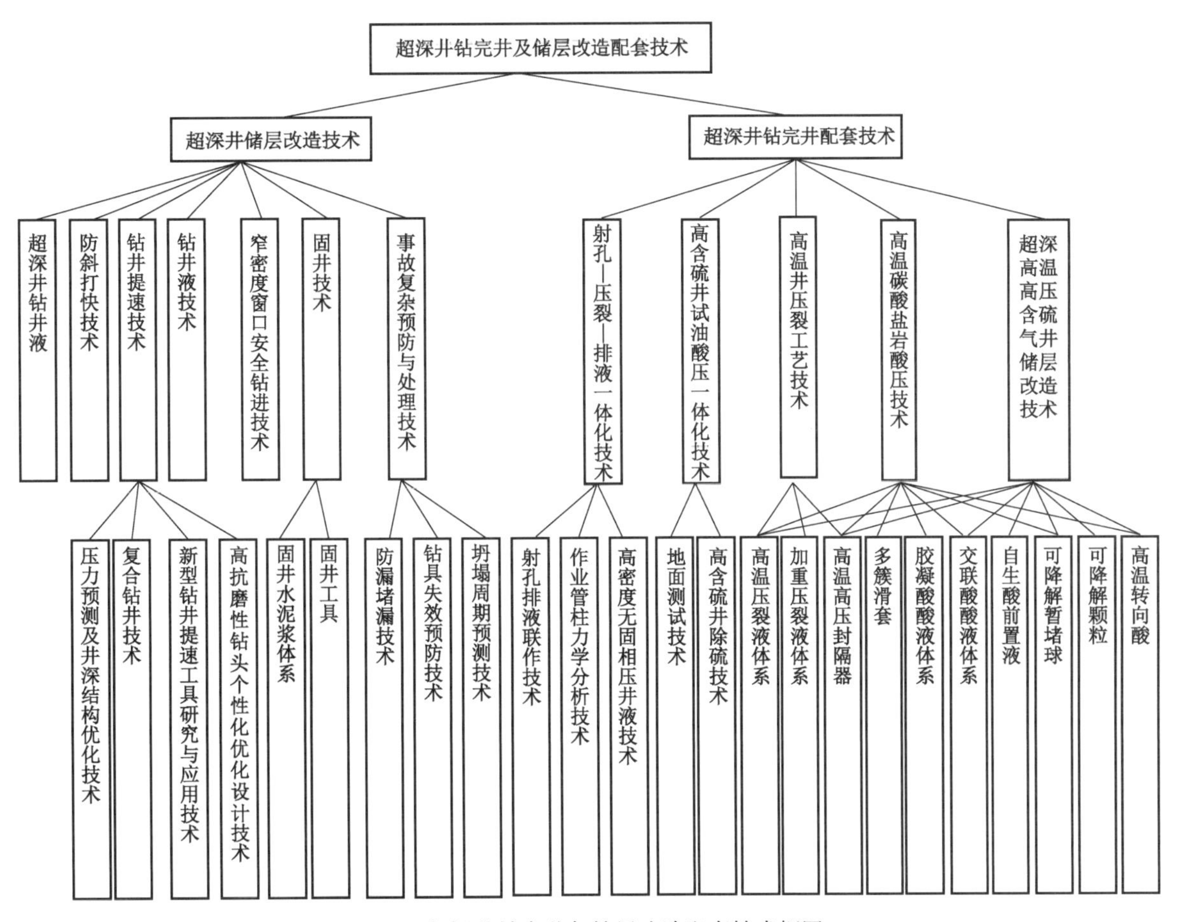

图 1　超深井钻完井与储层改造配套技术框图

二、关键技术

（1）8000m 和 9000m 四立柱钻机，有效降低了钻井作业日费，12000m 超深井钻井装备实现国产化。

（2）自动垂直钻井系统主体技术指标达到国际同类产品水平。

（3）井身结构优化、钻头个性化设计与优选、复合钻进等核心技术，降本增效成效显著。

（4）精细控压钻井技术与装备达到国际同类技术产品水平，有效解决了窄压力窗口安全钻进难题。

（5）具备抗温 220℃，密度达 2.60g/cm^3 以上的抗饱和盐的水基钻井液以及“全油基、油包水、合成基”三套油基钻井液体系，适应不同温度和密度的需要。

（6）具备在大温差、长封固段、多压力系统、气窜、漏失、高压盐水层等复杂井段实现固井的能力，固井质量满足后期钻井和后期试油作业要求。

（7）具备高密度无固相压井、作业管柱设计、175MPa/200℃/120h射孔器材、大通径超高压压控循环阀等核心技术，可实现射孔排液联作等功能，缩短了施工周期。

（8）具备超深高温高压含硫气井储层试油前期量化评价，耐温150～180℃工作液体系；耐温150℃转向酸、耐温180℃封隔器及可降解暂堵纤维；不同储层特征的深穿透、分层、转向酸压三大储层改造工艺。

超深井钻完井与储层改造配套技术整体技术水平达到国际先进水平。授权发明专利10件（表1）。

表1　主要技术专利列表

专利名称	专利类型	国家（地区）	专利号
控压钻井用回压补偿装置	发明专利	中国	ZL 201110444486.4
油气井尾管同步转动控制器及实施方法	发明专利	中国	ZL 201110181866.3
复式憋压的旋流尾管悬挂封隔器	发明专利	中国	ZL 200810106226.4
一种阳离子聚合物增稠剂、压裂液及其制备方法	发明专利	中国	ZL 201410380636.3
…	…	…	…

三、应用效果与前景

塔里木库车地区井深超过6500m的“三超井”综合应用超深井钻完井与储层改造配套技术共77口井，同比建井周期缩短30%以上，成本降低24%，实现了前陆区7000m钻井常态化，具备8000m钻井能力，创造了一批新纪录，节约成本20余亿元；在安岳深层推广应用60口井，实现了缩短钻井周期和建井成本控制的目标，为龙王庙$110\times10^8m^3$产能建设提供了强有力的技术支撑。

随着油气勘探开发目标逐步面向地质条件更加复杂的超深层油气资源，该技术将发挥越来越重要的作用。

3.16 气井带压作业配套技术

一、技术简介

气井带压作业技术是气井在井筒带压状态下，利用专用设备进行的作业。作业范围通常包括射孔、压裂酸化、完井修井、抢险及其他特殊作业（图 1）。气井带压作业技术广泛应用于欠平衡钻井、侧钻、完井、射孔等作业，带压作业具有不压井、不放喷、不泄压的特点，避免油气层伤害、减轻环境污染、缩短作业周期，有效保护和维持地层的原始产能，为气田的长期开发和稳定生产提供良好的基础，是开发低渗、易漏储层的重要手段，是天然气勘探开发快速发展强有力的技术支撑。页岩气开发、连续油管作业、气井分支井完井工艺、气井带压分段改造和储气库完井等都需要带压作业。

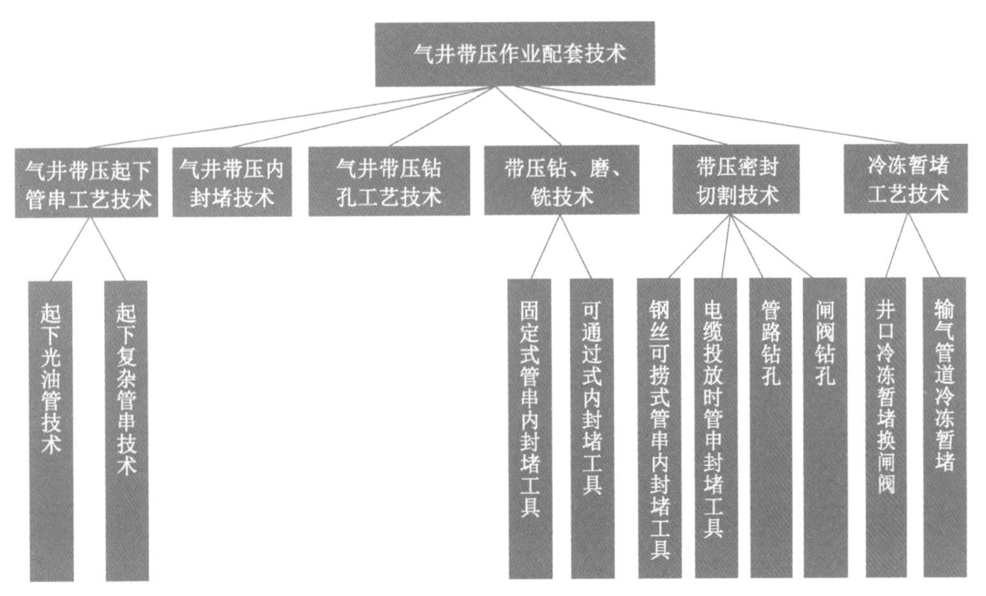

图 1　气井带压作业技术框图

二、关键技术

（1）气井带压起下管串技术。带压起下管串技术是在气井井口带压的情况下，利用带压作业装置将管串起出或者下入井内。

（2）开发了适用于承压阀开孔（如采油树闸阀锈蚀无法开启、方钻杆旋塞阀无法打开等）、高压管路开孔（各种尺寸套管等）的气井带压钻孔工艺技术。

（3）冷冻暂堵工艺技术。不仅可进行井口冷冻暂堵，还可以实施输油输气管道冷冻暂堵（图 2，图 3）。

气井带压作业配套技术处于国内领先水平，授权发明专利 3 件，实用新型专利 12 件（表 1）。

表 1　主要技术专利列表

专利名称	专利类型	国家（地区）	专利号
压井用聚丙烯酰胺强凝胶及其制备方法	发明专利	中国	ZL 201310444512.2
一种不动管柱实现多层选压的压裂工艺	发明专利	中国	ZL 201110351773.0
密闭油管内举升带压修井工艺	发明专利	中国	ZL 201210000902.6

图 2　冷冻暂堵工艺技术实物图

图 3　现场施工图

三、应用效果与前景

在中国石油长庆油田、西南油气田、浙江油田，吐哈油田以及中国石化西南分公司、江汉油田等代替现场应用 146 井次，使一批老气井恢复生产、隐患得以消除，经济及社会效益显著。其中，在长宁、威远和焦石坝页岩气井作业 68 井次，成为页岩气井完井试油测试安全作业的关键技术，与使用国外技术相比，累计节约作业成本亿元以上。

随着油气勘探开发战略及油气井储层保护思路的调整，集团公司每年完成的带压作业工作量以每年 500～1000 口井的速度持续递增，其中 2016 年带压作业将实现施工 5000 口井以上，同时由于页岩气的开采、储气库的建设和老井修井的逐年增加，气井带压作业将越来越广泛地应用，有着广阔的市场空间。

3.17 第三代大输量天然气管道工程技术

一、技术简介

围绕我国天然气管道工程建设技术需求，对 X90/ X100 管线钢管、1422mmX80 管线钢管、提高强度设计系数等 3 种降低成本提高输量的途径开展系统的研究攻关，形成具有世界先进水平的超大输量高强度天然气管道建设成套技术，包括工程设计、技术标准、管材产品、管道施工等，为今后超大输量天然气管道工程建设做好技术支撑和储备，继续保持中国石油在管道工程建设中的国际领跑地位具有重要的战略意义。

第三代大输量天然气管道工程关键技术研究主要包括 9 方面内容（图 1）：（1）天然气管道基于可靠性的设计和评价方法研究；（2）X90/X100 管道延性断裂止裂技术研究；（3）X90/X100 管材关键技术指标及技术标准研究；（4）X90/X100 焊管开发及综合评价技术研究；（5）X90/X100 管道工程用配套管件设计技术及新产品研发；(6) X90/X100 钢管现场焊接工艺及环焊缝综合评价技术研究；（7）X90/X100 管道试验段 / 示范段工程施工配套技术研究；（8）输气管道提高强度设计系数工业性应用研究；（9）OD1422mm X80 管线钢管应用技术研究。

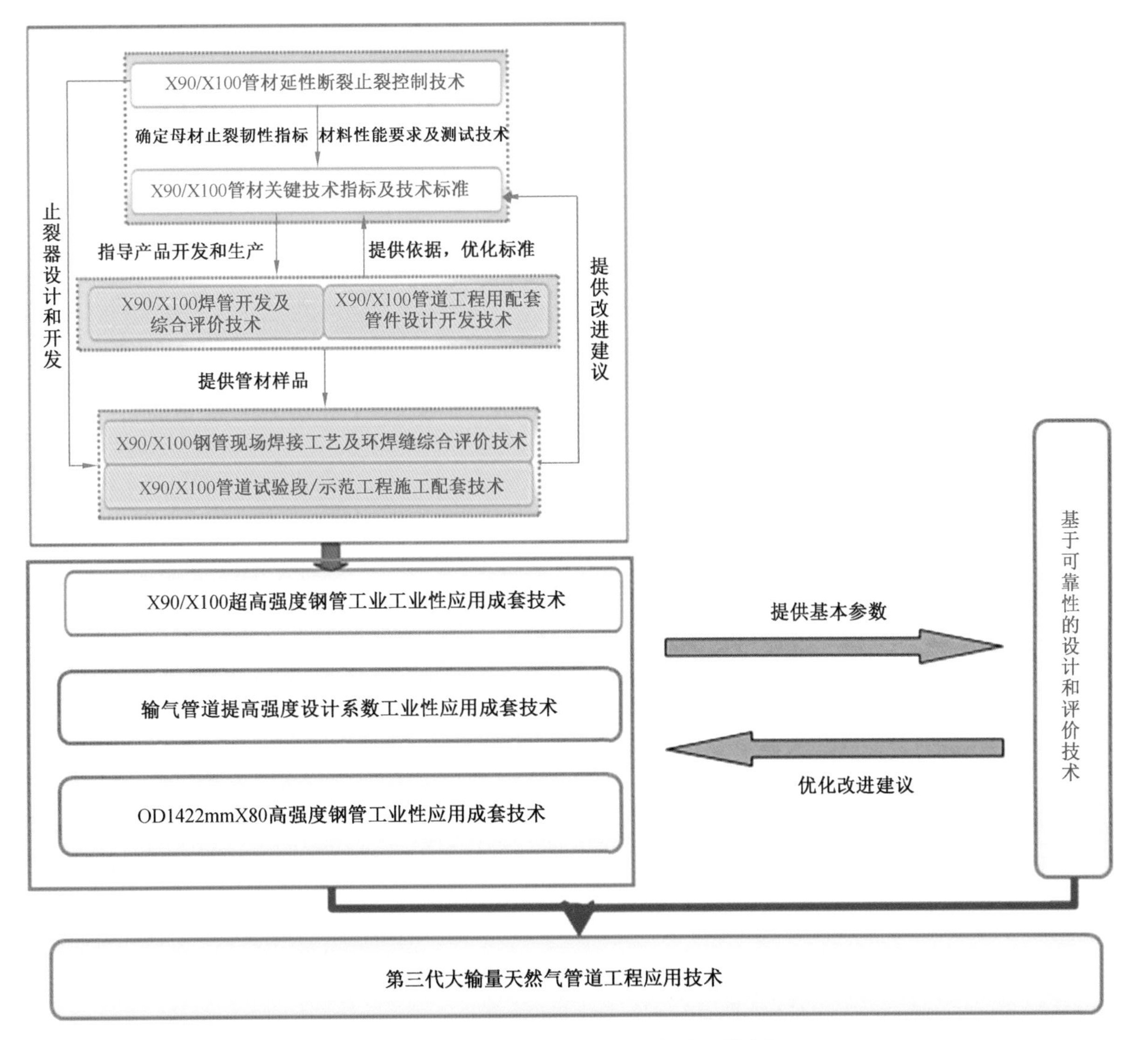

图 1 第三代大输量天然气管道工程应用技术框图

二、关键技术

（1）X90/X100 管道应用技术方面，从基于可靠性设计、断裂控制、关键技术指标、产品试制、现场施工技术等都取得了丰富的技术成果。目前 X90 已初步具备开展试验段工程的条件。

（2）0.8 设计系数输气管道应用技术方面，已全部完成课题研究工作，在西气东输三线上成功实施了 261km 的试验段工程，技术成果已通过鉴定。

（3）OD1422mm X80 管道应用技术方面，设计、管材技术条件、管材试制、施工配套技术均已基本完成，具备开展试验段工程的条件。

（4）研究形成 7 项理论成果：天然气管道基于可靠性的设计和评价方法；高强度天然气管道止裂预测模型及方法；超高强度管线钢成分、组织和性能相关性；超高强度管线钢二次热加工工艺和性能相关性；高强度大口径管件设计计算方法；高强度管道环焊缝缺陷容限分析方法；0.8 设计系数天然气管道风险评估方法（图 2）。

图 2　大输量天然气管道止裂控制和全尺寸气体爆破试验

（5）形成 7 大标准体系：X90/X100 板材、焊管系列技术标准；X90/X100 配套弯管、管件系列技术标准；X90/X100 管道环焊工艺技术标准；X90/X100 管道施工系列技术规范；0.8 设计系数管道设计规范和管材技术标准；1422mmX80 板材、焊管、弯管、管件系列技术标准；1422mmX80 管道施工系列技术规范。

（6）开发了 9 大系列产品：X90/X100 螺旋埋弧焊管、直缝埋弧焊管；X90/X100 管道配套弯管、管件；X90/X100 焊管专用焊材；X90/X100 管道止裂器；X90/X100 钢管环焊缝的自保护药芯焊丝；X90/X100 钢管低温防腐涂料；1422mmX80 螺旋埋弧焊管、直缝埋弧焊管；1422mmX80 管道用弯管、管件；1422mmX80 管道施工装备。

本技术成果形成标准规范 24 项，申报专利 29 件，发表论文 30 篇。该技术方法全部完成后，整体将达到国际先进水平。

三、应用效果与前景

目前，DN1200 12MPa X80 三通设计验证成果已应用于西气东输三线工程，形成的 0.8 设计系数应用成套技术（标准、设计、产品、施工、安全评价等），也在西气东输三线工程中成功应用（261km）。对于 OD1422mm X80 管道应用技术，除 56in Class900 阀门外，其他产品的试制和施工配套技术攻关均取得较为理想的结果，可为中俄东线工程提供技术支持。同时，OD1219mm X90 管道应用技术阶段成果可为 X90 试验段的开展提供技术支持。综合上述，本研究已初步形成了 X90/X100 管道应用技术、0.8 设计系数输气管道应用技术和 OD1422mm X80 管道应用技术三种天然气管道工程大输量成套技术。在工程应用中，三种技术可以相互支撑。该项成果被评为中国石油 2015 年十大科技进展之一，具有广阔的发展前景和应用潜力。

3.18 非金属和纤维增强复合材料管道技术

一、技术简介

随着油气管道向大口径高压力和节能环保方向发展，迫切需要开发新的管道材料。非金属和纤维增强复合材料管道成为新型管道材料成为国内外研发的重点之一，包括复合材料增强管线钢管（CRLP）和热塑增强复合管（RTP）（图 1）。

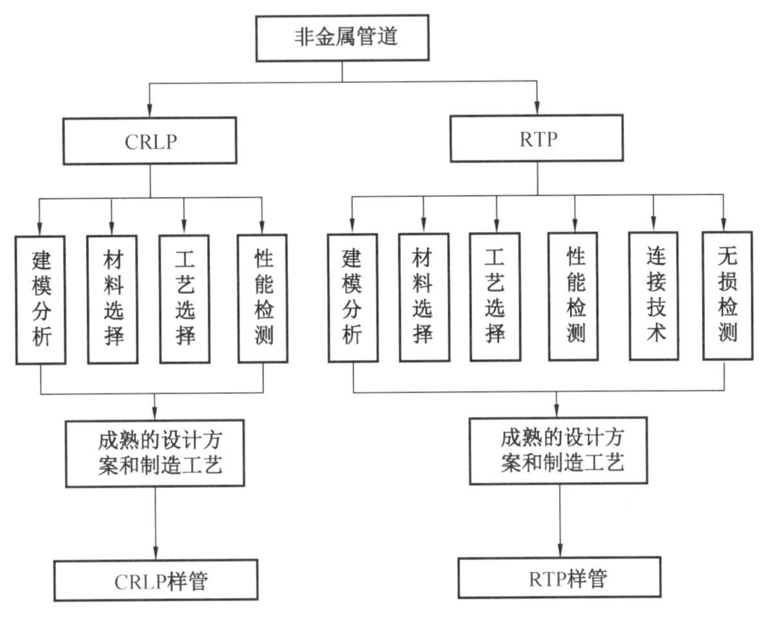

图 1　非金属和纤维增强复合材料管道技术框图

复合材料增强管线钢管（CRLP）的基本原理是在管线钢管外表面缠绕连续纤维复合材料增强层。其中管线钢管提供全部的纵向强度和环向刚度，复合材料增强层除了提供部分环向强度之外，同时提供外防腐和止裂功能。通过在较低钢级的钢管外缠绕复合材料增强层，达到与使用更高钢级管线钢管目的。

热塑增强复合管（RTP）一般为三层结构。内层为 PE 等热塑材料功能层，主要是隔离输送介质；中间层为增强层由玻璃纤维、芳纶纤维等连续纤维缠绕组成，为管材提供结构强度；外层为 PE 等热塑材料防护层，以备防腐和防护功能。

二、关键技术

（1）CRLP 技术已经实现管材结构设计、材料选择、工艺试制、样管测试，在国内首次实现了用 X70 钢管达到同规格 X90 钢管的技术水平，为大口径高压力油气长输管道发展提供新型管道材料。

（2）RTP 技术完成了芳纶纤维 RTP、玻璃纤维 RTP 等管材的结构性能分析及结构设计，实现了对 RTP 管材的使用环境及使用寿命的可靠性评价，首次成功试制了 D450mm 6.4MPa 规格的 RTP 管材，提出并试制了 RTP 管道非金属化连接接头，攻克了 RTP 管在油气长输管道领域应用的管材和连接两项关键技术难题（图 2）。

外径1219mmCRLP样管

D450mm、6.4MPa钢丝增强RTP样管

图 2　非金属管材试制样品

三、应用效果与前景

非金属和纤维增强复合材料管道，虽然在油气长输领域还没有实现应用，但将完全改变现有油气管道的设计、施工、维护体系，颠覆现有钢管一统天下的格局。目前已经基本完成管材结构设计、制备工艺和管材的开发。CRLP 样管的研制成功为大口径高压力超大输量管道的发展提供了可行的技术路线，此外，这种管道管材重量轻、钢材用量少、建设施工费低，能够有效降低油气输送管道的成本，对油气管道有效益、高质量、可持续发展具有重要意义。

3.19 大型油气管网可靠性管理技术

一、技术简介

管网系统可靠性管理运用概率方法统筹考虑管网物流、资产流及管道经济等相关信息，可量化管网系统的物理安全水平及供应水平并找出其薄弱环节。通过借鉴其他行业和本行业的研究成果，建立并完善相关理论方法，已形成了包含可靠性评价技术、可靠性增强与应用技术在内的主体技术框架及包含可靠性指标、可靠性计算、单元可靠性、可靠性数据及可靠性管理的主要工作框架（图 1，图 2）。

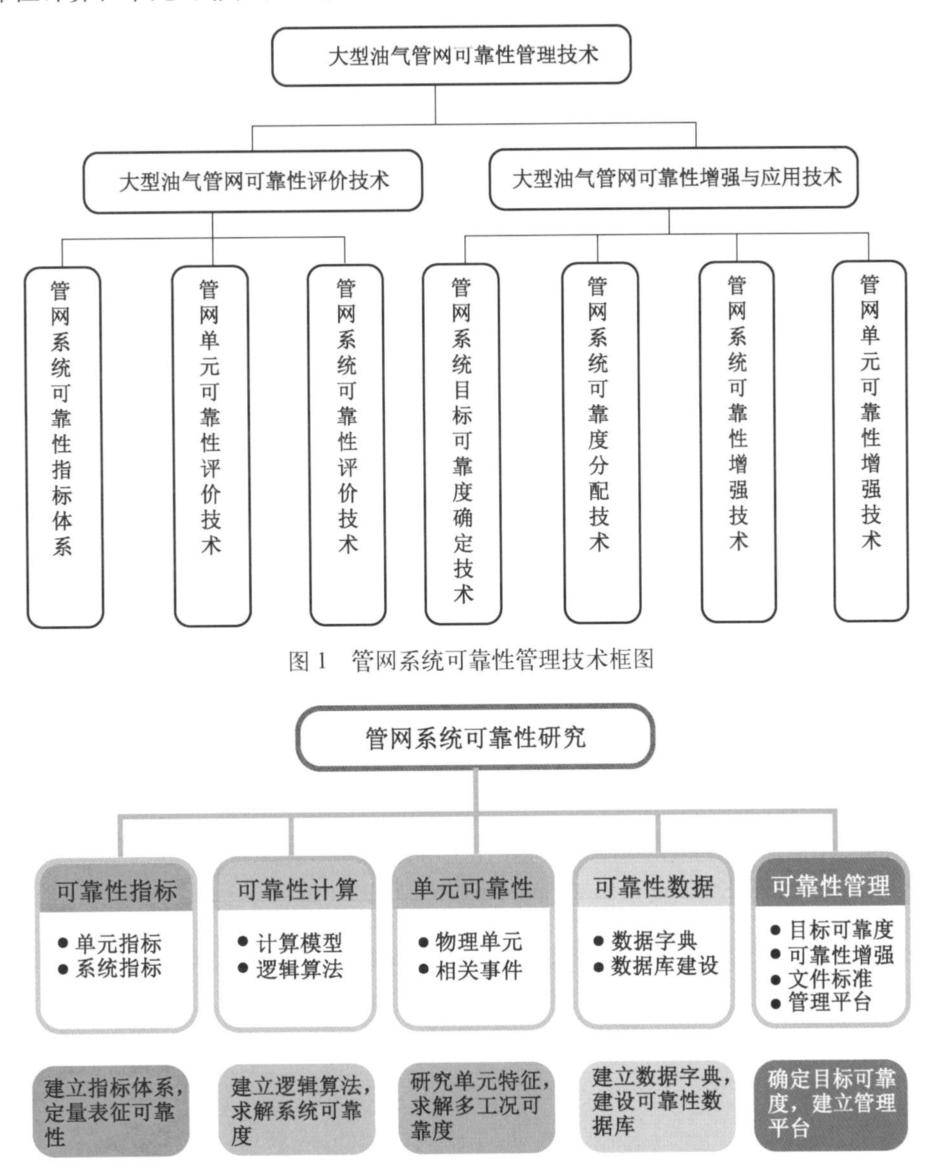

图 1　管网系统可靠性管理技术框图

图 2　管网系统可靠性主要工作内容及目标

二、关键技术

（1）管网系统可靠性指标。创建了管网系统可靠性指标体系，提出了三类（可靠性类、维修性类及健壮性类）三层（综合指标、中间指标及基本指标）的指标划分原则（图 3）。

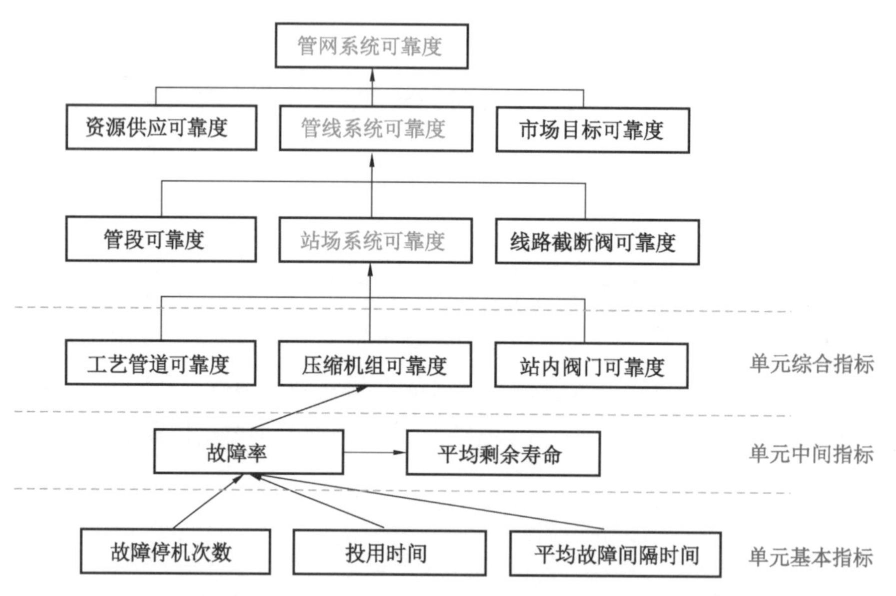

图 3　天然气管网系统及单元各级指标逻辑计算关系

（2）管网系统可靠性评价。提出了天然气管网系统可靠性计算方法，建立了既能满足复杂天然气管网系统可靠性要求又能运用计算机快速计算的物理管网分布式阶梯模型（图 4）。

（3）管网单元可靠性评价。利用蒙特卡洛模拟、失效数据统计分析、故障树分析等方法，分别建立了管段、压缩机、阀门等单元在某特定工况条件下（压力 P、流量 Q、温度 T 不随时间 t 而变化）的可靠性计算模型，并结合管网多工况的特点，逐步研究在较宽工况范围内（P、Q、T 在某区间内变化）的单元可靠度函数（图 5）。

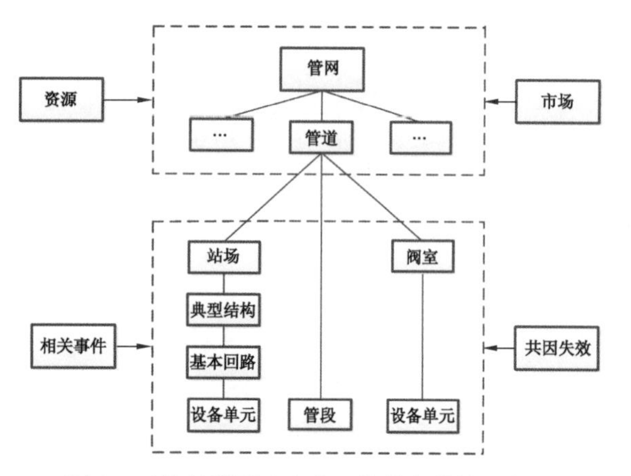

图 4　天然气管网分布式、阶梯式结构示意图

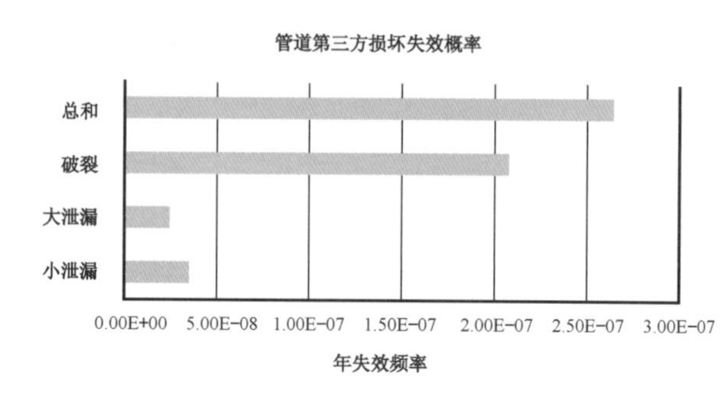

图 5　第三方损坏作用下陕京二线部分管段失效概率分析结果

该技术已提交专利发明 16 件。

三、应用效果与前景

油气管网系统可靠性研究尚处起步阶段，虽然面临一系列挑战，但随着研究的持续开展，通过自主创新，产学研结合，必将形成一系列天然气管网运行和安全保障核心技术。预计“十三五”期间，油气管网系统可靠性管理将在中国石油油气管网工业应用中提升整体技术服务能力，为实现天然气管网的安全运行提供技术支撑与决策支持。

3.20 27万立方米全容式LNG储罐建设技术

一、技术简介

LNG储罐是液化天然气核心设备（图1），用于盛装储存温度为-163℃的液化天然气。随着LNG储罐存储规模越来越大，全容式LNG储罐以其安全性高，操作弹性大成为LNG存储的主要形式。LNG储罐大型化意味着更优的技术、更佳的经济性，国内、外各大能源公司投资新建和扩建的单体LNG储罐罐容呈现越来越大的趋势。

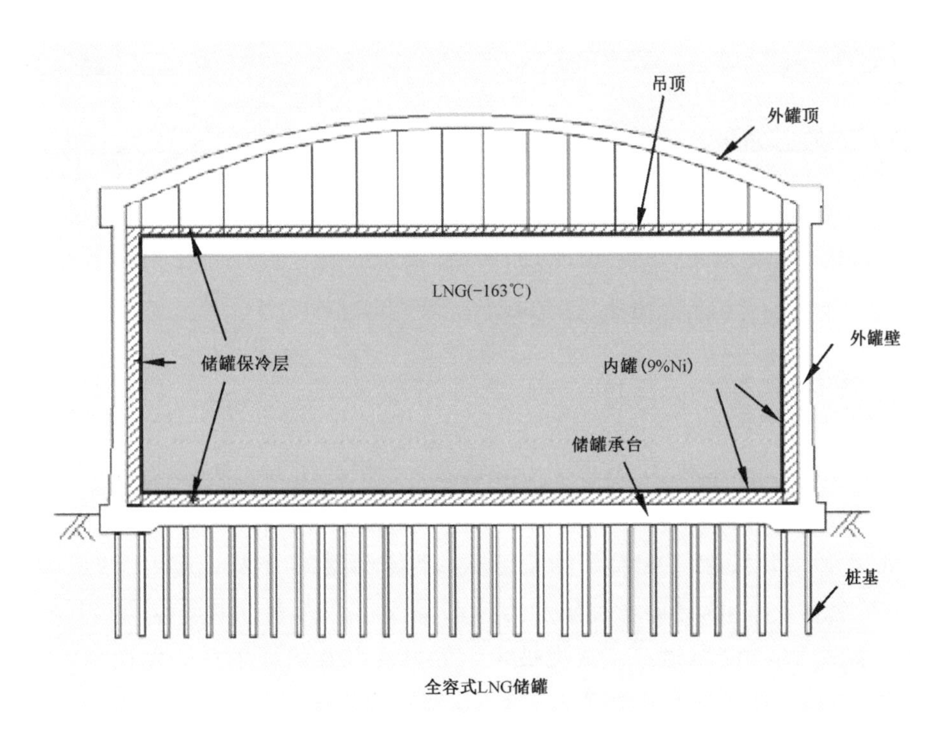

图1 全容式LNG储罐的结构图

二、关键技术

27万立方米全容式LNG储罐也是迄今为止世界上最大的LNG储罐（图2），相比已建成的16万立方米和20万立方米LNG储罐，其单位储量的投资更省，建设周期更短，受到用户的关注。具备诸多优势：

(1) 研制出27万立方米LNG储罐的大厚度9%Ni钢板其焊接技术和检测技术的试验，获得合格的焊接工艺评定；合作开发出满足27万立方米LNG储罐性能要求的高强度、低导热系数的绝热材料，实现27万立方米LNG储罐内罐核心材料的国产化。

(2) 总结推导出适合于罐顶曲面结构的局部效应计算公式；获得外罐混凝土的收缩徐变会对外罐产生不利的附加内力计算，验证了预应力混凝土外罐外部载荷数值分析的准确性和精确性。

(3) 通过对9%Ni钢板在海水中的耐腐蚀试验分析，提出海水试验期间的防腐蚀措施及海水试验后清除海水残留物不利影响的措施。

图 2 27 万立方米全容式 LNG 储罐实物图

大型LNG储罐的设计建造技术，已形成了发明专利8件、实用新型专利3件、7项专有技术和技术秘密、1项国家级施工工法、1项国家标准、发表32篇论文。

三、应用效果与前景

在我国已建成的主流LNG储罐为16万立方米罐容，正依托江苏LNG二期项目进行国内第一个20万立方米LNG储罐的设计和建造工作。与此同时，LNG接收站项目的建设方也对开发建造更大型的LNG储罐表现出浓厚的兴趣，更大型的全容式LNG储罐的开发、应用前景广阔。

作为开发更大型全容式LNG储罐设计建造的技术储备，27万立方米全容式LNG储罐的关键技术成果，为更大型全容式LNG储罐建造“成套技术”的形成以及依托项目的建设奠定了基础，为中国石油在低温储运技术领域保持领先和可持续发展打下了坚实的基础。